S

HISTOIRE NATURELLE

OU

PAPILLONS D'EUROPE;

Par H. Lucas,

Attaché au Muséum d'Histoire naturelle, et membre de plusieurs Sociétés savantes.

1 volume in-8°, grand-raisin,

ORNÉ DE 80 PLANCHES

CONTENANT PLUS DE 400 PAPILLONS DE GRANDEUR NATURELLE

Peints par Noël, et gravés sur acier.

Un cadre, renfermant des épreuves coloriées de cette collection, a été admis cette année à l'Exposition du Louvre.

PARIS.

PAUQUET, ÉDITEURS, RUE DES GRANDS-AUGUSTINS, 17;

L. DEBURE, LIBRAIRE, RUE DU BATTOIR, 19.

1834.

BIBLIOTHÈQUE ZOOLOGIQUE.

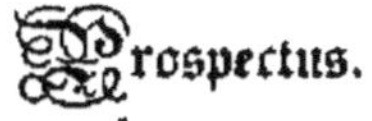

La *Bibliothèque Zoologique*, ou Collection d'ouvrages consacrés à la science du règne animal, représentée par des gravures sur acier, et accompagnée d'un texte explicatif, formera, dans son ensemble, une revue complète de cette partie si riche et si variée de l'histoire naturelle.

Cette intéressante collection, entièrement exécutée sur de nouveaux modèles peints d'après nature par d'habiles artistes, sous la direction de savans naturalistes, sera imprimée sur papier vélin superfin, coloriée et retouchée dans le genre aquarelle.

La *Bibliothèque Zoologique* sera divisée et paraîtra dans l'ordre suivant :

Papillons d'Europe. . . 1 vol. in-8°.
Papillons étrangers. . . *Id.*
Oiseaux d'Europe. . . *Id.*
Oiseaux étrangers. . . *Id.*
Mammifères. . . . . . *Id.*
Insectes, Reptiles et Poissons, Mollusques, etc.

Conditions de la Souscription.

Chaque volume, composé de 80 planches avec texte, ayant sa spécialité, et formant ainsi un ouvrage complet, sera divisé en 20 livraisons de 4 planches et 8 pages de texte in-8°, sur papier vélin grand-raisin.

Chaque livraison sera renfermée dans une couverture imprimée; il en paraîtra une toutes les semaines.

La première livraison des Papillons d'Europe sera mise en vente le 15 avril prochain, et les autres se suivront régulièrement.

PRIX :

Figures coloriées. . . . . 1 fr. 50 c.
D° noires. . . . . . » 60

Les livraisons se vendent aussi séparément.

Nota. Toutes les demandes par la poste devront être affranchies.

On souscrit, sans rien payer d'avance, à Paris :

CHEZ { PAUQUET, ÉDITEURS, RUE DES GRANDS-AUGUSTINS, 17, ET L. DEBURE, LIBRAIRE, RUE DU BATTOIR, 19.

PARIS. — IMPRIMERIE DE CASIMIR, RUE DE LA VIEILLE-MONNAIE, N° 12, près la rue des Lombards et la place du Châtelet.

BIBLIOTHÈQUE

ZOOLOGIQUE.

HISTOIRE NATURELLE

DES

LÉPIDOPTÈRES D'EUROPE

Par H. LUCAS,

ATTACHÉ AU MUSÉUM D'HISTOIRE NATURELLE ET MEMBRE DE PLUSIEURS SOCIÉTÉS SAVANTES.

OUVRAGE ORNÉ DE PRÈS DE 400 FIGURES

PEINTES D'APRÈS NATURE,

Par A. NOEL,

ET GRAVÉES SUR ACIER.

PARIS

PAUQUET ÉDITEURS, RUE DES GRANDS AUGUSTINS, 17.
L. DEBURE, LIBRAIRE, RUE DU BATTOIR, 19.

1834.

AVANT-PROPOS.

L'ordre le plus remarquable et en même temps le plus attrayant dans la classe des insectes, est sans aucun doute celui qui est connu sous le nom de Lépidoptères : en effet, les animaux qui composent cet ordre s'en font distinguer de tous les autres par la richesse et par la couleur dont ils sont parés ; aussi ces insectes si brillans de couleur, si remarquables par leur forme aussi gracieuse que variée, ont-ils toujours attiré le regard des personnes qui se livrent à l'étude de l'entomologie, et plus que tous ceux des autres ordres, un grand nombre d'auteurs se sont appliqués à les travailler et à étudier avec soin leur histoire.

Pour faire connaître d'une manière un peu générale ces insectes, notre but est de représenter les espèces les plus remarquables de chaque genre que nous fournissent l'Afrique, l'Amérique et l'Asie.

Cet ouvrage, basé sur le même plan que celui sur les Lépidoptères d'Europe, représentera les espèces les plus variées, soit par leurs couleurs, soit par leurs formes ; ces espèces seront faites d'après nature, ensuite gravées et coloriées avec le plus grand soin.

Nous énoncerons les principaux caractères de chacune de ces espèces, et de plus leurs noms vulgaires seront suivis d'une synonimie exacte.

Leur classification, ainsi que dans tout le cours de l'ouvrage, sera d'après le règne animal de Cuvier, c'est-à-dire d'après la méthode d'un entomologiste aussi distingué qu'habile : * nous suivons cette méthode parce qu'elle est la plus universellement adoptée, et sans contredit la plus rigoureuse jusqu'à présent.

* M. Latreille, si connu par ses nombreux travaux, consacra la plus grande partie de sa vie à l'entomologie qui était son étude favorite.

HISTOIRE NATURELLE
DES LÉPIDOPTÈRES
EXOTIQUES.

—

FAMILLE PREMIÈRE.

Diurnes.

OU

PAPILLONS DE JOUR.

DIURNI.

Les quatre ailes, ou les supérieures au moins, élevées dans le repos; point de crochet ou frein au bord antérieur des inférieures pour retenir les précédentes; antennes étant toujours plus grosses à l'extrémité.

TRIBU PREMIÈRE.

PAPILLONIDES, *Papilionides.*

Jambes postérieures étant armées d'une seule paire d'épines ou d'ergots, savoir, celles du bout; extrémité des antennes droite ou simplement un peu arquée au bout, et jamais fort crochue; les quatre ailes toujours élevées perpendiculairement dans le repos.

GENRE ORNITHOPTÈRE. ORNITHOPTERA. BOISD.

Papilio. LATR. GOD.

Ce genre, établi par M. Boisduval, se compose d'un très petit nombre d'espèces, elles habitent toutes la plupart le Bengale, Java, les Moluques et la nouvelle Guinée.

ORNITHOPTÈRE PRIAM. ORNITHOPTERA PRIAMUS. GOD. BOISD.

Papilio Priamus. LINN. FAB. CLERK. CRAM. HERBST. DONOW.
Le Frangi-vert. DAUBENTON.

Ce papillon, remarquable par la beauté de ses couleurs et par sa grandeur, est sans aucun doute un des plus beau de son genre, aussi est-ce à cette espèce à laquelle Linné donna l'épithète d'Auguste; les ailes antérieures sont ovales, oblongues, entières, d'un noir mat et velouté en dessus, avec deux bandes d'un vert doré, longitudinales, courbes, étroites, rétrécies à chaque bout ; la bande antérieure longe la côte au bord d'en haut, l'autre longe tout le bord opposé et la plus grande partie du bord postérieur; non loin du côté interne de cette dernière, et à égale distance de la base et de l'extrémité, on aperçoit en outre une tache brunâtre, grande, disposée longitudinalement; les ailes postérieures sont arrondies, dentées d'une manière obtuse, d'un vert doré en dessus, avec le bord postérieur d'un noir velouté et précédé d'un rang de quatre taches orbiculaires de cette couleur; de plus, on aperçoit en dehors trois taches d'un jaune orange luisant, dont une plus grande située vers la base, les deux autres rapprochées et peu distantes de l'angle externe; le dessous des ailes antérieures est noir, avec des taches d'un vert plus doré qu'en dessus; ces taches sont au nombre de sept : dont une irrégulière sur le milieu de la surface, et six, beaucoup plus grandes, disposées parallèlement au bord postérieur en une bande que divise une raie noire, transverse, interrompue; le dessous des ailes postérieures diffère du dessus, en ce que les taches noires orbiculaires sont plus grandes et au nombre de sept; et en ce que le bord interne de ces mêmes ailes est noirâtre de part et d'autre, et garni en dessous de poils bruns soyeux; le corselet est d'un noir mat et velouté, avec des taches vertes; les deux surfaces de l'abdomen sont jaunes ; la poitrine est noire avec des taches d'un rouge-cinabre sur les côtés; la tête, les antennes et les pates sont noires.

Cette jolie espèce se trouve dans l'île d'Amboine.

ORNITHOPTÈRE RHADAMANTE.

ORNITHOPTERA. RHADAMANTUS. BOISD.

Le mâle a ordinairement trois pouces et demi de largeur, et la femelle environ cinq; les quatre ailes sont dentées, noires, avec les échancrures des ailes supérieures blanchâtres; les ailes postérieures sont terminées en pointe; la moitié antérieure des premières ailes est occupée par des rayons blanchâtres, traversés longitudinalement par des nervures noires; les secondes ailes ont sur le milieu des deux surfaces, un espace d'un jaune d'or, très grand, divisé par des nervures noires, échancré en dehors, et offrant parallèlement au bord postérieur, un rang de six taches d'un noir foncé; ces taches sont surmontées antérieurement par des atômes grisâtres, qui, au bord interne, sont terminés en pointe; ce bord qui a la forme d'un pli est entièrement d'un noir foncé, et présente dans les mâles un duvet jaunâtre, cotonneux; le dessous des premières ailes diffère du dessus, en ce que les rayons blanchâtres sont plus larges et plus marqués; le dessous des secondes ailes est à peu près semblable au dessus, il en diffère seulement parce que les taches noires ne sont point surmontées d'atômes grisâtres; l'abdomen est entièrement noir en dessus, jaune en dessous; le corselet est noir, et présente à sa partie antérieure une tache d'un rouge cinabre et deux taches de même couleur sur les côtés latéraux.

La femelle diffère du mâle par ses ailes antérieures, dont les rayons longitudinaux sont bien plus allongés, par ses ailes postérieures qui ne sont point terminées en pointe, par ses taches qui sont bien plus allongées, et présentant en dessus et en dessous six taches d'un jaune d'or qui sont plus grandes et plus marquées à leur partie inférieure que supérieure.

Se trouve aux îles Philippines.

* Planche 2, figure 1, lisez RHADAMANTUS au lieu d'AMPHRISIUS.

GENRE PAPILLON.

PAPILIO. LINN. FAB.

Les palpes inférieurs sont très courts, ils atteignent à peine le chaperon, ils sont obtus à leur extrémité supérieure ; le troisième article ou le dernier, est très peu distinct.

PAPILLON POLYCAON. PAPILIO POLYCAON.

GOD. FAB. CRAM. SEBA. MER. HERBST.

Le dessus des ailes est d'un noir foncé, avec une bande d'un jaune d'ocre, transverse, large, coupée par des nervures noires vers le sommet des supérieures, arrondie en dehors sur les inférieures, et atteignant presque leur base. Ces dernières ailes ont des dents noires, allongées et étroites, dont une formant une queue linéaire; les échancrures du bord postérieur sont liserées de blanc plus ou moins jaunâtre, et le limbe offre un double rang de lunules composées d'atômes d'un jaune obscur; l'angle anal a en outre d'ordinaire, un croissant d'un rouge fauve, que surmonte un groupe d'atômes bleuâtres; le dessous des ailes supérieures diffère du dessus, en ce que la base est rayée de jaune pâle, et en ce que le bord de derrière est en grande partie longé par une ligne de cette couleur; le dessous des secondes ailes est d'un jaune pâle, non seulement à l'endroit de la bande transverse, mais encore à la base, et le noir de l'extrémité est entrecoupé par trois rangs de lunules, dont les antérieures rousses, les intermédiaires bleuâtres et formées par des atômes; les postérieures d'un jaune pâle et plus grandes que toutes les autres; au croissant de l'angle anal, correspond une lunule rousse, le corps est jaune, avec le corselet noir et ponctué de jaune. Beaucoup d'individus présentent sur le dos une bande noire longitudinale.

Cette espèce se trouve communément sur les malvacées, à la Guyane et au Brésil.

PAPILLON ULYSSE. PAPILIO ULYSSES. LINN. FAB. CRAM.

Papilio Diomedes. LINN. FAB. CRAM. HERBST. DONOVV.

Les premières ailes sont d'un noir velouté en dessus, avec une tache d'un bleu d'azur, devenant violette ou verte, selon la position dans laquelle on l'examine. Cette tache s'étend de la base des quatre ailes jusqu'au delà du milieu, et son côté postérieur est échancré, mais d'une manière uniforme sur les premières ailes du mâle, ou chaque échancrure est en outre occupée par une tache d'un noir brun, luisante, lancéolée, pointue à ses deux extrémités; il y a encore près du bord antérieur de ces mêmes ailes un point noir, assez gros; on le voit aussi dans la femelle; la tache bleu des secondes ailes de celle-ci est un peu moins grande, mais en revanche, le bord d'en haut offre un rang de lunules de cette couleur; ce bord est dentelé, liseré de blanc aux échancrures, et terminé par une queue noire, en spatule, assez longue; le dessous des deux sexes est d'un brun foncé dans la partie qui correspond à la tache bleue du dessus, et d'un brun plus clair vers le bout, avec une bande transverse d'un gris de perles sur les ailes supérieures; le milieu des ailes inférieures est traversé par une bande d'atômes du même gris, et, parallèlement à leur bord postérieur, il y a une suite de sept taches plus ou moins arrondies, dont les six extérieures d'un brun verdâtre, et celle de l'angle anal roussâtre; toutes ces taches sont bordées de noir en dehors, et en dedans par un arc d'un bleu violet, pointillé de blanc.

On trouve quelquefois des femelles dont la partie bleue des premières ailes présente le milieu interrompu par un espace noir, arrondi et très grand.

Les papillons Ulysse et Diomède formaient autre fois deux espèces; mais depuis, on a été à même de se convaincre qu'ils ne forment qu'une seule et même espèce, dont le premier est le mâle et le second la femelle.

La patrie de cette espèce est l'île d'Amboine.

PAPILLON AGAVUS.

PAPILIO AGAVUS. GOD. STOL, CRAM. DRURY.

Les ailes supérieures présentent de part et d'autre, sur le milieu, une bande blanche, transverse, étroite; un peu courbe, coupée par des nervures noires; les dents des secondes ailes sont peu prononcées, avec une queue noire, assez longue et en spatule; entre le milieu et la base est une tache blanche, oblongue, arrondie intérieurement, sinuée en dehors, atteignant le bord d'en haut; parallèlement au bord postérieur on voit une rangée de lunules d'un rouge carmin placées près du bord externe; le bord interne présente une large tache de même couleur; le dessous des quatre ailes ressemble au dessus; mais les échancrures y sont liserées de blanc; le corps est noir, avec les points du corselet et de la poitrine d'un beau rouge carmin. Dans les mâles, le pli du bord interne des secondes ailes est garni d'un duvet blanc, cotonneux.

On trouve cette espèce au Brésil.

PAPILLON HECTOR. PAPILIO HECTOR.

GOD. LINN. FAB. CLERK. SEBA. CRAM. HERBST.

Cette espèce est d'un noir bleuâtre, velouté; le bord postérieur de ses premières ailes est sinué et liseré de blanc; sur leur milieu est une tache blanche, transverse, formée par une suite de taches bifides en dehors; il y en a une semblable, mais beaucoup plus courte, vis-à-vis du sommet; les secondes ailes ont les dents obtuses, avec une queue noire, de médiocre largeur, un peu en spatule, bordée de blanc ainsi que les échancrures; entre leur milieu et leur extrémité, sont deux rangées courtes et parallèles, ou six taches écarlates, dont les postérieures lunulées, les antérieures presque rondes, à l'exception de l'anale qui est double; le dessous des quatre ailes est semblable au dessus.

Le corselet, la base de l'abdomen et le milieu de la poitrine sont noirs, tout le reste du corps est d'un rouge écarlate.

On trouve ce papillon au Bengale, au Coromandel et dans l'île d'Amboine.

AVANT-PROPOS.

Dans le désir de rendre l'étude de l'ordre des Lépidoptères plus facile, et dans l'espoir de mettre, autant que possible, à la portée de tout le monde cette partie si intéressante de l'histoire naturelle, nous avons représenté, par un grand nombre de figures gravées et coloriées avec le plus grand soin, les espèces les plus remarquables de Lépidoptères qui se trouvent, non seulement aux environs de Paris, mais encore celles qui se rencontrent dans le Midi et dans les hautes montagnes de la France.

Dans cet ouvrage, chaque figure aura une description particulière, dans laquelle les principaux caractères seront énoncés, de plus, chaque description sera accompagnée de renseignemens historiques, puisés dans les meilleures ouvrages, ou qui nous aurons été communiqués par plusieurs amateurs auxquels nous nous empressons de payer un juste tribut de notre reconnaissance.

Pour que ce travail soit moins aride, nous y avons ajouté un aperçu de l'histoire des Lépidoptères, afin de le mettre au niveau des connaissances actuelles, et de le rendre aussi élémentaire que possible.

Les noms vulgaires seront suivis comme dans l'histoire des Lépidoptères de France, d'une synonymie exacte.

Les nombreux naturalistes, qui se sont adonnés à l'étude de cette partie, une des plus intéressantes de l'histoire naturelle, et dont nous donnerons les noms à la fin de cet ouvrage, pour faciliter les recherches, et pour reconnaître les autorités où nous avons puisé nous-même, sont presque tous d'accord sur la division générale que nous avons adoptée de Diurnes, Crépusculaires et Nocturnes. Il suffira donc de réunir aux nombreux sujets dont se compose ce recueil, la classification la plus en usage et la plus conforme aux trois divisions ci-dessus énoncées.

❦

HISTOIRE NATURELLE

DES

LÉPIDOPTÈRES.

GÉNÉRALITÉS.

La dénomination de Lépidoptères, donnée à cette classe d'insectes, connus plus particulièrement sous celle de Papillons (PAPILIO), tire son étymologie du grec, λεπὶς, ἴδος, écaille, et de πτερὸν, aile.

Cet ordre comprend les insectes à ailes écailleuses, ou tout ce que l'on appelle vulgairement papillon. C'est celui qui, par la surprenante variété de ses couleurs, l'élégance de ses formes, sa légèreté, sa course vagabonde et volage, fixe le plus généralement nos regards et fait le charme de nos yeux. Aussi, plusieurs savans l'ont-ils placé le premier dans leur classification méthodique des insectes.

Plusieurs auteurs, et notamment Linné et Fabricius, n'avaient défini l'ordre entier des Lépidoptères que comme ne se composant que de deux grandes familles, qu'ils désignaient sous le nom de papillons Diurnes, ceux qui volent le jour, et Papillons Nocturnes, ceux qui volent la nuit.

Avant d'entrer dans des détails descriptifs, il est nécessaire de donner quelques notions sur leur organisation extérieure, non seulement dans l'état parfait, mais encore dans les deux états par lesquels ils passent auparavant, celui de chenille et de chrysalide.

L'organisation extérieure des papillons, dans l'état parfait, offre quatre ailes, une trompe, quatre palpes, dont les deux inférieurs sont seulement distincts, une tête, supportant deux antennes et deux yeux apparens, six pates et un abdomen composé de sept ou dix anneaux.

Les ailes sont simplement veinées, de grandeur et de position variables : les premières ou les supérieures sont toujours plus grandes que les inférieures ; dans plusieurs espèces, une portion de ces organes, plus ou moins spacieuse, est tout-à-fait nue et transparente. Les écailles sont implantées, au moyen d'un pédicule, sur leur surface et disposées en recouvrement avec une symétrie remarquable; leur figure n'est pas constamment la même, et le plus souvent elles sont oblongues, arrondies à leur base, du côté du pédicule qui les attache à l'aile, et tronquées à l'autre extrémité avec plusieurs petites dents. Les ailes inférieures sont souvent plissées à leur bord interne et semblent former un canal propre à recevoir et à garantir l'abdomen. Les quatre ailes sont quelquefois relevées perpendiculairement dans le repos, et c'est ce qui a lieu pour les papillons Diurnes; dans d'autres, elles sont horizontales et inclinées en manière de toit : c'est le cas des Lépidoptères Crépusculaires et Nocturnes.

Une trompe, à laquelle on a donné le nom de langue, roulée en spirale, entre deux palpes hérissés d'écailles, forme la partie la plus importante de leur bouche, l'instrument rétractile avec lequel ces insectes pompent le miel des fleurs, qui est leur seule nourriture. Cette trompe est composée de deux filets tubulaires représentant les mâchoires, et portant chacun près de leur base extérieure, un très petit palpe, ayant la forme d'un tubercule.

Les palpes apparens ou inférieurs, ceux qui sont pour la trompe une sorte de gaîne, tiennent lieu de palpes labiaux des insectes broyeurs, ils sont cylindriques, composés de trois articles, et insérés sur une lèvre fixe, qui forme les parois de la portion de la cavité buccale inférieure de la trompe. Deux petites pièces, à peine distinctes, situées, une de chaque côté, au bord antérieur et supérieur du devant de la tête, près des yeux, semblent être des vestiges de mandibules. Les antennes ont leur base près du bord interne des yeux. Elles sont mobiles, plus courtes que le corps, composées d'un grand nombre d'articles peu distincts, filiformes jusque près de l'extrémité, et terminées par un bouton plus ou moins allongé, qu'on nomme massue.

Les yeux sont immobiles, gros, demi-sphériques et à facettes. On découvre entre eux deux yeux lisses, mais cachés entre les écailles.

Les pates, au nombre de six, sont attachées à la surface inférieure du cervelet; les tarses sont composés de cinq articles et terminés par deux crochets : dans plusieurs Lépidoptères diurnes, les deux pieds antérieurs sont beaucoup plus petits, inutiles au mouvement, et repliés de chaque côté sur la poitrine, en manière de cordons ou de palatines ; ils sont terminés par des tarses gros, dont les articles sont moins distincts et sans crochets apparens au bout. Quelquefois ce caractère n'est propre qu'à l'un des sexes. Les Lépidoptères qui ont les pates ainsi organisées, sont nommés Tétrapodes; ceux dont les pates sont également propres à la marche, sont appelés Hexapodes. L'abdomen, composé de six à sept anneaux, est attaché au thorax par une très petite portion de son diamètre, et n'offre ni aiguillons, ni tarière analogue à celle des hyménoptères. Dans plusieurs femelles cependant, comme les Cossus, les derniers anneaux se rétrécissent et se prolongent pour former un oviducte, en forme de queue pointue et rétractile. Il n'y a jamais que deux sortes d'individus, des mâles et des femelles. L'abdomen des premiers se termine par une sorte de pince renfermant les organes de la génération. Les femelles placent leurs œufs, souvent nombreux, sur les substances végétales, dont leurs larves doivent se nourrir, et elles meurent bientôt après.

Les larves de Lépidoptères, que l'on connaît sous le nom de chenilles, sont composées de douze anneaux, non compris la tête; elles ont de chaque côté neuf stigmates, elles sont munies de six pieds écailleux ou à crochets, qui correspondent à ceux de l'insecte parfait; elles ont, en outre, de quatre à dix pieds membraneux, dont les deux derniers ou les postérieurs sont situés à l'extrémité du corps et près de la partie postérieure. Le corps de ces larves est en général allongé, mou, presque cylindrique et colorié diversement, tantôt hérissé d'épines, de tubercules ou de poils, et tantôt nu ou ras; leur tête est revêtue d'un derme corné ou écailleux; on voit, de chaque côté, six petits grains luisans qui paraissent être des petits yeux lisses; elle a, de plus, deux antennes très courtes et coniques, et une bouche composée de deux fortes mandibules, de deux mâchoires, d'une lèvre et de quatre palpes; comme ces larves sont destinées à vivre de matières coriaces, la nature les a pourvues d'organes assez forts pour remplir ces fonctions pendant qu'elles sont dans cet état.

La matière soyeuse dont elles font usage, s'élabore dans deux vaisseaux intérieurs, dont les extrémités supérieures viennent, en s'amincissant, aboutir à la lèvre; la filière qui donne issue aux fils de la soie, est un mamelon tubulaire, situé au bout de la lèvre. L'insecte parfait se nourrit du suc des fleurs et des substances en fermentation. Les chenilles rongent les feuilles des végétaux; d'autres se nourrissent de racines, de boutons, de fleurs et de graines; les parties ligneuses les plus dures des arbres ne résistent pas à quelques espèces, et entre autres, à celles qui produisent le genre des nocturnes que l'on nomme Cossus. Plusieurs vivent exclusivement d'une seule matière, mais d'autres s'accommodent indifféremment de plusieurs sortes de nourritures et ont mérité le nom de Polyphages. Quelques chenilles se nourrissent en société, sous une tente de soie qu'elles filent en commun; d'autres se fabriquent des fourreaux fixes ou portatifs; plusieurs se logent et se creusent des galeries dans le parenchyme des feuilles. Les chenilles changent ordinairement quatre fois de peau avant de passer à l'état de chrysalide ou de nymphe. La plupart filent alors une coque où elles se renferment; une liqueur souvent rougeâtre, que les Lépidoptères jettent par la partie anale au moment de leur métamorphose, attendrit un des bouts de la coque et facilite leur sortie; communément encore, une des extrémités du cocon est plus faible ou présente une issue propice par la disposition des fils. Les chrysalides des Héxapodes sont attachées par la queue et par le milieu du corps, la tête en haut, un peu penchée de côté. Les chrysalides des Tétrapodes sont attachées seulement par la queue, et la tête en bas. Ces chrysalides éclosent en peu de jours; souvent même les Lépidoptères, tels que les Diurnes, donnent deux à trois générations par année, quelques autres passent l'hiver, et l'insecte ne subit sa métamorphose qu'au printemps ou dans l'été de l'année suivante. L'insecte parfait sort de la chrysalide à la manière ordinaire ou par une fente qui se fait sur le dos du corselet; à sa sortie, il est d'abord mou et humide, ses ailes sont courtes et chiffonnées; mais bientôt il s'accroche, reste immobile; ses ailes se développent, s'affermissent, puis il rend par la partie postérieure, une liqueur roussâtre, ce qui diminue le volume de son corps. Dans ce dernier état, l'animal ressemble à celui qui lui a donné naissance. Comme lui il va prendre son essor, rechercher les fleurs nouvellement écloses, et travailler à la reproduction de son espèce.

FAMILLE PREMIÈRE.

Diurnes

OU

PAPILLONS DE JOUR.

Point de soie ou de frein au bord antérieur des secondes ailes pour retenir les premières. Antennes terminées par un renflement en forme de bouton à leur extrémité.

TRIBU PREMIÈRE.

PAPILLONIDES, *Papilionides*.

Ailes toujours élevées perpendiculairement dans le repos; n'ayant qu'une paire d'ergots ou d'épines aux jambes postérieures, et placée à leur extrémité.

GENRE PAPILLON, PAPILIO. LINN. LAT. OCH.

Les six pates sont semblables et également propres à la marche dans les deux sexes. La tête est moins large que le corselet, elle supporte deux gros yeux à réseaux, saillans et arrondis. Les palpes sont très courts, composés de trois articles, atteignant à peine le chaperon; ils sont obtus à leur extrémité, et le dernier article est très peu distinct. Les antennes sont longues, elles augmentent d'épaisseur à leur extrémité, qui est un peu contournée, elles sont insérées entre les yeux, sur le haut de la tête; la trompe est assez longue, tortillée en spirale, et placée sous les palpes et dans l'intervalle de leur insertion. Quatre ailes, dont les supérieures sont élevées dans le repos.

Les chenilles sont rases. Dans les momens de crainte ou d'inquiétude, elles font sortir de la partie supérieure de leur col, une corne molle, fourchue, et qui jette ordinairement une odeur désagréable.

Leur chrysalide est nue, et attachée ordinairement avec un cordon de soie.

PAPILLON MACHAON, PAPILIO MACHAON. LINNÉ.

LE GRAND PAPILLON A QUEUE DE FENOUIL. GEOFF.

LE GRAND PORTE-QUEUE. ENGR. *Pap. d'Eur.*

PAPILLON BASSE-LA-REINE. MERIAN. *Eur.*

Le dessous des ailes diffère du dessus, en ce qu'il est généralement plus pâle; en ce que les petites lunules jaunes de l'extrémité des supérieures forment une bande continue; en ce que les taches bleues des inférieures sont plus étroites, en croissant, et accompagnées quelquefois de trois taches rousses, dont une placée à l'extrémité du bord antérieur; les deux autres groupées vis-à-vis de la cellule discoïdale.

Le bord postérieur des premières ailes est sans concavité et sans dentelure; le bord correspondant des secondes est très arrondi, et a, un peu au-dessous de son milieu, une queue oblique, légèrement arquée en dehors.

On trouve très communément aux environs de Paris ce papillon. Il paraît depuis le commencement de mai, jusque vers la mi-juin, et ensuite, depuis la fin de juillet, jusqu'en septembre. Il fréquente les jardins, les bois, et surtout les champs de luzerne.

On le prend sans peine lorsqu'il est reposé, particulièrement au coucher du soleil.

PAPILLON ALEXANOR, PAPILIO ALEXANOR. ESP. OCH.

Papilio polydamas. DE PRUN.

Le dessus des ailes est d'un jaune d'ocre, avec trois bandes noires, dont les deux antérieures se réunissent près de l'extrémité de l'abdomen; la postérieure beaucoup plus large, tout-à-fait terminée, et fortement sinuée aux secondes ailes. Les deux bandes antérieures des quatre ailes sont entièrement saupoudrées de jaune. La bande postérieure des premières ailes offre une ligne d'atomes bleus, et une bandelette jaune qui est coupée par de fines nervures noires. La bande postérieure des secondes ailes est bleuâtre près de son côté interne, et chargée près de son côté externe, d'une série de sept grandes lunules. Les échancrures du bord postérieur et le côté interne de la queue sont en outre liserés de jaune.

Le dessous des quatre ailes est un peu plus pâle que le dessus.

Le corps est jaune, avec une bande noire tout le long du dos.

Les antennes sont noires, avec la sommité de la massue blanchâtre.

La femelle ressemble beaucoup au mâle, mais elle a l'abdomen un peu plus gros.

Ce joli papillon se trouve en mai et en juillet, dans le midi de la France.

PAPILLON FLAMBÉ. PAPILIO PODALIRIUS. LINN.

Le Flambé. GEOFF.

Ce papillon, connu des naturalistes sous le nom de Flambé, a reçu sans doute cette dénomination parce qu'il a des bandes noires transverses, en forme de flamme, sur le dessus des ailes.

Le dessous est à peu près semblable au dessus, si ce n'est que la bande de l'extrémité des premières est moins large, ou ne forme qu'un simple liseré; que les secondes ont, entre la bande du milieu et la ligne noirâtre qui la précède en dehors, une ligne roussâtre également transverse.

Le corps est d'un jaune pâle, avec une bande noire le long du dos, et une rangée de petits points de cette couleur le long de chaque côté.

L'extrémité des queues est jaune de part et d'autre.

Les antennes sont entièrement noires.

Ce papillon, qui est un des plus beaux de son genre, paraît pour la première fois à la fin d'avril et dans le courant de mai; et pour la seconde, en juillet et en août. Il se trouve assez communément à l'Ile-Adam, à Montmorency et à Saint-Germain. On le prend aussi, mais moins abondamment, au bois de Boulogne et au bois de Vincennes. Je l'ai trouvé plusieurs fois dans la forêt de Sénart.

PAPILLON AJAX. PAPILIO AJAX. LINN. ESP.

Ce papillon est de la taille de notre Podalirius ou Flambé. Plusieurs doutes s'élèvent à son sujet, pour savoir si c'est bien à lui que Linné et Fabricius ont donné le nom d'Ajax. M. Boisduval, dans son histoire générale des Lépidoptères de l'Amérique septentrionale, semble douter de son existence dans l'Europe méridionale; mais plusieurs auteurs l'ayant désigné comme y appartenant, et un voyageur anglais nous ayant procuré ce Lépidoptère qu'il dit avoir pris vivant dans l'Archipel de la Grèce, nous nous sommes empressés d'en reproduire la figure avec la plus scrupuleuse exactitude.

Le dessus des ailes est d'un noir brun, avec des bandes d'un blanc un peu jaunâtre; ces mêmes ailes ont les dents à peu près égales, bordées de blanc dans les échancrures, et se terminent par une queue noire, linéaire, blanche à l'extrémité et sur les deux côtés de de la base. Sur les secondes ailes, on remarque à l'angle anal une double tache, d'un rouge écarlate, qui est coupée transversalement par un trait bleu.

Le dessous est plus pâle que le dessus, et offre une bande grisâtre sur le côté interne de la bande marginale des premières ailes.

Le dessous des secondes ailes diffère de la surface opposée par les lunules blanches qui y sont précédées chacune par un trait noir, et par une ligne d'un rouge écarlate, bordée de blanc intérieurement, qui sépare les deux bandes blanchâtres.

Le corps est noirâtre, avec deux lignes blanches sur les côtés; les antennes sont brunes avec le dessous de la massue noirâtre.

GENRE THAÏS. THAÏS. FAB. LAT.

Zerynthia. OCH.

Toutes les pates sont semblables dans les deux sexes; les crochets des tarses sont simples, moins prononcés que dans les deux genres précédens. Les palpes labiaux ou ceux qui sont apparens, offrent trois articles distincts : ils sont grèles, très velus, et ils vont en pointe; les antennes sont courtes et terminées en bouton; la massue est allongée et un peu courbe.

Le bord interne des ailes est concave, et non susceptible d'embrasser l'abdomen par dessous et de lui former une gouttière propre à le recevoir.

Les chenilles sont dépourvues de tentacules; elles ont seulement sur le dos des épines charnues et garnies de poils à leur sommité.

Les chrysalides sont attachées, non seulement par leur extrémité postérieure, mais encore par un lien de soie fixé de chaque côté sur les corps où elles reposent, et formant au-dessus d'elles une boucle ou un demi-anneau transversal.

THAÏS HYPSIPYLE. THAIS HYPSIPYLE. GOD.

Papilio Hypsipyle. FAB.

Papilio Rumina. Papilio Rumina alba. ESP.

Papilio Polyxena. HUBN. — *La Diane.* ENG.

Les quatre ailes sont d'un jaune d'ocre plus ou moins foncé en dessus, avec une large bande noire terminale.

Les premières ailes présentent sept autres bandes noires, dont cinq appuyées obliquement sur le bord d'en haut, les deux autres descendant du milieu de la surface au bord interne.

Les quatre ailes ont à leur origine quatre traits longitudinaux, avec une ligne arquée de points noirs. Le côté interne de la bande est fortement denté et chargé d'un rang de points écarlates.

Le dessous des premières ailes est assez semblable au dessus ; cependant il est plus pâle ; la ligne en feston du bout est en majeure partie d'un rouge fauve, et l'on voit près de la tête quatre points écarlates.

Les secondes ailes sont d'un blanc mat en dessous, avec les nervures, et toute la ligne en feston de l'extrémité, d'un rouge fauve.

Le corps est noir, garni de poils roussâtres. Les antennes sont ferrugineuses, avec la massue entièrement noire.

Cette Thaïs paraît en mai, elle se trouve dans le Dauphiné et dans les environs de Toulon.

THAÏS MÉDÉSICASTE. THAIS MEDESICASTE. GOD.

Papilio Medesicaste. OCH. — *Papilio Rumina.* HUBN.

Papilio Rumina australis. ESP. — *La Proserpine.* ENG.

Toutes les ailes sont d'un jaune d'ocre plus ou moins foncé en dessus, avec la base et les nervures noires.

Les premières ailes présentent huit bandes d'un noir foncé, dont la dernière est divisée dans le sens de sa longueur par deux séries de taches jaunes. La bande antérieure de la côte est chargée de trois à quatre points écarlates.

Les secondes ailes présentent des taches noires, dont une presque en forme de cœur ; les autres un peu triangulaires. Le bord postérieur offre deux lignes noires, avant lesquelles il y a une rangée de points rouges bordés de noir. Il existe aussi deux autres points rouges tout auprès de la base, et un vers le milieu du bord antérieur.

Le dessous des premières ailes est presque semblable au dessus.

Les secondes ailes sont jaunes en dessous, veinées de noir, avec des taches d'un blanc argenté à la base, sur le milieu et sur le bord postérieur aux points rouges du dessus, correspondent des points semblables; mais au nombre de trois ou de quatre vers la base.

Le corps est noir, garni de poils jaunes, avec des taches fauves sur les côtés de l'abdomen, et une rangée d'un blanc mat sur les côtés du ventre. Les antennes sont noires.

Cette espèce paraît dans le mois de mai. On la trouve dans nos départemens les plus méridionaux.

THAÏS APOLLINE. THAÏS APOLLINA. GOD.

Papilio Appollinus. HERBST. — *Papilio Pythius.* ESP.

Papilio Thia. HUBN.—*Le Petit Apollon.* ENG.

Les quatre ailes sont presque transparentes. Les supérieures sont saupoudrées de blanc et de noir en dessous, et striées depuis la base jusque vers leur extrémité, de jaune d'ocre pâle et de noir; la côte est entrecoupée de traits de ces deux couleurs, et non loin de son milieu, sont deux grandes taches noires, bordées de jaunâtre, lesquelles reposent sur la nervure médiane. Ces mêmes ailes sont traversées près de leur bord terminal par une bande noirâtre, composée de neuf taches de forme semiculaire, bordée de jaunâtre; cette même bande est limitée, du côté interne, par une raie également jaunâtre, contre laquelle s'appuient cinq taches rouges, qui souvent n'existent qu'au nombre de deux, et qui, quelquefois, disparaissent entièrement.

Les ailes inférieures sont d'un jaune pâle, quelquefois teintées de rougeâtre à la base. Le bord interne est noir, et garni de longs poils gris ou jaunâtres. Le bord terminal est noirâtre, avec une rangée de sept taches d'un rouge vermeil; rapprochées chacune en dehors, excepté celle du sommet, à une tache noire presque ronde et marquée d'un point bleuâtre dans son milieu.

Le dessus des quatre ailes est luisant, dépourvu d'écailles, avec une rangée de sept taches rouges semi-lunaires; les taches noires qui les précèdent du côté du bord antérieur, sont triangulaires, et le bord lui-même est jaunâtre et paraît légèrement denté. La tête est noire, ainsi que les palpes qui sont très velus.

Les antennes sont blanches avec leur massue noire. L'abdomen est noir avec les segmens bordés de rougeâtre sur les côtés.

Cette jolie espèce se trouve en Grèce et en Sicile.

THAÏS CERISY. THAÏS CERISY. GOD.

Les quatre ailes sont d'un jaune d'ocre pâle en dessus, avec leur base noirâtre et garnie de poils blanchâtres. Les ailes supérieures offrent sept bandes noires transversales. Les ailes inférieures sont fortement dentelées, et la dent du milieu se prolonge en queue. Elles ont six petites taches écarlates, rangées parallèlement au bord postérieur, sous la supérieure isolée vers le milieu d'en haut. Ces taches sont suivies d'autant de lunules noires sur lesquelles il y a des atômes d'un bleu brillant. Le bord postérieur est longé par une ligne noire, et l'on compte cinq points de cette couleur autour de la cellule discoïdale.

Le dessous des premières ailes est assez semblable au dessus, mais le fond en est luisant et d'une teinte plus pâle, et les deux bandes de son extrémité sont grises au lieu d'être noires. Le dessous des secondes ailes diffère du dessus, en ce que tout le bord antérieur, le milieu de la surface, ainsi que celui de chaque dentelure, sont lavés de blanc argenté; et en ce qu'il y a dans la cellule du disque trois taches jaunes longitudinales.

La tête et les antennes sont noires, les palpes sont jaunes et garnis de longs poils noirs. L'abdomen est très velu, le dessus est noir, le dessous jaune, avec deux lignes latérales jaunes, et les segmens bordés d'orangé sur les côtés.

La femelle diffère du mâle, 1° en ce que le fond de ses quatre ailes en dessus est d'un jaune un peu plus foncé; 2° en ce que les deux bandes noires des ailes supérieures se confondent en une seule, sur laquelle on compte neuf taches jaunes; 3° en ce que les extrémités des ailes inférieures sont largement bordées de noir, avec une ligne jaune interrompue qui en suit les dentelures; 4° en ce que les six taches écarlates de ces mêmes ailes sont plus grandes; 5° enfin; en ce que les atômes sont peu nombreux et mieux marqués.

Cette jolie espèce, qui paraît en février, se trouve en Grèce.

GENRE PARNASSIEN. PARNASSIUS. LAT.

Doritis. FAB. OCH.

Les palpes inférieurs s'élèvent sensiblement au-dessus du chaperon, ils sont en pointe et de trois articles bien distincts ; les boutons des antennes sont courts, presque ovoïdes et droits. Ce genre se distingue des papillons proprement dit, par des caractères tirés des palpes dont le dernier article ne dépasse pas le chaperon, et par d'autres caractères pris dans les antennes et dans la manière dont la chenille se métamorphose.

Les Parnassiens avaient été rangés par Linné dans sa division des Héliconiens. Fabricius les avait d'abord placés dans la section des papillons qu'il appelle Parnassiens ; il en a fait ensuite un genre propre, sous le nom de Doritis.

Toutes les pates de ces papillons sont ambulatoires dans les deux sexes ; les crochets des tarses sont simples. Les femelles ont, à l'extrémité de l'abdomen, une poche cornée, creuse, et en forme de nacelle, dans laquelle les œufs sont renfermés.

Les ailes sont élevées perpendiculairement pendant le repos. Les ailes inférieures sont concaves au bord interne. Les chenilles des Parnassiens ont sur le cou, comme celles des papillons, un tentacule retractile, mou et fourchu, qu'elles font sortir dans le danger.

Ces chenilles se forment une coque avec des feuilles liées par des fils de soie. Les chrysalides sont ovoïdes. Les Parnassiens sont peu nombreux, on n'en connaît que trois espèces qui ne se trouvent que dans les montagnes alpines ou sous-alpines de l'Europe, et du nord de l'Asie. M. Boisduval, dans son *Icones historique des Lépidoptères d'Europe*, en donne une quatrième espèce sous le nom de Parnassius Nomion.

PARNASSIEN APOLLON. PARNASSIUS APOLLO. GOD.

Papilio Apollo. LINN. FAB. — *L'Apollon.* ENG.

Papillon des Alpes. DE GÉER. — *L'Alpicola.* DAUB. pl. enlum.

Les ailes sont d'un blanc tirant un peu sur le jaune. Le dessus des premières ailes offre cinq taches noires presque rondes. La base et le bord antérieur de ces ailes sont parsemés d'atômes noirs.

Le dessus des secondes ailes présente deux yeux d'un rouge vermillon. Le bord interne est garni de poils blanchâtres, largement pointillé de noir jusqu'au niveau de la partie anale, et marqué vers son extrémité de deux petites taches noires.

Le dessous des premières ailes est à peu-près semblable au dessus.

Le dessous des secondes est luisant, avec deux yeux et deux taches anales comme en dessus. De plus, on y remarque quatre taches rouges bordées de noir, formant près de la base une bande transversale.

Le corps est noir, garni de poils roussâtres; les antennes sont blanches avec la masse noire.

La femelle est d'un blanc sale, avec la poche qui est à l'extrémité du ventre, de couleur brune.

L'Apollon paraît en juillet, on le trouve assez communément dans les Pyrénées, les Alpes, les Cévennes, le mont Pila, etc.

PARNASSIEN PHOEBUS. PARNASSIUS PHOEBUS. GOD.

Papilio Phœbus. HUBN. — *Papilio Phœbus*, VAR. FAB.

Papilio Delius. ESP. OCH.

Il ne diffère du précédent que parce qu'il est constamment plus petit, et parce que la tache noire qui est à l'extrémité des ailes antérieures est toujours sablée de rouge en dessus et en dessous.

Cette espèce se trouve en juillet, dans les prairies marécageuses des Hautes-Alpes, et sur la croupe du Mont-Blanc.

PARNASSIEN MNÉMOSYNE. PARNASSIUS MNEMOSYNE. GOD.

Papilio Mnemosyne. LINN. FAB. ESP. HUBN.

Le Semi-Apollon. ENG.

Le dessus des ailes est d'un blanc sale, avec les nervures et la tranche du bord postérieur, noires. Les premières ailes ont l'extrémité transparente, avec le milieu du bord d'en haut marqué de deux taches noires.

Les secondes ailes ont une tache noirâtre, et leur bord interne est sablé de noir et garni de poils blanchâtres.

Le dessous des quatre ailes est luisant. Le corps est noir, garni de poils roussâtres sur le devant du corselet, et de poils blanchâtres sur l'abdomen.

Les antennes sont entièrement noires.

On trouve cette espèce au mois de juin, dans les montagnes du Dauphiné et dans les Pyrénées.

GENRE PIÉRIDE. PIERIS. LAT.

Pontia. FAB. OCH.

Les ailes inférieures sont sans concavité ni apparence d'échancrure au bord interne, et s'étendent sous le ventre; les crochets des tarses sont unidentés ou bifides; les palpes sont cylindriques, non fortement comprimés; le dernier article est presque aussi long au moins que le précédent.

Les chenilles sont allongées, pubescentes, un peu amincies aux extrémités. Les chrysalides sont fixées par la queue, et attachées en outre par un cordon transversal qui embrasse le milieu du corps.

PIÉRIDE DU CHOU. PIERIS BRASSICÆ. LINN. LAT.

Le Grand Papillon du Chou. GEOFF.

Les deux sexes sont blancs en dessus, avec le sommet des ailes supérieures noir. La femelle a, sur ces mêmes ailes, trois taches noires, dont deux presque rondes, placées l'une au-dessus de l'autre; la troisième en forme de raie longitudinale, occupe le milieu du bord interne.

Le dessous des premières ailes est blanc comme le dessus, avec le sommet jaunâtre et deux taches noires arrondies et correspondant à celle du dessus. Ces taches sont constantes dans chaque sexe.

Le dessous des secondes ailes est d'un jaune terne, pointillé de noir.

Le corps est de couleur blanche, avec le dos noirâtre.

Les antennes sont annelées de blanc et de noir, et terminées par un point jaune.

Cette espèce est très commune aux environs de Paris. On la voit depuis le commencement du printemps jusqu'à la fin de l'automne.

PIÉRIDE GAZÉE. PIERIS CRATÆGI. LINN. LAT.

Le Gazée. GEOFF.

Les ailes sont arrondies, très entières, d'un blanc verdâtre, un peu transparentes, avec des nervures noirâtres.

Cette espèce paraît dans le mois de juin, au printemps et en été, dans les prairies et dans les jardins. Pallas rapporte, dans le premier volume de ses voyages, qu'il la vit voler en si grande abondance aux environs de Winofka, qu'il la prit d'abord pour des flocons de neige.

PIÉRIDE CALLIDICE. PIERIS CALLIDICE. GOD.

Papilio Callidice. ESP. HUBN. ILLIG.. OCH.

Le dessus des ailes du mâle est blanc, avec la base noirâtre. Les supérieures ont, sur le milieu, deux lignes transversales noires. Les ailes inférieures n'offrent aucune tache distincte.

Le dessus de la femelle diffère de celui du mâle en ce que l'extrémité est entièrement bordée par une large bande noire, sur laquelle sont des taches blanches triangulaires.

Le dessous des premières ailes, dans les deux sexes, est comme le dessus, à l'exception que toutes les taches noires sont salies de verdâtre.

Le dessus des secondes ailes est verdâtre, avec des taches d'un jaune pâle.

Le corps est parsemé de poils blanchâtres soyeux. Les antennes sont noires et annelées de blanc depuis leur origine jusqu'à la massue.

Cette Piéride se trouve en juillet, dans les Alpes et dans les Pyrénées.

PIÉRIDE DAPLIDICE. PIERIS DAPLIDICE. GOD.

Papilio Daplidice. LINN.

Le Papillon blanc marbré de vert. ENG.

Le dessus des ailes est blanc. Les premières ont au milieu de leur bord antérieur une tache noire, presque carrée; leur sommet est noir, avec une rangée de quatre points blancs. Dans la femelle, il existe une tache noire près de l'angle interne. Les secondes ailes du mâle sont sans taches, et dans la femelle, ces mêmes ailes ont une bordure noire qui est divisée par un rang de taches blanches.

Le dessous des ailes supérieures est à peu près semblable au dessus; mais la tache du milieu et le sommet sont en partie verdâtres.

Le dessus des ailes inférieures est d'un vert jaunâtre, piqué de noir et tacheté de blanc.

Cette espèce est très commune, elle paraît en avril et en juillet, et elle se trouve aux environs de Paris, dans les bois et les prairies.

PIÉRIDE AURORE. PIERIS CARDAMINES. GOD.

Papilio Cardamines. LINN. — *L'Aurore.* GEOFF.

Le dessus des ailes est moitié blanc, moitié aurore, marqué vers son milieu d'un point noir; le sommet est noir, avec le bord antérieur entrecoupé de blanc.

Le dessous des ailes supérieures est semblable au dessus; mais la base est légèrement soufrée, et l'extrémité est teintée de vert, entremêlée de blanc et d'incarnat.

Le dessous des ailes supérieures est marbré de vert; ces marbrures se font sentir en dessus.

La femelle, qui est représentée en dessous, diffère du mâle par l'absence de la tache aurore, et par un peu plus de noir au sommet des premières ailes.

Cette piéride habite les bois et ne donne qu'une fois par an, depuis la fin d'avril jusqu'à la mi-mai.

PIÉRIDE AURORE DE PROVENCE. PIERIS EUPHENO. GOD.

Papilio Belia. LINN. — *Papilio Eupheno.* FAB. ESP. HUBN. OCH.

Le mâle est d'un beau jaune de part et d'autre, avec la base des quatre ailes noirâtre en dessus. Les premières ailes ont, vers le sommet, une grande tache aurore, sur le côté interne de laquelle il y a un croissant d'or.

Le bord terminal du dessus des secondes ailes est parsemé de points noirs. Leur dessous offre trois lignes transversales d'atômes noirâtres, dont l'empreinte s'aperçoit sur la face opposée.

Les ailes supérieures de la femelle sont d'un blanc un peu verdâtre, avec le sommet brunâtre en dessus, d'un jaune citron en dessous.

Les ailes inférieures ont leur dessus d'un blanc plus ou moins jaune, avec la base noirâtre, et le dessous semblable, comme dans le mâle.

Le corps est de la couleur des ailes. Les antennes sont blanches, annelées de noir en dessus, avec l'extrémité de la massue d'un jaune sale.

Cette piéride paraît vers la fin d'avril et dans le courant du mois d'août. On la trouve très communément dans les garrigues de nos départemens méridionaux.

PIÉRIDE DE LA MOUTARDE. PIERIS SINAPIS. GOD.

Papilio Sinapis. LINN.

Le papillon Blanc de Lait. ENG. *Pap. d'Eur.*

Les ailes de cette espèce sont minces, d'un blanc de lait en dessus, avec une tache noirâtre et arrondie au sommet des supérieures.

Le dessous est semblable au dessus, mais le sommet est d'un vert pâle, et la côte est largement parsemée d'atômes obscurs, depuis son origine jusque vers son milieu.

Le dessous des inférieures est teinté de verdâtre, suivant le sexe, avec deux raies obscures, se dirigeant du bord interne vers le bord postérieur.

Le corps et les antennes sont semblables aux espèces précédentes.

Cette espèce est assez commune dans les bois; on la rencontre en mai et en juillet.

PIÉRIDE DU NAVET. PIERIS NAPI. GOD. LINN. LAT.

Le dessus des ailes est blanc, avec un point noir vers l'extrémité antérieure des secondes ailes, et un semblable entre le milieu et le bord terminal des premières. Celles-ci ont en outre le sommet noirâtre.

Le dessus des ailes supérieures est blanc, avec les nervures noirâtres; le dessous des ailes inférieures est d'un jaune pâle, avec des veines d'un noir verdâtre.

Les antennes sont annelées de blanc et de noir, et terminées par un point jaunâtre.

Il existe des femelles dont le dessus des premières ailes offre deux points noirs au lieu d'un.

Cette piéride est assez commune, elle se trouve dans les bois et dans les prairies, au printemps et en été.

PIÉRIDE DE LA RAVE. PIERIS RAPÆ. GOD. LINN. LAT.

Le petit papillon Blanc du Chou. GEOFF.

Cette piéride a beaucoup de ressemblance avec la précédente, mais elle est constamment plus petite.

Les ailes sont blanches, le dessus des supérieures, avec l'extrémité du sommet légèrement noirâtre; leur dessus, avec deux taches noires; le dessus des inférieures, d'un jaune pâle nébuleux.

Elle est aussi commune que son analogue, elle paraît aux mêmes époques.

PIÉRIDE DE LA BRYONE. PIERIS BRYONIÆ. GOD.

Papilio Napi. HUBN.

Le Papilion Blanc veiné de noir. ENG.

Le dessus de ses ailes est d'un blanc jaunâtre, avec la base et de larges veines noirâtres. Il existe, à l'extrémité des premières ailes, deux taches noires et une semblable sur le bord antérieur des secondes.

Le dessous des quatre ailes est à peu près semblable comme dans la piéride du navet.

On trouve cette piéride dans les montagnes alpines.

GENRE COLIADE. COLIAS. LAT. OCH.

Les antennes sont courtes et finissent graduellement en une massue allongée et obconique; les palpes inférieurs sont très comprimés, leur dernier article est beaucoup plus court que le précédent; les ailes supérieures sont sans concavité et sans échancrure à leur bord interne, elles sont prolongées sous l'abdomen et lui forment une gouttière; les pates sont au nombre de dix et propres à la marche dans les deux sexes; les crochets des tarses sont unidentés.

Les chenilles n'ont point de tentacules; elles sont cylindriques ou bien comprimées postérieurement.

Les chrysalides sont allongées, anguleuses, avec l'une et l'autre extrémité terminées en pointe. Elles sont fixées à la manière des papillons.

COLIADE SOUCI. COLIAS EDUSA. GOD.

Papilio Edusa. FAB. — *Le Souci. Var.* GEOFF.

Le dessus des ailes de cette espèce est d'un jaune-souci; les supérieures offrent, vers le milieu de leur bord d'en haut, un gros point noir foncé : il existe à l'extrémité des unes et des autres une large bande noire, située du côté interne, continue dans le mâle, divisée dans la femelle par des taches jaunes. Le dessous des premières ailes est à peu près semblable à celles du dessus; il en diffère seulement par une ligne transverse de points, dont les quatres inférieurs sont noirs et les autres ferrugineux.

Le corps est jaune, avec la tête ferrugineuse, et le dos noirâtre.

Les pates et les antennes sont rosées : celles-ci ont l'extrémité de la massue jaunâtre.

Cette espèce est assez commune; elle paraît pour la première fois en mai, et pour la seconde en juillet.

La coliade souci donne une variété femelle qui a été figurée par Hubner sous le nom *Hyale*, et que nous avons représentée à la planche 6, fig. 3.

COLIADE PALENO. COLIAS PALÆNO. GOD.

Papilio Palæno. LINN. FAB. — *Papilio Europome.* ESP. HUBN.
Le Solitaire. ENC. — *Papilio Philomene. Var.* HUBN.

Le dessus des ailes du mâle est d'un jaune tirant sur le verdâtre, avec une bande d'un brun noirâtre, garnie à son côté externe d'une frange entièrement rouge. Les premières ailes ont le bord antérieur liseré de rouge, avec le milieu de ce même bord tacheté d'un point noir oblong. Le dessus de la femelle est d'un blanc verdâtre, avec une bande marquée parfois aux premières ailes de quelques taches blanchâtres. Il existe aussi sur ces mêmes ailes un point noir, plus ou moins oculaire. Le dessous est d'un blanc verdâtre, avec le sommet d'un jaune roussâtre; le dessus des secondes ailes est d'un jaune roussâtre dans les deux sexes, avec une tache argentée un peu sensible en dessus. Le corps est jaunâtre, avec le derrière de la tête garni de poils rouges.

Les antennes sont rouges avec l'extrémité de la massue d'un jaune d'ocre.

Cette coliade paraît en juillet et en août. On la trouve communément en Suisse, en Piémont et en Suède.

COLIADE CLÉOPATRE. COLIAS CLEOPATRA. LINN.

Papilio Cleopatra. LINN. HUBN. FAB. CRAM.
Variété du citron. ENC.

Le mâle a beaucoup de ressemblance avec celui de la coliade citron; mais il en diffère par le dessus de ses ailes qui présente sur le milieu une très grande tache aurore.

La femelle a aussi beaucoup de ressemblance avec celle du citron; mais elle se distingue de cette dernière par une teinte jaune qui est à la base des ailes supérieures, et par une teinte roussâtre à la base des inférieures.

Cette coliade est très commune dans le midi de la France. Elle habite en outre l'Espagne, l'Italie, l'Asie mineure. Elle paraît au printemps et en été.

COLIADE CITRON. COLIAS RHAMNI. GOD.

Papilio Rhamni. LINN. — *Le Citron.* GEOFF.

Les ailes ont leur dessus d'un jaune citron, avec un point orangé sur le milieu des quatre ailes, dans l'un et l'autre sexe; le bord postérieur est terminé par une série de points ferrugineux très petits. Dans les deux sexes, le dessous ne diffère du dessus que parce qu'il est un peu moins foncé. Le corps est jaune ou d'un blanc verdâtre, suivant le sexe, le dos est noirâtre, avec le corselet et la base de l'abdomen garnis de poils soyeux argentés. Les antennes sont rougeâtres, l'extrémité de la massue est d'un brun obscur.

Cette espèce, qui est extrêmement commune, paraît sans interruption depuis le commencement du printemps jusqu'à la fin de l'automne.

COLIADE PHICOMONE. COLIADE PHICOMONE. GOD.

Papilio Phicomone. ESP. HUBN. ILLIG. OCH.

Le Candide. ENG.

Les ailes du mâle sont d'un jaune blanchâtre en dessus; celles de la femelle sont d'un blanc verdâtre. Ces ailes sont bordées de noirâtre, et cette bordure est divisée dans toute sa longueur par une série de taches jaunâtres. Ces mêmes taches se continuent sur les secondes ailes de l'un et l'autre sexe, et forment tout-à-fait, dans la femelle, une bordure, tandis que dans le mâle elles sont limitées en dehors par du noir. Les secondes ailes sont tachées de jaune sur leur milieu. Le dessous des premières ailes est verdâtre, avec l'extrémité roussâtre et bordée par une suite de points noirâtres.

Le dessous des secondes ailes est jaune, avec une tache discoïdale argentée. Les quatre ailes sont bordées de rose dans la femelle, et entrecoupées de jaune dans le mâle.

Cette espèce habite les montagnes très élevées des Alpes; elle se trouve dans le mois de juin.

GENRE POLYOMMATE. POLYOMMATUS. LAT.

Lycæna. FAB. OCH.

Toutes les pates sont propres à la marche dans les deux sexes; les crochets du bout des tarses sont très petits et à peine saillans. Les palpes inférieurs sont de longueur moyenne, composés de trois articles distincts, et dont le dernier est presque nu ou peu fourni d'écailles. Le bouton des antennes est allongé, presque ovoïde, et souvent un peu arqué à son extrémité. Les ailes inférieures embrassent le dessous de l'abdomen; la cellule discoïdale de ces ailes est ouverte en arrière, non rétrécie dans son milieu, formée par deux nervures parallèles entre elles.

Les chenilles sont ovales, en forme de cloporte ou d'écusson; elles sont rases ou légèrement duveteuses, et elles ont la tête et les pates peu apparentes; les chrysalides sont courtes, contractées, obtuses aux bouts, attachées avec deux liens, dont l'un fixé au milieu du corps, l'autre à son extrémité postérieure.

POLYOMMATE LYNCÉE. POLYOMMATUS LYNCEUS. FAB. GOD.

Hesperia Lynceus. FAB.

Le Porte-Queue brun à deux bandes de taches blanches. GEOFF.

Le Porte-Queue à taches fauves. ENG.

Le dessus des ailes de ce polyommate est d'un brun noirâtre, avec un point fauve à l'angle anal des inférieures. La femelle diffère du mâle par une tache fauve qui est arrondie, et qui est entre le milieu et l'extrémité des supérieures.

Le dessous des deux sexes est d'un brun un peu moins foncé que le dessus, avec une ligne blanche allant de la côte des premières ailes au bord interne des secondes. Ces dernières, indépendamment de cela, offrent une rangée postérieure de six lunules fauves, bordées de noir en avant, et précédées en arrière d'une ligne blanche.

Cette espèce paraît au mois de juin; on la trouve communément dans les bois des environs de Paris.

POLYOMMATE DU PRUNELLIER. POLYOM. SPINI. FAB. GOD.

Hesperia Spini. FAB. — *Papilio Spini.* HUBN. OCH.

Papilio Lynceus. ESP. BORKH. SCHNEID.

Porte-Queue brun à taches bleues et Porte-Queue gris-brun. ENC.

Toutes les ailes ont leur dessus d'un brun noirâtre, tantôt sans taches, tantôt avec des points fauves dans les deux sexes.

Le dessous est cendré, avec une soie blanche, formant un V près de l'extrémité du bord interne des secondes ailes. Ces ailes ont, le long du bord postérieur, une ligne blanche, devant laquelle il y a une rangée courbe de sept taches. De plus, il y a un petit liseré blanc qui va depuis l'angle de la partie anale jusqu'à l'extrémité de la queue.

Le dessus du corps et brun et grisâtre en dessus. Les antennes sont noires, annelées de blanc, avec l'extrémité de la massue fauve.

On trouve ce polyommate dans plusieurs de nos départemens méridionaux; il paraît en juillet et en août.

POLYOMMATE STRIÉ. POLYOMMATUS BOETICUS. FAB. GOD.

Papilio Bœticus. LINN.

Le Porte-Queue Strié. GEOFF.

Le dessus du mâle est teinté de violet, avec le bord postérieur noirâtre. La femelle est noirâtre en dessus, avec le milieu des quatre ailes, à partir de la base, d'un bleu assez brillant.

Le dessous des deux sexes est d'un brun pâle, avec une multitude de stries blanchâtres. Ces ailes ont, près de l'angle postérieur, deux points noirs, entourés d'une lunule blanchâtre. Deux petites taches noires correspondent aux points du dessus. La surface supérieure du corps est bleuâtre, la surface inférieure est d'un gris blanchâtre.

Cette espèce paraît en août et en septembre, on la trouve dans les grands jardins et dans les parcs.

POLYOMMATE DU CHÊNE. POLYOMMATUS QUERCUS GOD.

Papilio Quercus. LINN.

Le Porte-Queue bleu à une bande blanche. GEOFF.

Le mâle est noirâtre et glacé de bleu violet en dessus. La femelle est également noirâtre en dessus, avec une tache bleue, occupant la base du bord interne des ailes supérieures.

Le dessous des deux sexes est d'un gris satiné, avec une ligne blanche, bordée de noirâtre antérieurement; puis deux cordons, renfermant aux premières ailes une série de points obscurs, et aux secondes deux taches fauves, dont l'anale environnée de noir, l'autre marquée dans son milieu d'un point de cette dernière couleur.

On trouve ce polyommate dans les bois, depuis le mois de juin jusqu'à la mi-juillet.

POLYOMMATE DU BOULEAU. POLYOM. BETULÆ. GOD.

Papilio Betulæ. LINN.

Le Porte-Queue fauve à deux bandes blanches, GEOFF.

Le Porte-Queue à bandes fauves. ENG.

Les ailes sont d'un brun noirâtre en dessus, avec l'angle interne, et le milieu des inférieures, fauves. Dans la femelle il y a en outre une bande fauve, vers le bout des supérieures.

Les premières ailes sont d'un fauve jaunâtre en dessous, avec une ligne noirâtre bordée de blanc; puis deux autres lignes blanches, ondulées, partant de la côte, et tendant à se réunir à leur extrémité inférieure.

Les secondes ailes sont de la couleur du dessous des premières, avec deux lignes blanches transverses et une bande terminale d'un roux vif.

Le dessus du corps est noirâtre; le dessous est grisâtre. Les antennes sont annelées de blanc, avec l'extrémité de la massue ferrugineuse.

Ce polyommate se trouve dans les bois et le long des haies : il paraît depuis la fin de juillet jusqu'à la mi-septembre.

POLYOMMATE DU PRUNIER. POLYOM. PRUNI. GOD.

Papilio Pruni. LINN.

Le Porte-Queue brun à lignes blanches. ENG.

Les deux sexes sont d'un brun noirâtre en dessus, avec une rangée postérieure de taches fauves aux quatre ailes de la femelle, et seulement aux secondes ailes du mâle.

Le dessous est d'un brun un peu plus clair que le dessus; avec une bande fauve, offrant le long de son côté interne une série de points noirs, bordés de blanc antérieurement.

Les antennes sont annelées de blanc, avec leur extrémité ferrugineuse.

Ce polyommate paraît au commencement de juin : on le trouve dans les bois des environs de Paris.

POLYOMMATE W. BLANC. POLY. W. ALBUM. GOD.

Papilio W. Album. HUBN.

Var. du Porte-Queue brun à deux bandes de taches blanches. GEOFF.

Le Porte-Queue brun à une ligne blanche. ENG.

Le dessus des premières ailes de la femelle est sans tache fauve, tandis que le dessus du mâle offre un point grisâtre. Le dessous des secondes ailes est marqué d'une ligne blanche, formant à sa partie inférieure deux angles aigues ou un W; ces lunules sont fauves et sont réunies en une bande.

Le W blanc est très commun sur les boulevards de Paris, à la fin de juin et au commencement de juillet.

POLYOMMATE DE L'ACACIA. POLYOM. ACACIÆ. GOD.

Papilio Acaciæ. FAB. HERBST. OCH.

Le dessus des quatre ailes est d'un brun noirâtre chatoyant, avec des taches fauves près de l'angle anal des inférieures. Il y en a ordinairement deux chez le mâle, et quatre, mais dont l'extérieure est moins prononcée, chez la femelle.

Le dessous est d'un gris cendré, avec la base bleuâtre, et l'extrémité coupée transversalement par une ligne blanche. Les ailes inférieures offrent une ligne blanche, devant laquelle sont rangées six taches fauves très rapprochées et bordées de noir antérieurement.

Les antennes sont noires, annelées de blanc, avec l'extrémité et la partie inférieure de la massue fauves.

Le corps est brun en dessus et gris en dessous ; il se termine dans la femelle par une houppe de poils très noirs.

Ce polyommate paraît en juin; il a été trouvé dans la Lozère et dans les Pyrénées-Orientales. Il habite aussi les contrées les plus méridionales de la Russie.

POLYOMMATE DE LA VERGE D'OR. P. VIRGAUREÆ. GOD.

Papilio Virgaureæ. LINN. *L'Argus Satiné.* ENG.

Le dessus du mâle est d'un fauve ponceau. Le dessus des quatre ailes de la femelle est fauve et ponctué de noir.

Les deux sexes sont d'un fauve pâle et jaunâtre en dessous, avec des points noirs, derrière lesquels les secondes ailes ont une bande transverse de taches blanches.

Le polyommate de la verge d'or paraît au printemps et vers le milieu de l'été. Il a été trouvé dans les environs de Beauvais et de Beaumont-sur-Oise, etc.

POLYOMMATE CHRYSÉIS. POLYOM, CHRYSEIS. GOD.

Hesperia Chryseis. FAB. OCH.

L'Argus Satiné changeant. ENG.

Le mâle est d'un fauve ponceau vif en dessus, avec tout le pourtour noirâtre. Le milieu de chaque aile présente un double point noir. Le dessus des premières ailes de la femelle est d'un fauve foncé, avec les bords et des points noirâtres; les secondes ailes sont noirâtres en dessus, avec une ligne fauve.

Les deux sexes sont d'un cendré brunâtre en dessus, avec des points noirs mêlés de gris.

Cette espèce paraît dans le courant de juin et au mois d'août. Elle a été trouvée par plusieurs entomologistes aux environs de Paris.

POLYOMMATE HIÉRÉ. POLYOM. HIERE. GOD.

Hesperia Hiere. FAB. — *Papilio Lampetie.* HUBN.

Papilio Hipponoe. OCH.

Papilio Hippothoe, var. *Papilio Hipponoe.* ESP.

Papilio Hipponoe, Papilio Alciphron. SCHNEID.

Papilio Lampetie, Papilio Helle. LANG.

Le mâle est d'un fauve ponceau en dessus, avec le bord postérieur noir et glacé de violet vif. Le milieu des premières ailes présente neuf points noirs, dont sept extérieurs plus petits et disposés transversalement en une ligne.

La femelle est d'un brun noirâtre en dessus, avec le milieu des premières ailes ponctué de noir; l'extrémité des inférieures est traversée par une bande fauve très distincte, sur le côté externe de laquelle il y a une rangée de cinq points noirs.

Les premières ailes sont roussâtres en dessous, avec les bords cendrés et beaucoup de points noirs. Les secondes ailes dans les deux sexes sont d'un cendré clair en dessous avec la base bleuâtre, et une multitude de points noirs, entre les deux rangées postérieures desquelles il y a une bande transverse de taches fauves.

Le corps est noirâtre en dessus et garni de poils bleuâtres, blanchâtres en dessous. Les antennes sont noires, annelées de blanc, avec l'extrémité de la massue fauve.

Cette jolie espèce paraît en juillet et en août. On la trouve dans plusieurs contrées de l'Allemagne et dans l'est de la France.

POLYOMMATE GORDIUS. POLYOM. GORDIUS. GOD.

Papilio Gordius. ESP. HUBN. OCH. etc.

Le Grand Argus bronzé. ENG.

Toutes les ailes sont d'un fauve doré en dessus, avec le bout terminal brun, et une multitude de points noirs.

Les premières ailes sont d'un fauve pâle en dessous, avec le limbe postérieur grisâtre. Les secondes ailes sont d'un cendré jaunâtre en dessous, avec une bande fauve au bord postérieur. Le dessous des quatre ailes présente aussi des points noirs, particulièrement aux ailes inférieures, et sont encore plus nombreux qu'en dessus.

Le dessus du corps est noirâtre et garni de poils bleuâtres, avec le dessous gris. Les antennes sont noires, annelées de blanc, avec l'extrémité de la massue rousse.

Le mâle a un reflet violet en dessus, ce qui le fait paraître un peu plus rouge que la femelle.

Il paraît en juillet : on le trouve dans les parties montagneuses du midi de la France, dans les Alpes et en Suisse.

POLYOMMATE EVIPPUS. POLYOM. EVIPPUS. GOD.

Papilio Evippus. HUBN.

Papilio Roboris. ESP. OCH.

Le mâle est d'un brun noirâtre en dessus, glacé de violet obscur sur plus de la moitié antérieure des premières ailes et à l'origine des secondes. Les ailes inférieures présentent, vers l'extrémité, une rangée de trois points d'un bleu violet. Le dessous est d'un gris satiné, avec une série terminale de taches fauves, coupées chacune près de leur base par une petite ligne transverse d'un bleu argenté, et chargées à leur sommet d'un point noir que surmonte un chevron d'un blanc bleuâtre.

Le dessous de la femelle est comme celui du mâle ; il en diffère cependant par le violet du dessus des ailes qui est plus brillant et qui s'étend moins loin ; il offre dix points d'un bleu violet, le long du bord postérieur des secondes ailes. Le dessus du corps est brun et gris en dessous.

Les antennes sont noires, annelées de blanc, avec l'extrémité de la massue fauve.

L'Evippus se trouve en juin, dans nos départemens les plus méridionaux, en Espagne et en Portugal, etc.

POLYOMMATE DE LA RONCE. POLYOM. RUBI. GOD.

Papilio Rubi. LINN.

L'Argus Vert ou *l'Argus Aveugle.* GEOFF.

Les deux sexes sont d'un brun noirâtre en dessus. Le dessous est vert, avec une ligne transverse de points blancs peu prononcés, derrière le milieu des ailes inférieures.

Les femelles ont en dessous, vers le milieu de la côte des ailes supérieures, un point blanchâtre, disposé longitudinalement.

Cette espèce est assez commune dans tous les bois des environs de Paris ; elle paraît depuis le mois d'avril jusqu'à la mi-mai.

POLYOMMATE BALLUS. POLYOM. BALLUS. GOD. BOISD.

Lycæna Ballus.. OCH.

Papilio Ballus. HUBN.

Les ailes sont d'un brun noirâtre, avec la frange grisâtre. Près de l'angle anal des inférieures, il y a deux petites taches fauves, dont l'externe est quelquefois oblitérée.

Le dessous des ailes supérieures est d'un gris un peu violâtre avec le milieu fauve, marqué de taches très noires, cerclées de blanc sur un de leur côté. Le dessous des ailes inférieures est aussi d'un gris violâtre ; mais les trois-quarts de la surface sont tellement garnis de poils soyeux et serrés, qu'ils paraissent d'un beau vert. De plus, on remarque, tout-à-fait à l'extrémité, une rangée de points rouges. Le corps et les pates sont garnis de poils en dessous; le corselet est aussi garni de poils verts; les antennes sont grisâtres, avec la massue noirâtre, fauve à l'extrémité.

La femelle diffère beaucoup du mâle en dessus; mais elle lui ressemble tout-à-fait en dessous. Le dessus des ailes supérieures a une grande tache discoïdale d'un fauve orangé qui occupe la moitié de leur surface. L'extrémité des ailes inférieures est en outre marquée d'une bande de la même couleur qui ne monte pas jusqu'a l'angle externe.

Ce polyommate paraît dès les premiers jours de mars : il se trouve en Portugal et en Espage; il se trouve aussi, et assez communément aux environs d'Hyères.

POLYOMMATE PHLÆAS. POLYOM. PHLÆAS. GOD.

Papilio Phlæas. LINN.

Le Bronzé. GEOFF.

Les deux sexes sont semblables entre eux.

Les premières ailes sont d'un fauve bronzé en dessus, avec des points noirs, et le contour extérieur d'un brun noirâtre. Le dessous est d'un fauve jaunâtre, avec des points noirs, et le bord postérieur d'un cendré brunâtre.

Les secondes ailes sont noirâtres en dessus et d'un brun cendré en dessous, avec des points noirâtres.

Cette espèce est très commune dans les bois des environs de Paris, au printemps et à la fin de l'été.

POLYOMMMATE THERSAMON. POLYOM. THERSAMON. GOD.

Hesperia Thersamon. FAB. — *Papilio Thersamon.* ESP. OCH.

Papilio Xanthe. HUBN.

Le mâle est d'un fauve ponceau en dessus, avec le bord postérieur liseré de noir. Les premières ailes offrent sept à huit points noirâtres; les secondes ont le bord interne obscur, et elles présentent à leur bord terminal une bande fauve renfermée entre deux rangs de points noirs.

Les premières ailes de la femelle sont d'un fauve doré en dessous, et d'un fauve sombre aux secondes, avec une bande postérieure d'un fauve gris. Les quatre ailes sont distinctement ponctuées de noir.

Les ailes supérieures des deux sexes sont d'un jaune roussâtre en dessous, d'un gris cendré aux inférieures, avec un grand nombre de points noirs cerclés de blanchâtre. A l'extrémité de chacune des quatre ailes, il existe une bande fauve, chargée de deux séries de points noirs.

Le thersamon paraît en juillet : il se trouve dans les Alpes, la Hongrie, l'Autriche et les contrées les plus méridionales de la Russie.

POLYOMMATE XANTHÉ. POLYOM. XANTHE. GOD.

Hesperia Xanthe, Hesperia Garbas. FAB.
Papilio Circe. HUBN. — *L'Argus Myope.* GEOFF.

Le dessus des ailes du mâle est d'un brun obscur; le dessous est d'un jaune grisâtre, avec des points noirs, dont les intérieurs arrondis et épars; les extérieurs oblongs, formant au bord terminal une bande que divise un cordon de lunules fauves. La femelle diffère du mâle, en ce qu'elle a le milieu des premières ailes fauve de part et d'autre. Le dessus du corps est noirâtre, le dessous est grisâtre.

On trouve cette espèce très communément aux environs de Paris, et surtout au bois de Boulogne, en mai et en août.

POLYOMMATE HELLÉ. POLYOM. HELLE. GOD.

Hesperia Helle. FAB. — *Papilio Helle.* ILLIG. HUBN. OCH.
Papilio Amphidamas. ESP. KNOC. SCHNEID.
Papilio Xanthe. LANG.
Argus Myope violet. Var. fem. ENG.

Le mâle est d'un brun noirâtre en dessus, avec le disque des ailes supérieures fauve et coupé transversalement par des points noirs. Les ailes inférieures présentent une bande fauve dont le côté externe est crenelé et bordé par une ligne blanche interrompue.

Le dessus de la femelle diffère de celui du mâle, parce qu'il présente, sur le côté interne de la bande fauve qui longe le bout des parties, un cordon de lunules. Les premières ailes des deux sexes sont orangées en dessous, avec un grand nombre de points noirs cerclés de grisâtre; les secondes ailes sont d'un cendré brun, avec des points oculaires plus petits et une bande terminale d'un rouge fauve. Les quatre ailes offrent à leur extrémité deux séries tranchantes de lunules noires.

Le dessus du corps est noirâtre, le dessous est blanchâtre. Les antennes sont noires et annelées de blanc, avec l'extrémité de la massue fauve.

On trouve cette espèce en mai et en août, dans les parties montagneuses de l'Allemagne et de l'est de la France.

L'espèce qui est figurée au-dessus n'est qu'une variété du polyommate hellé.

POLYOMMATE DE L'ORPIN. POLYOM. BATTUS. GOD.

Polyommatus Battus. LAT. — *Hesperia Sedi*, *Hesperia Battus*. FAB.
Papilio Fattus. ILLIG. HUBN. — *Papilio Thelephii*. ESP.
Papilio Argus. SCOP. — *L'Argus brun*. ENG.

Les ailes sont d'un brun noirâtre chatoyant en dessus, avec la frange entrecoupée de blanc et de noir. Il existe parallèlement au bord postérieur, une série d'annelets bleuâtres; mais ils manquent aux ailes supérieures, surtout chez les mâles.

Les deux sexes sont d'un brun grisâtre en dessous, avec quatre lignes transverses de gros points noirs. Les secondes ailes ont une lunule centrale noire, et il y a, entre leur troisième et leur quatrième rangées de points, une bande orangée dont le côté extérieur est crénelé. Le dessus du corps est noirâtre et blanchâtre en dessous.

Les antennes sont noires, annelées de blanc, avec l'extrémité de la massue ferrugineuse

Cette espèce paraît au mois de juillet. Elle se trouve dans le midi de la France,en Piémont, en Allemagne, etc.

POLYOMMATE HYLAS. POLYOM. HYLAS. GOD.

Hesperia Hylas. FAB. *Papilio Amphion*. HUBN.
L'Argus bleu-violet. ENG.

Le mâle est d'un bleu violet en dessus, avec le bord postérieur noirâtre. La femelle est noirâtre en dessus, avec le bord violâtre. La frange est entrecoupée de noir dans l'un et l'autre.

Dans les deux sexes, le dessous est d'un gris cendré, avec une multitude de petits points noirs oculaires. Les secondes ailes présentent une rangée transverse de cinq taches fauves, presque quadrangulaires.

Ce polyommate paraît au mois d'août. On le trouve dans les environs de Paris.

POLYOMMATE AMYNTAS. POLYOM. AMYNTAS. GOD.

Hesperia Amyntas. FAB.

Le Petit Porte-Queue. ENG.

Le mâle est d'un blanc violet en dessus, avec le bord postérieur légèrement noirâtre : la femelle est noirâtre en dessus, avec des petits yeux fauves près de l'angle interne des inférieures.

Les deux sexes sont d'un gris bleuâtre en dessous, avec des points noirs. On voit vers la queue des secondes ailes, deux taches roussâtres, renfermées chacune entre deux lunules noires.

Cette espèce se trouve, en juillet et en août, aux environs de Paris.

POLYOMMATE ÆGON. POLYOM. ÆGON. GOD.

Papilio Ægon. HUBN. — *Papilio Alsus.* ESP.

Ce polyommate a beaucoup de ressemblance avec l'Argus, mais il est toujours plus petit. Ses ailes sont d'un gris plus foncé en dessus, et les points de la base des inférieures sont plus gros.

Il paraît au mois de juin : on le trouve assez communément dans les parties arides des bois des environs de Paris.

POLYOMMATE ARGUS. POLYOM. ARGUS. GOD.

Papilio Argus. LINN.

Les ailes sont d'un bleu violet en dessus, avec le bord postérieur noirâtre, et longé dans la femelle par une série de taches fauves, lesquelles sont appuyées chacune sur un point noir.

Le dessous est d'un gris clair, avec des points ocellés; on voit de pareilles taches fauves dans les deux sexes; les pointes que surmontent celles des secondes ailes ont, pour la plupart, une prunelle formée par des atomes d'un vert métallique.

L'Argus est commun dans tous les bois des environs de Paris ; à la fin de juillet et au commencement d'août.

POLYOMMATE EUMEDON. POLYOM. EUMEDON. GOD.

Papilio Eumedon. ESP. HUBN. OCH.
Papilio Eumedon. Papilio Chiron. BORKH.
Papilio Eumedon, *Papilio Cleon.* — SCHNEID. — *Eumédon.* ENG.

Les deux sexes sont d'un brun noirâtre-chatoyant en dessus, avec une frange blanche. Le mâle est entièrement nu ; mais la femelle a quelques taches fauves vers l'angle interne des ailes inférieures.

Le dessous est cendré, avec une ligne arquée de points noirs. Il existe encore d'autres points le long du bord postérieur ; mais ils sont moins apparens, surtout aux premières ailes, et ceux des secondes sont surmontés d'une lunule roussâtre que borde antérieurement un chevron obscur. La base de ces dernières est d'un vert argenté.

Le dessus du corps est noirâtre et cendré en dessous. Les antennes sont noires, annelées de blanc, avec le dessous de la massue ferrugineux.

Dans les contrées méridionales de la France, au mois de juillet.

POLYOMMATE ORBITULE. POLYOM. ORBITULUS. GOD.

Papilio Orbitulus. LAT. — *Papilio Orbitulus.* ESP. OCH.
Papilio Meleager. HUBN.

Le mâle est d'un cendré bleuâtre en dessus, avec une lunule centrale noire, et le bord postérieur d'un brun obscur.

La femelle est d'un brun noirâtre luisant en dessous, avec la base saupoudrée de bleuâtre, et le milieu marqué d'une lunule. Les deux sexes ont une frange blanche.

Dans le mâle comme dans la femelle, le dessous des premières ailes est d'un cendré clair, avec une multitude de taches noires cerclées de blanc.

Les secondes ailes sont d'un cendré obscur en dessous, avec deux points noirs oculaires sur le milieu du bord d'en haut, et une tache blanche en forme de cœur au centre de la surface. A l'extrémité est une large bande blanche, très inégalement incisée à son côté interne, et chargée à son côté externe d'une série de chevrons et d'une série de petits points noirâtres. Le dessus du corps est bleuâtre et le dessous est grisâtre. Les antennes sont noires, annelées de blanc; avec la massue toute noire.

Se trouve dans les Alpes, au mois de juillet.

POLYOMMATE AGESTIS. POLYOM. AGESTIS. GOD.

Papilio Agestis. HUBN. — *Papilio Medon.* ESP.

L'Argus bleu. ENG.

Les deux sexes sont d'un brun noirâtre en dessus, avec une rangée de lunules fauves le long du bord postérieur des quatre ailes.

Le dessous est d'un gris cendré, avec une grande quantité de points noirs oculaires, et une suite de taches blanches correspondant à celles de la surface opposée.

Très commun dans les bois des environs de Paris, dans les mois de mai et d'août.

POLYOMMATE ESCHER. POLYOM. ESCHERI. BOISD.

Papilio Escheri. HUBN.

Ce polyommate a beaucoup de ressemblance avec l'Alexis ; mais il est au moins un tiers plus grand. Ses quatre ailes sont d'un bleu violet brillant avec une petite bordure noire.

Le dessous des quatre ailes est d'un gris blanchâtre sablé de bleu, avec une rangée de taches ocellées, puis une autre rangée marginale de taches fauves, appuyées sur un rang de points noirs.

La femelle est brune en dessous avec une bande fauve, souvent plus apparente sur les ailes inférieures que sur les supérieures. Le dessous est le même que celui du mâle; mais son fond est d'un gris roussâtre avec les taches fauves plus vives. La base n'est nullement sablée de bleu; la frange est d'un gris obscur.

Cette espèce se trouve assez communément en juin, dans nos départemens méridionaux.

POLYOMMATE ICARIUS. POLYOM. ICARIUS. BOISD.

Polyommatus Agaton. GOD. — *Papilio Icarius.* ESP.
Zephirus Icarius. DALMAN. — *Papilio Amandus.* HUBN.

Toutes les ailes sont d'un bleu azuré moins brillant que dans le Dorylas, avec une bordure noire qui se prolonge un peu sur les nervures. La frange est blanchâtre.

Les quatre ailes sont d'un gris cendré en dessous, avec la base sablée de bleu verdâtre, et une rangée transverse de taches ocellées, suivies sur les inférieures de quatre ou cinq lunules fauves. Ces lunules sont appuyées sur des points noirs. A l'extrémité des ailes supérieures, on voit à la place de la bande fauve l'empreinte de quelques lunules grisâtres. La tache triangulaire du disque des supérieures est en forme d'arc, précédée d'aucun autre point; celle des inférieures est précédée par un rang de trois points noirs alignés.

La femelle est d'un brun luisant en dessus avec une rangée de lunules fauves, appuyées sur un point noir. Le dessous est d'un gris jaunâtre ou roussâtre, à peine sablé de bleu à la base.

Cette espèce se trouve en juillet dans les Pyrénées, les Alpes, etc.

POLYOMMATE ADONIS. POLYOM. ADONIS. GOD.

Hesperia Adonis. FAB.
Papilio Ceronus. Papilio Adonis. HUBN. — *Papilio Bellargus.* ESP.
L'Argus bleu céleste. ENG.

La frange des quatre ailes est entrecoupée de noirâtre. Le dessus est d'un bleu d'azur dans le mâle, d'un brun noirâtre dans la femelle. Celle-ci a de plus une rangée de lunules fauves le long du bord postérieur.

L'Adonis est très commun aux environs de Paris; il paraît pour la première fois en mai et pour la seconde en juillet.

POLYOMMATE DORYLAS. POLYOM. DORYLAS. GOD. OCH.

Les deux sexes ressemblent beaucoup à ceux de l'Adonis; mais leur frange n'est point entrecoupée de brun; le dessus des ailes du mâle est d'un bleu azuré plus clair et sans nuance de violet, avec le liseré noir du bord postérieur plus large.

Se trouve dans les Alpes, au mois de juillet.

POLYOMMATE CORYDON. POLYOM. CORYDON. GOD.

Hesperia Corydon. FAB.

L'Argus bleu. GEOFF. — *L'Argus bleu nacré.* ENG.

La frange des quatre ailes est entrecoupée de noirâtre. Le mâle est d'un bleu argenté luisant en dessus, avec une ligne noire, surmontée d'une série de points noirâtres à iris blanc.

La femelle est brune en dessus, parsemée d'atomes bleus, avec une rangée de points comme dans le mâle.

Les ailes supérieures des deux sexes sont blanchâtres en dessous, tandis que le dessous des inférieures est d'un brun plus ou moins pâle, avec une multitude de points noirs ocellés. La base des ailes postérieures est bleuâtre, et leur extrémité offre une rangée transverse de taches fauves.

Le dessus du corps est bleâutre, le dessous est constamment blanchâtre.

Cette espèce paraît au mois de mai. Elle habite les forêts, les prairies, les jardins. On la trouve assez communément dans les bois des environs de Paris.

POLYOMMATE MÉLÉAGRE. POLYOM. MELEAGER. GOD.

Hesperia Meleager. FAB.

Papilio Meleager. ESP. PANZ. DE VILL.

Papilio Daphnis. HUBN. OCH.

Le mâle est d'un bleu argenté en dessus, avec le bord terminal liseré de noir et garni d'une frange blanche. Le dessous est d'un gris blanc, avec une ligne courbe de points noirs ocellés, derrière laquelle sont deux rangées transverses de lunules obscures, dont les extérieures sont plus petites et moins apparentes. Les secondes ailes ont la base bleuâtre, avec trois autres points ocellés, et le milieu des premières offre un croissant noir.

La femelle est d'un blanc argenté, avec le pourtour largement noirâtre et la frange d'un blanc sale.

Se trouve au mois de juillet dans les Alpes.

POLYOMMATE PHÉRÉTÈS. POLYOM PHERETES. GOD.

Polyommatus Atys. LAT. — *Papilio Atys.* HUBN.

Papilio Pheretes. OCH.

Le mâle est d'un brun violet en dessus. La femelle est d'un brun noirâtre en dessus, avec la base bleuâtre. Dans les deux sexes, le bord postérieur est liseré de noir et garni d'une frange blanche. Le dessous des premières ailes est d'un cendré clair, légèrement teinté de verdâtre le long de la côte, avec une lunule centrale noire, bordée de blanc. Les secondes ailes sont d'un cendré un peu obscur en dessous, avec des atomes d'un bleu verdâtre, et huit à neuf taches blanches inégales, formant deux rangées transverses.

Le dessus du corps est bleuâtre ou noirâtre, suivant le sexe, et d'un gris cendré en dessous. Les antennes sont noires, annelées de blanc, avec la massue entièrement noire.

Se trouve en juillet, dans les Alpes.

POLYOMMATE DOLUS. POLYOM. DOLUS. BOISD.

Polyommatus Lefebvrii. GOD.

Le dessus de toutes les ailes est d'un bleu blanchâtre argenté, avec un liseré de couleur noire à l'extrémité des nervures. La frange est blanchâtre.

Le dessous des quatre ailes est d'un blanc cendré, avec une rangée d'yeux noirs à iris blanc. On voit en outre sur le milieu de chaque aile une lunule noire cerclée de blanc comme les yeux. Le bord terminal des quatre ailes est souvent longé par les vestiges de deux rangées de lunules grisâtres, à peine sensibles.

La femelle est généralement un peu plus petite que le mâle, et entièrement d'un brun noirâtre en dessus, avec une petite lunule noire sur les supérieures. La frange est d'un blanc un peu roussâtre.

Le dessous est d'un gris roussâtre avec le même dessin que le mâle; mais les taches ocellées des ailes supérieures sont plus grosses et plus marquées.

On trouve ce polyommate à la fin de juillet et dans les premiers jours d'août. Il habite le département du Var.

POLYOMMATE DAMON. POLYOM DAMON. GOD.

Hesperia Damon. FAB.

Papilio Damon. WIEN. SULZ. SCHNEID.

Le mâle est d'un bleu argenté en dessus, avec une bordure terminale, et l'extrémité des nervures d'un brun noirâtre.

La femelle est d'un brun noirâtre en dessus, avec la frange un peu moins blanche que chez le mâle.

Le mâle est d'un gris cendré en dessous, d'un gris roussâtre dans la femelle, avec une ligne courbe de points noirs cerclés de blanc : le milieu des ailes offre une raie blanche, longitudinale, descendant de la base vers le bord postérieur. Ce milieu est marqué d'une lunule noire qui est bordée comme les points.

Ce papillon se trouve dans les Alpes, dans les mois de juillet et d'août.

POLYOMMATE ARGIOLUS. POLYOM. ARGIOLUS. GOD.

Papilio Argiolus. LINN.

Hesperia Acis. FAB.

Le mâle est d'un bleu violet en dessus. La femelle est un peu plus pâle en dessus, avec une rangée de points noirâtres à l'extrémité des ailes inférieures, et une large bordure de cette nuance à l'extrémité des supérieures.

Les quatre ailes sont constamment d'un blanc bleuâtre en dessous, avec un arc central, et une ligne transverse de simples points noirs.

Cette espèce paraît en mai et vers la fin de juillet. On la trouve dans les bois et dans les jardins. Elle voltige toujours autour des arbres et des buissons.

POLYOMMATE EUPHEMUS. POLYOM. EUPHEMUS. GOD.

Papilio Euphemus. HUBN.

Argus bleu à bandes brunes. ENG.

Cette espèce diffère du polyommate Arion, parce que le dessus du mâle n'offre pas de points noirs au milieu des premières ailes, et parce que le dessus de la femelle a la bordure beaucoup plus large. Les deux sexes ne présentent en dessous que deux rangées de points oculaires derrière la lunule discoïdale de chaque aile.

On trouve ce polyommate, en juin et à la fin de juillet, dans les forêts des environs de Paris.

POLYOMMATE IOLAS. POLYOM. IOLAS. BOISD.

Lycæna Iolas. OCH.
Papilio Iolas. HUBN.

Le dessous de ce polyommate est d'un beau bleu violet luisant, avec un petit liseré noir et la frange blanche. Les quatre ailes sont en dessous d'un gris blanc cendré, avec la base saupoudrée de bleu verdâtre et un arc central précédé extérieurement d'une rangée courbe et transverse de points oculaires noirs. Le bord terminal des quatre ailes est longé par une série de lunules faiblement obscures. Ces lunules sont un peu apparentes sur les ailes inférieures, et les trois de l'angle anal sont marquées chacune d'un point noir qui reparaît ordinairement en dessus dans la femelle. On voit près de la base de ces mêmes ailes, deux ou trois points alignés.

La femelle a une large bordure noire qui s'étend depuis l'origine de la côte des supérieures jusqu'à l'angle anal des inférieures.

On trouve ce polyommate dans le mois de juillet, en Hongrie et en Italie.

POLYOMMATE ARION. POLYOM. ARION. GOD.

Papilio Arion. LINN.
Argus bleu à bandes brunes. ENG.

Les deux sexes sont d'un bleu violet pâle en dessus, avec une bordure brune. Il existe sur le milieu des ailes supérieures un groupe de sept à neuf points noirs inégaux.

Le dessous est cendré, avec une lunule discoïdale, derrière laquelle sont trois rangées de points, dont les antérieurs sont plus prononcés. Ces points et cette lunule sont noirs, avec le contour blanchâtre. La base des secondes ailes est d'un bleu verdâtre et chargée de quatre points noirs.

Cette espèce, qui se trouve aux environs de Paris, paraît en juillet.

GENRE NYMPHALE.

NYMPHALIS. LAT.

Limenitis. FAB. OCH.

Les antennes sont terminées par une petite massue allongée ; la longueur des palpes inférieures ne surpasse pas celle de la tête, ces palpes sont très poilus, et leur dernier article n'est, tout au plus, qu'une demi-fois plus court que le précédent. Les chenilles n'ont que quelques épines ou quelques éminences charnues, elles s'amincissent vers leur extrémité postérieure, qui est un peu fourchue. Les Nymphales sont des papillons de haut vol, et leurs ailes, fortes et épaisses, font bien voir qu'ils sont destinés à planer au haut des grands arbres dans les forêts.

Leurs pates antérieures sont très petites et inutiles pour marcher; leurs tarses ne sont point terminées par des crochets ; ces pates sont toujours appliquées sur les côtés du thorax, et leur genou est dirigé vers la tête ; cette disposition leur a valu le nom de Pates en Palatines. Les autres pieds sont trois fois plus grands ; la jambe est un peu plus courte que la cuisse ; les tarses sont de la longueur de la jambe, de cinq articles, dont le premier est aussi long que les quatre autres ensemble ; le dernier est terminé par deux crochets recourbés.

L'abdomen des Nymphales est de grandeur moyenne, il n'est pas embrassé par un prolongement des ailes inférieures.

On trouve des espèces de ce genre dans tous les pays du monde. Ces papillons, généralement, sont ornés des couleurs les plus brillantes et les plus variées.

NYMPHALE DE L'ÉRABLE. NYMPHALIS ACERIS. LAT.

Limenitis Aceris. BORD. OCH.
Papilio Aceris. FAB. ILLIG. BORKH. SCHNEID.
Papilio Plantilla. HUBN.
Le Sylvain à deux bandes blanches. ENG.
Papilio Leucothoe. HERBST.

Cette espèce diffère de la suivante, parce que ses ailes sont plus petites et plus étroites ; leur dessus est d'un noir brun, avec trois bandes blanches maculaires disposées ainsi : la première est une bandelette droite, interrompue, qui se termine sur la nervure médiane de ces mêmes ailes par une tache lancéolée; la seconde est plus large; elle commence sur la côte des supérieures, et vient aboutir presqu'au milieu du bord abdominal des inférieures; la troisième est terminale, peu prononcée sur les supérieures, se terminant sur les inférieures au niveau de l'extrêmité de l'abdomen. On remarque souvent entre ces deux dernières bandes une raie un peu plus pâle que le fond des ailes.

Le dessous est d'un brun ferrugineux avec le même dessin qu'en dessus; la raie intermédiaire qui paraît à peine en dessus est ici blanche et bien visible, et on en remarque une semblable sur le bord terminal. Les échancrures sont liserées de blanc. Le dessus du corps est noirâtre, le dessous est d'un blanc grisâtre. La femelle est semblable au mâle.

On trouve cette espèce en juin, dans le nord de l'Europe.

NYMPHALE LUCILLE. NYMPH. LUCILLA. LAT. GOD.

Limenitis Lucilla. OCH. BOISD.
Papilio Lucilla. HUBN. HERBST. FAB.
Papilio Camilla. ESP. BORKH. SCHNEID. SCHR.

Les ailes de cette espèce sont un peu dentelées; leur dessus est d'un brun noir traversé par une bande blanche maculaire, formée de taches allongées, séparées par les nervures. Les ailes supérieures offrent à leur base une raie longitudinale, blanche, interrompue. Leur dessous est d'un brun ferrugineux, avec le même dessin de la surface opposée; de plus, il offre sur le bout terminal une ou deux rangées de lunules d'un blanc grisâtre, et près de la base des inférieures quelques taches blanchâtres. La frange des échancrures est blanche. Le dessus du corps est noirâtre, le dessous est d'un blanc grisâtre. La femelle diffère du mâle en ce qu'elle est plus grande; du reste, le dessin est le même.

On trouve cette espèce au mois de juin, dans les Hautes-Alpes.

NYMPHALE PETIT-SYLVAIN. NYMPH. SYBILLA. GOD.

Limenitis Sybilla. BOISD.
Papilio Sybilla, papilio Camilla. LINN.
Le petit Sylvain. ENG. — *Le Deuil.* GEOFF.

Le dessus des ailes est d'un brun presque noir, et traversé au milieu par une bande blanche; cette bande est divisée en sept taches très rapprochées sur les ailes inférieures, et en huit sur les supérieures. Le dessous de toutes les ailes est ferrugineux, avec une bande et des taches blanches, comme en dessus; plus, une double rangée postérieure et transverse de points noirs, dont l'empreinte s'aperçoit sur la surface opposée. Ces points sont suivis aux secondes ailes de quelques taches blanches, et les mêmes ailes ont tout le bord abdominal d'un bleu cendré luisant, avec la base tachetée de noir.

Le dessus du corps est d'un brun noirâtre, avec le dessous d'un gris cendré.

Le dessus des antennes est noir, avec la sommité ferrugineuse; et au contraire, le dessous est ferrugineux, avec la base noirâtre.

La femelle diffère du mâle par le dessus de ses ailes qui est un peu tacheté de roux vers son origine.

Cette nymphale, qui paraît en juillet et en août, se trouve dans toutes les forêts des environs de Paris.

NYMPHALE SYLVAIN AZURÉ. NYMPH. CAMILLA. GOD.

Limenitis Camilla. BOISD.
Papilio Camilla. FAB. — *Papilio Rivularis.* SCOP.
Le Sylvain azuré. ENG.

Cette espèce se distingue de la précédente par le dessus de ses ailes qui, au lieu d'être d'un brun presque noir, est d'un bleu verdâtre chatoyant, et, en ce qu'elle a au bord de derrière une ligne de points d'un bleu pâle.

Le dessous est tacheté d'une rangée postérieure de points noirs, cerclés de gris cendré aux secondes ailes. Celles-ci n'ont aucune tache à la base.

Il existe des femelles qui offrent des taches d'un rouge cramoisi, sur la surface supérieure des quatre ailes.

Cette nymphale se rencontre ordinairement sur les bords des ruisseaux et des rivières, dans les mois de juin et d'août.

NYMPHALE GRAND SYLVAIN. NYMPH. POPULI. GOD.

Papilio Populi. GOD.
Le Sylvain et le grand Sylvain. ENG.

Le dessus des ailes de cette espèce est d'un brun noirâtre, avec une bande blanche sur le milieu; une rangée de lunules fauves en avant du bord postérieur; une double ligne, d'un bleu ardoisé, le long de ce même bord, lequel a les échancrures blanches. La bande des premières ailes est tortueuse, tachetée de cinq points blancs. La bande des secondes ailes a presque la forme d'un S, et elle est toujours plus large dans les femelles que dans les mâles.

Le dessous des quatre ailes est d'un fauve jaunâtre, avec des taches d'un blanc bleuâtre, disposées en une bande interrompue sur les supérieures; des taches bleuâtres, entrecoupées de points noirs le long du bord postérieur.

Le corps est brun en dessus et gris en dessous.

Les antennes sont noires avec l'extrémité de la massue fauve.

Cette espèce habite les forêts; elle se trouve dans le mois de juin.

NYMPHALE JASIUS. NYMPHALIS JASIUS. GOD.

Apatura Jasius. BOISD.

Papilio Jasius. LINN. FAB. OCH. — *Papilio Jason.* CRAM. HERBST.
Papilio Rhea. HUBN.

Le dessus des ailes est d'un brun chatoyant. Le bord terminal des premières est longé par une bande fauve, finement liserée de noir à son côté externe.

Les secondes ailes ont leur bord postérieur noir et garni d'une petite frange blanche. Les deux queues sont noires, et la gouttière du bord interne est d'un gris cendré.

Le dessous des quatre ailes est ferrugineux vers la base, avec des taches d'un brun olivâtre et encadrées de blanc.

Cette nymphale se trouve dans presque tout le bassin de la Méditerranée. Elle donne deux fois par an, en juin et en septembre. Les paysans des rives du Bosphore l'appellent le Pacha à deux queues.

NYMPHALE GRAND MARS. NYMPH. IRIS. GOD.

Apatura Iris. BOISD. — *Papilio Iris.* LINN.

Le Grand Mars changeant et non changeant. ENG.

Dans les deux sexes, le dessus de toutes les ailes est d'un brun noirâtre, avec une bande blanche, transverse, sur le milieu, et une bande grisâtre, beaucoup moins large, en avant du bord postérieur bord dont les échancrures sont liserées de blanc. La bande du milieu des premières ailes est tortueuse, elle se compose de six taches inégales et rapprochées trois à trois. La bande des premières ailes est oblique, elle se dilate en angle aigu vers le milieu de son côté externe. Il y a, à égal distance de la bande grisâtre du bord terminal, un œil noir, à iris fauve et à prunelle bleuâtre, suivi de deux petites taches fauves, dont l'une placée sur l'angle de la partie postérieure, l'autre sur la dent la plus voisine de cet angle. Le dessous des premières ailes est noirâtre, avec le bord terminal d'un gris pâle. Un grand œil à prunelle bleue et à iris fauve, est placé vers l'angle postérieur.

Le dessous des secondes ailes est cendré, relevé d'une bande blanche, et accompagnée d'un œil à sa partie inférieure.

Le corps est d'un brun noirâtre en dessus, et d'un gris blanc en dessous.

Les antennes sont noires avec l'extrémité de la massue fauve.

Cette jolie nymphale paraît en juillet, elle se trouve dans les bois des environs de Paris.

NYMPHALE PETIT MARS. NYMPH. ILIA. GOD.

Apatura Ilia. BOISD. — *Papilio Ilia* FAB.

Le Mars. GEOFF.

Le petit Mars changeant et les petits et grands Mars orangés. ENG.

Les ailes sont dentées, d'un brun noirâtre (à reflet violet dans le mâle), avec deux taches aux supérieures, une bande sinuée aux inférieures, blanches ou orangées; les supérieures ayant de part et d'autre, une tache orangée.

Cette espèce paraît au mois de juillet; on la trouve aux environs de Paris, le long des ruisseaux et des rivières.

❋

GENRE ARGYNNE.

ARGYNNIS. FAB. LAT.

Les deux pates antérieures sont très courtes dans les deux sexes, repliées, et n'étant d'aucun usage à la marche. Les palpes s'élèvent au-delà du chaperon, et le second article est beaucoup plus long que le premier, ils sont épais ou peu comprimés, écartés à leur extrémité, et terminés brusquement par un article grêle, aciculaire ou en pointe d'aiguille. Les antennes finissent brusquement par un bouton court, ovoïde. Les crochets des tarses sont fortement bifides.

Les ailes inférieures, souvent rondes, ont leur cellule discoïdale ouverte postérieurement.

Leur chenille est plus ou moins épineuse ou tuberculeuse.

Leur chrysalide se tient suspendue par l'extrémité postérieure, la tête en bas, et n'est jamais enveloppée dans une coque.

Les espèces, qui présentent au-dessous des ailes des taches argentées ou nacrées, ont reçu le nom de Papillons Nacrés.

Les espèces, qui présentent des taches métalliques, ont été appelées Papillons Damiers

Les chenilles des premières ont été nommées chenilles épineuses, à cause de deux épines, ordinairement plus longues, qu'elles portent sur le premier anneau.

Les autres ont été désignées sous le nom de chenilles à fausses épines; les tubercules de leur corps étant seulement velus.

ARGYNNE SÉLÉNÉ. ARGY. SELENE. GOD.

Papilio Selene. FAB.

Le petit Collier argenté. ENG.

Le dessus de cette espèce est semblable à celui du Collier argenté.

Le sommet du dessous des premières ailes est ferrugineux, les dernières ailes ont une tache argentée de moins le long du bord terminal; la septième est toujours jaunâtre; de plus, elles offrent sept taches, dont deux sont placées sur la bande jaune du milieu, outre celle qui y est déjà; les cinq autres sont sur une même ligne transverse, derrière ladite bande.

Cette espèce est très-commune dans les bois des environs de Paris; elle paraît deux fois par an : au commencement de mai et en août.

ARGYNNE COLLIER ARGENTÉ. ARGY. EUPHROSYNE. GOD.

Papilio Euphrosyne. LINN.

Le dessus des ailes est fauve, avec la base obscure, et des taches noires dont les antérieures sont irrégulières; les autres sont en forme de points et disposées au bord terminal sur une ligne parallèle.

Le dessous des ailes supérieures diffère du dessus par la sommité qui est rougeâtre et tachetée de jaune.

Le derrière du dessous des ailes est rougeâtre avec deux bandes jaunes, dont l'antérieure est un peu nacrée inférieurement : la suivante anguleuse, bordée de noir sur les côtés, offrant, à égale distance de ses deux bouts, une tache argentée. Un point noir cerclé de jaune existe entre ces bandes. Le bord postérieur est jaunâtre, tacheté de cinq à six points obscurs et entouré d'un cordon de taches argentées, à peu près lunulées et égales entre elles.

Le corps est noirâtre en dessus, grisâtre en dessous, avec la poitrine et le corselet couverts de poils verdâtres.

Les antennes sont noires, annelées de blanc avec l'extrémité de la massue roussâtre.

Cette jolie argynne paraît deux fois par an : au commencement de juin et à la fin de juillet. On la trouve assez communément dans les bois des environs de Paris.

ARGYNNE PETITE VIOLETTE. ARGY. DIA. GOD.

Papilio Dia. LINN.

La petite Violette. ENG.

Le bord terminal du dessous des ailes supérieures de cette espèce est entrecoupé de jaune et de ferrugineux. Le dessous des inférieures est parsemé de six à sept taches argentées, parmi lesquelles on en voit de jaunâtres ; il présente aussi une bande d'un gris perle, suivie en dehors d'un cordon de six yeux, pourvus chacun d'une prunelle jaunâtre; le dessus du corps est noirâtre, d'un gris pourpre en dessous.

Les antennes sont brunes, avec la massue noire, ayant l'extrémité terminée par un point fauve. *

On trouve communément cette espèce dans tous les bois des environs de Paris. Elle donne plusieurs fois : à la fin d'avril et au commencement de mai, ensuite en juillet et en août.

ARGYNNE PALÈS. ARGY. PALES. GOD.

Papilio Pales. FAB. HERBST. ILLIG. OCH.
Papiliones, Pales, Arsilache, Isis. HUBN.
Papilio Arsilache. ESP. BORKH.
La Palès. ENG.

Le dessus du mâle est d'un fauve-gai, avec des bandes et des taches noires.

Le sommet du dessous des premières ailes est entrecoupé de ferrugineux.

Le dessous des secondes ailes est ferrugineux, avec une rangée transverse de quatre taches, dont les deux intermédiaires jaunâtres, et les deux extrêmes d'un blanc un peu luisant. Il existe, non loin de là, un point blanc, qui extérieurement est enveloppé par une bande jaune, sur le côté interne de laquelle il y a deux ou trois taches d'un blanc argentin. Deux taches noires se font voir immédiatement après cette bande. De plus on voit six points oculaires, dont le quatrième est masqué par une tache jaune qui s'étend jusqu'au bord supérieur, sur lequel sont alignées sept taches blanches orbiculaires.

Cette argynne paraît en juin et en août; elle se trouve dans les Pyrénées et dans les Alpes.

ARGYNNE HÉCATE. ARGY. HECATE. GOD.

Papilio Hecate. FAB. ESP. HUBN. OCH.
L'Agavé. ENG.

La couleur de cette espèce est la même que celle des précédentes. Mais elle en diffère particulièrement par le bord terminal de chaque aile, qui est tacheté par une double rangée transverse de points noirs. Le dessous des premières ailes diffère du dessus par la sommité

* Cette espèce est représentée en dessus, Pl. 20, Fig. 2.

du bord postérieur qui est fauve. Le dessous des secondes ailes est fauve, avec des taches d'un jaune d'ocre, savoir : quatre bordées de noir; dix également bordées de noir, formant une bande transverse; cinq articulaires, alignées sur le milieu de la surface et suivies d'un double cordon de points noirs; sept, dont la quatrième et la cinquième en forme de coin se prolongeant jusqu'au centre de l'aile; enfin sept terminales et opposées sur une ligne noire qui les sépare de la frange.

On trouve, dans le mois de juin cette Argynne qui est très commune aux environs de Toulon. Elle se trouve aussi en Autriche, dans le midi de l'Allemagne et de la Russie.

ARGYNNE INO. ARGY. INO. GOD.

Papilio Ino et Papilio Chloris Mas. ESP.

Papilio Dyctinna. HUBN.

L'Ino et la grande Violette. ENG.

Plusieurs auteurs avaient confondu cette espèce avec l'Argynne Daphné. Mais si l'on étudie avec attention ses caractères, l'on verra qu'elle est constamment plus petite, et que la moitié postérieure du dessous de ses secondes ailes est toujours lavée de jaune. De plus, on aperçoit une petite bande d'un blanc violet, placée au-dessus de la rangée des points oculaires.

Cette espèce paraît en juin, elle est très commune dans les Pyrénées orientales.

ARGYNNE THORE. ARGYN. THORE. BOISD. HUBN.

Le dessus de cette espèce varie beaucoup; il est tantôt presque noir, avec quelques taches fauves sur la moitié postérieure des premières ailes et sur le bord interne des inférieures; tantôt il est fauve, avec la base et l'extrémité noirâtres, et de gros points de la même couleur, alignés transversalement.

Dans beaucoup d'individus, les points noirs sont confluents sur la majeure partie des ailes inférieures, et on aperçoit çà et là quelques éclaircies fauves.

Les ailes supérieures sont fauves en dessous, tachetées de noir, avec le sommet lavé de jaunâtre.

Les ailes inférieures sont d'un roux ferrugineux en dessous, avec quelques taches jaunâtres à la base et une bande transverse de la même couleur à peu près au milieu ; au-delà de cette bande, on remarque une autre bande d'un blanc violâtre un peu nacré, et sur le bord terminal une bande semblable divisée par les nervures.

Le corps est noirâtre en dessus et jaunâtre en dessous.

On trouve cette espèce assez communément au mois de juillet, dans quelques localités de la Suisse.

ARGYNNE DAPHNÉ. ARGY. DAPHNE. GOD

Papilio Daphne. FAB. HUBN. OCH.

Papilio Chloris. ESP.

La grande Violette. ENG.

Dans les deux sexes, le dessus est d'un fauve gai, avec quatre bandes noires, dont une en zig-zag; les deux suivantes sont formées par des points.

Le dessous des ailes supérieures diffère du dessus, en ce que toute la côte et le sommet sont jaunâtres.

La moitié du dessous des ailes inférieures est d'un jaune d'ocre. L'autre moitié est jaune, teintée de violet, avec une rangée transverse de cinq points noirs à prunelles jaunes.

Le dessus du corps est fauve, tandis que le dessous est grisâtre.

Les antennes sont brunes en dessus, ferrugineuses en dessous, avec la massue noire et l'extrémité fauve.

Les environs de Toulon sont fréquentés par cette Argynne dans les mois de juin et juillet, ainsi que plusieurs contrées montagneuses de la France.

ARGYNNE PETIT NOIRÉ. ARGY. LATHONIA. GOD.

Papilio Lathonia. LINN.

Toutes les ailes sont fauves en dessus, avec des taches noires sur le reste de la surface.

Le dessous des premières ailes diffère du dessus par l'extrémité qui est ferrugineuse, avec sept à huit points argentés.

Les secondes ailes sont jaunes en dessous, avec une trentaine de taches nacrées et de grandeur inégale.

Le corps et les antennes sont à peu près semblables, comme dans les espèces précédentes.

Cette espèce qui n'est pas rare aux environs de Paris, paraît au printemps, et dans les mois d'août et de septembre.

ARGYNNE NIOBÉ. ARGYN. NIOBE. GOD.

Papilio Adippe, *Papilio Niobe*. LINN.

Papilio Niobe. *Papilio Cleodoxa*. ESP. HERBST.

Papilio Niobe. FAB. HUBN. OCH.

Cette espèce ne diffère de l'Aglaia que par le dessous de ses ailes inférieures qui offre des taches tantôt argentées, tantôt d'un jaune d'ocre, et par le bord antérieur de ces mêmes ailes qui est constamment verdâtre.

Cette espèce est très commune aux environs de Toulon, dans les Pyrénées et dans les Alpes. On la trouve vers la fin de juillet et au commencement d'août.

ARGYNNE ADIPPÉ. ARGY. ADIPPE. GOD.

Papilio Adippe. ESP.

Le dessus de cette espèce ressemble à l'Argynne Aglaé. Il diffère du dessous, par la sommité des premières ailes qui présente moins de points argentés, et par la surface des secondes qui est d'un jaune moins verdâtre, et parce qu'il offre quelques taches argentées de plus, il présente outre cela, une rangée transverse d'yeux ferrugineux, qui ont pour la plupart une prunelle argentée, et qui sont placés avant les taches du bord postérieur.

On trouve cette espèce dans le mois de juillet; elle est assez commune dans les forêts des environs de Paris, telles que les forêts de Saint-Germain et de Meudon, etc.

ARGYNNE AGLAÉ. ARGY. AGLAIA. GOD.

Papilio Aglaia. LINN.

Le Grand Nacré. GEOFF.

Le dessus des ailes est fauve, avec trois bandes noires transversales. La bande antérieure occupe le milieu de la surface et est en zig-zag; la suivante, formée de six points à chaque aile, est courbe aux inférieures. La troisième couvre le bord terminal, elle est dentée à son côté interne, et chargée de deux rangs de lunules fauves, dont les extérieures, moins distinctes, manquent quelque fois aux ailes de devant. Ces mêmes ailes présentent en outre quatre taches noires vers l'origine de leur bord antérieur.

Le dessous des premières ailes diffère de celles du dessus par le bord antérieur et le sommet qui sont d'un jaune verdâtre.

Le dessous des secondes ailes est d'un jaune verdâtre vers la partie postérieure, avec vingt-une taches argentées.

Le corps est fauve en dessus, et grisâtre en dessous.

Les antennes sont de couleur brune, avec la massue noire et l'extrémité fauve.

Cette espèce qui est commune aux environs de Paris, paraît en juillet et en août.

ARGYNNE TABAC D'ESPAGNE. ARGY. PAPHIA. GOD.

Papilio Paphia. LINN.

Le dessus des ailes du mâle est couleur de tabac d'Espagne, et d'un fauve verdâtre dans la femelle, avec quatre lignes noires. Les ailes du devant ont, indépendamment de cela, quelques raies et plusieurs rangées de taches noires.

Le dessous des premières ailes est semblable au dessus, excepté que la sommité est un peu glacée de vert.

Le dessous des secondes ailes est entièrement glacé de vert, avec quatre bandes argentées, dont la deuxième est divisée par l'empreinte de points noirs.

Le dessus du corps est fauve, avec le dessous grisâtre.

Les antennes sont brunes, avec la massue noire et l'extrémité fauve.

Elle se trouve en Europe, dans le mois de juillet.

Cette espèce présente une variété femelle bien remarquable, c'est celle qui a été décrite sous le nom d'Argynne Valaisien. A. Valesina Esp. C'est une femelle dont le dessus est encore plus verdâtre que celles qu'on trouve ordinairement, avec des taches blanches vis-à-vis du sommet des ailes supérieures, et parfois aussi vers l'extrémité des inférieures.

ARGYNNE CARDINAL. ARGY. CYNARA. ENCYCLOP.
Papilio Cynara. FAB. HERBST.
Papilio Pandora. ESP. HUBN. OCH.
Papilio Maia. CRAM.
Le Cardinal. ENG.

Toutes les ailes sont d'un vert jaunâtre et tachetées de noir.

Le dessous des premières ailes est d'un rouge pourpre chatoyant taché de points noirs, avec la sommité d'un jaune pâle légèrement marbrée de vert; on aperçoit quatre points argentés.

Le dessous des secondes ailes est d'un vert jaunâtre, avec des bandes transverses argentées.

Le dessus du corps est verdâtre, et le dessous jaunâtre.

Les antennes sont brunes, avec la massue noire et l'extrémité fauve.

Le mâle diffère de la femelle par sa couleur qui est un peu moins verte, et par les quatre nervures du dessus des ailes supérieures qui sont beaucoup plus prononcées.

Cette argynne qui habite les parties les plus méridionales de nos départemens, paraît dans les mois de juin et de juillet.

GENRE MÉLITÉE.

MELITEA. FAB. OCH.

Argynnis. LAT.

La tête est plus étroite que le corselet; les antennes sont assez longues, terminées brusquement par une massue aplatie, en forme de cuiller; les palpes sont très poilus, plus éloignés à leur extrémité qu'à leur base; le dernier article est pointu, le plus souvent velu jusqu'à l'extrémité; l'abdomen est à peu-près de la longueur des ailes inférieures; les ailes sont denticulées.

Les chenilles sont garnies de tubercules charnus et pubescens.

Les Chrysalides sont anguleuses, munies de boutons peu saillans sur le dos.

MÉLITÉE TRIVIA. MELITEA. TRIVIA. BOISD.

Papilio Trivia. HUBN. *Papilio Cinxia. Var.* HERBST.

Papilio Athalia. FAB.

Papilio Iphigenia. BORKH.

Argynnis Didyma. Var. GOD.

Le Damier, cinquième espèce. ENG.

Le dessus des ailes est à peu-près de la couleur de celles de Phœbé, et leur dessin a aussi beaucoup de ressemblance avec celui de cette dernière espèce.

Le dessous des ailes supérieures est fauve.

Le dessous des inférieures ressemble à celui du Didyma. Il est d'un jaune pâle avec deux bandes transverses fauves, et des points noirs à la base et sur le milieu; mais ce qui distingue facilement cette espèce, c'est la bande fauve postérieure qui est plus anguleuse en arrière, bordée de noir en avant, et c'est que près de la frange il y a une rangée de petites lunules noires triangulaires.

La femelle a aussi la couleur du sexe correspondant de Phœbé.

Les mâles varient un peu; il y a des individus chez lesquels le noir domine plus ou moins; il y en a d'autres qui ont les lunules du dessus plus pâles que le fond.

On trouve cette espèce en Autriche et dans le midi de l'Allemagne.

MELITÉE ARTEMIS. MELITEA. ARTEMIS. GOD.

Papilio Artemis. FAB. HUBN.

Le Damier. GEOFF.

Le dessus des quatres ailes est d'un brun noirâtre, avec des taches jaunes et des taches fauves, disposées par bandes transversales. Les trois bandes des secondes ailes atteignent la côte et le bord interne; l'intermédiaire d'entre elles est toujours d'un jaune vif ou rougeâtre, plus large que toutes les autres, et divisée dans sa longueur par six points noirs.

Le dessous des premières ailes est luisant, avec des taches semblables à celles du dessus, mais moins prononcées.

Le dessous des secondes ailes est fauve, avec trois bandes d'un jaune terreux, interrompues par les nervures légèrement bordées de noir. De plus, on voit une tache jaune derrière la bande; et six points noirs faiblement entourés de jaune, entre la bande du milieu et celle du bord terminal.

L'Artémis qui paraît dès le commencement de juin, est très commun dans les bois des environs de Paris.

MÉLITÉE CINXIA. MELITEA. CINXIA. GOD.

Papilio Cinxia. LINN.

Le Damier. GEOFF.

Le dessus de toutes les ailes est d'un brun-noirâtre, couvert d'une multitude de taches fauves éparses vers la base; mais formant trois bandes transverses, dont la supérieure est composée de chevrons assez grossiers. Les secondes ailes présentent une rangée transverse de cinq points noirs.

Le dessous des premières ailes est fauve, avec une ligne transverse de points foncés sur le milieu, une ligne anguleuse et des points noirs au sommet qui est jaunâtre.

Le dessous des secondes ailes est d'un jaune d'ocre, avec deux bandes fauves, dont l'antérieure flexueuse; la postérieure correspondant à l'avant-dernière du dessus et offrant le même nombre de points noirs.

Cette argynne paraît en mai et en août; elle se trouve très communément aux environs de Paris.

MÉLITÉE DIDYMA. MELITEA. DIDYMA. GOD.

Papilio Didyma. ENCYCL. METH.

Le Damier. GEOFF.

Le mâle diffère de la femelle par son dessus qui est d'un fauve rouge, tandis que celui de la femelle est d'un fauve plus ou moins obscur.

Les deux sexes ont les quatre ailes marquées de noir, dont les antérieures sont irrégulières ; les postérieures lunulées formant une ligne transverse, derrière laquelle il y a une autre ligne noire, terminale, et ayant le côté interne denté.

Le dessous des premières ailes diffère du dessus par le fond qui est moins intense, par le sommet et le bord postérieur qui sont d'un jaune d'ocre assez gai et ponctué de noir.

Le dessous des secondes ailes est jaunâtre, avec deux bandes fauves, dont l'antérieure est plus courte ; la postérieure est arquée et bordée à son côté externe par une suite de lunules noires correspondant à celle du dessus.

Le dessous du corps est jaunâtre ; le dessus est noirâtre avec les anneaux inférieurs blanchâtres et l'extrémité de l'abdomen roussâtre.

On trouve cette espèce en juillet, aux environs de Paris.

MÉLITÉE PHOEBE. MELITEA. PHOEBE. GOD.

Papilio Phœbe. FAB.

Le Grand Damier. ENG.

Le Damier. GEOFF.

La bande du dessus des quatre ailes de cette espèce est d'un fauve jaunâtre ; l'avant-dernière bande des secondes ailes est sans points noirs ; celle qui lui correspond en dessous en est aussi dépourvue : il y a en outre deux lignes noires en zig-zag.

Elle se trouve aux environs de Paris, en juin et en août.

GENRE VANESSE.

VANESSA. FAB. LAT. OCH.

Les deux pieds antérieurs sont repliés et notablement plus courts que les autres, ils ne sont point ambulatoires dans les deux sexes; la cellule centrale des ailes inférieures est ouverte; les palpes inférieurs contigus dans toute leur longueur, sont terminés presque insensiblement en pointe et très comprimés; les antennes sont terminées brusquement par un bouton court, en forme de toupie ou ovoïde.

Les chenilles sont garnies d'épines rameuses, assez fortes, à peu près d'égale longueur.

Les Chrysalides sont anguleuses, bifides antérieurement, garnies sur le dos de pointes saillantes, ornées de taches d'or ou d'argent.

VANESSE BELLE DAME. VANESSA BELLA-DONA. GOD.

Papilio Cardui. LINN. *System. Nat.*

La base du dessus des premières ailes est d'un brun un peu obscur et sans taches; le milieu, d'un fauve tirant au rouge cerise, avec une bande noire, oblique et anguleuse; l'extrémité est tachetée de noir et de blanc. La moitié antérieure du dessus des secondes ailes est tout-à-fait du même brun que la base des premières; l'autre moitié est fauve, avec trois rangées de points noirs.

Le dessous est marbré de gris, de jaune et de brun, avec cinq taches, en forme d'yeux, bleuâtres sur les bords.

Le corps est blanchâtre en dessous, brun et garni de poils roussâtres en dessus.

Les antennes sont noirâtres et annelées de blanc.

Cette espèce, qui paraît en avril, est très commune; elle se trouve dans toutes les parties du monde.

VANESSE VULCAIN. VANESSA ATALANTA. GOD.

Papilio Ammiralis. LINN. *Faun. Jun.*

Papilio Atalanta. LINN. *Systém. Nat.*

Les ailes sont dentées, un peu anguleuses; leur dessus est noir, traversé par une bande d'un beau rouge, avec des taches blanches sur les supérieures; le dessous est marbré de diverses couleurs.

Le dessus du corps est noir, le dessous est d'un brun grisâtre ou jaunâtre, selon le sexe.

Les antennes sont noires et annelées de blanc jusqu'à la massue. Celle-ci a la sommité jaunâtre.

Engramelle, donne une variété qui n'a aucun point noir sur la bande rouge des secondes ailes, et qui offre moins de taches blanches au sommet des premières.

Le Vulcain est très commun, et paraît, presque sans interruption, depuis le commencement du printemps jusqu'à la fin de l'été. On le rencontre dans toute l'Europe, aux États-Unis d'Amérique et dans toute la partie de l'Afrique bornée par la Méditerranée.

VANESSE PAON DU JOUR. PAPILIO OCULUS PAVONIS. GOD.

Papilio Io. LINN. *Systém. Nat.*

Les ailes sont anguleuses et dentées; le dessus est d'un fauve rougeâtre, avec une grande tache en forme d'œil sur chacune; celle des supérieures, rougeâtre au milieu, entourée d'un cercle jaunâtre; celle des inférieures noirâtre, avec un cercle gris autour, et renfermant des taches bleuâtres; le dessous des ailes est noirâtre.

Le corps est noirâtre et garni en dessus de poils presque ferrugineux.

Les antennes et les quatre pates postérieures sont à peu près semblables, comme dans le Morio.

Cette Vanesse se rencontre assez souvent dans les bois, les champs de luzerne et les plates-bandes des jardins; on la prend en avril et en juillet.

VANESSE MORIO. VANESSA ANTIOPA. GOD.

Papilio Antiopa. LINN.

Les ailes sont anguleuses, d'un noir pourpre foncé, avec une bande jaunâtre ou blanchâtre au bord postérieur, et une suite de taches bleues au dessus; le corps est, de part et d'autre, de la même couleur que les ailes.

Les antennes sont noires, mais annelées de gris en dessous jusqu'à la massue, dont la sommité est jaunâtre; les deux pates antérieures sont noirâtres, les quatre autres sont d'un jaune obscur.

Deux variétés de cette espèce sont connues; la première n'a pas de points bleus aux ailes supérieures. La seconde n'en a en tout que deux, placés vis-à-vis de l'angle externe ou sommet des ailes inférieures. Le Morio se trouve dans toute l'Europe, dans l'Asie mineure, dans l'Amérique septentrionale. Les avenues des parcs de Saint-Cloud, des bois de Meudon, de Romainville, les boulevards extérieurs du nord, sont les meilleures localités que nous puissions indiquer près de Paris.

VANESSE V. BLANC. V. V. ALBUM. GOD. BOISD. OCH.

Papilio L. Album. ESP.
Papilio vau Album. BORKH.
Papilio Polychloros. CRAM.
Le V. blanc. ENG.

Les ailes sont d'un fauve foncé en dessus, avec la base des supérieures et une partie des inférieures plus obscures. Les supérieures ont sur le milieu quatre ou cinq taches inégales, et sur la côte trois bandes courtes transverses, noires, dont celle du sommet est séparée de la bordure par une tache blanche. Les ailes inférieures ont la côte largement noirâtre, divisée par une tache blanche à-peu-près semblable à celle qui existe au sommet des premières ailes. Outre cela, on aperçoit près de la bordure cinq ou six taches presque lunulées, d'un fauve jaunâtre.

Les ailes sont brunes en dessous, depuis la base jusqu'au-delà du milieu, ensuite d'un gris jaunâtre couleur de bois, fortement ondé de brun, avec une raie marginale d'un noir bleuâtre, interrompue sur le milieu des inférieures; on remarque un petit chevron en forme de V, d'un gris blanchâtre.

Cette espèce est assez rare; elle habite la Russie méridionale, la Sibérie, et quelques parties de l'Autriche et de la Hongrie. On la trouve dans le mois de juillet.

VANESSE GRANDE TORTUE. VANESSA POLICHLOROS. GOD.

Papilio Polychloros. LINN.

Le dessus des ailes est d'un fauve assez foncé, avec le bord postérieur noir, et offrant dans toute sa longueur deux rangées de lunules bleues, entre lesquelles il y a une double ligne ondulée d'un jaune obscur. Les premières ailes, ont sous la côte trois bandes noires, séparées entre elles et de la bordure par du jaune d'ocre. Les secondes ailes offrent, sur le milieu du bord antérieur, une tache noire, entourée de jaune en dehors.

Le dessous des quatre ailes est d'un noir obscur,

Le dessus du corps est garni de poils d'un vert roussâtre.

Les antennes sont brunes, annelées de blanc en dessous, avec la massue noirâtre et terminée de jaune.

Cette Vanesse qui est assez rare, se trouve en juillet sur le chêne, l'orme, le saule et sur plusieurs arbres à fruits.

VANESSE PETITE TORTUE. VANESSA URTICÆ GOD. LINN.

Le dessus des quatre ailes est d'un fauve plus rouge, avec les lunules bleues de la rangée intérieure du bord terminal plus vives et plus pleines. Les premières ailes n'ont, entre le milieu de l'angle interne, que trois points noirs, et l'inférieur d'entre eux est contigu en dehors à un espace jaunâtre. Au sommet des mêmes ailes, il existe une tache très blanche. La tache noire du milieu du bord antérieur des secondes ailes, s'étend davantage sous les poils de la base, elle n'est pas environnée de jaunâtre en dehors. Le dessous des premières ailes est beaucoup moins ondé de brun. Les antennes sont annelées de blanc en dessus comme en dessous.

Cette espèce se trouve depuis le commencement du printemps jusqu'à la fin de l'été.

VANESSE TRIANGLE. V. TRIANGULUM. GOD. FAB. OCH.

Cette Vanesse a beaucoup de ressemblance avec l'espèce précédente, mais le fond est plus clair, et les taches noires sont plus petites et moins nombreuses; il n'existe pas de taches verdâtres près du bord postérieur; en dessous la tache C est convertie en un V.

On trouve cette espèce dans le midi de la France dans les mois d'avril, juin et juillet.

VANESSE GAMMA. VANESSA. C. ALBUM. GOD.

Papilio C. Album. LINN.

La Gamma, ou Robert le Diable. GEOFF.

Le dessus des ailes est fauve, plus foncé dans le mâle que dans la femelle. Les taches des premières ailes sont noires et au nombre de huit. Les taches des secondes ailes sont au nombre de trois, et occupent le milieu de la surface, en tirant vers le bord d'en haut. Elles sont suivies d'une ligne transverse qui est noirâtre dans la femelle, et ferrugineuse dans le mâle.

Le dessous des quatre ailes est d'un brun obscur, parsemé d'atômes verts sur la moitié postérieure. Il existe au milieu des secondes ailes un G, caractère qui a fait donner à cette espèce le nom de Gamma. Le corps est couvert de poils verts en dessus, ainsi que la base des ailes.

Les antennes sont brunes, annelées de blanc en dessous, avec la massue noirâtre et l'extrémité de jaune-pâle.

On trouve cette espèce, qui est assez commune, en juillet.

VANESSE CARTE GÉOGRAPHIQUE BRUNE.

Vanessa Prorsa. GOD. LINN. HUBN. OCH.

Le dessus des ailes est d'un brun presque noir, traversé au milieu par une bande plus ou moins blanche, et vers l'extrémité par une ligne fauve, qui est souvent double aux inférieures. La ligne des premières ailes est fortement interrompue vers le disque, et précédée en dehors d'une ligne transverse de plusieurs points, dont les uns jaunâtres, les autres blancs.

Le dessous des quatre ailes est mélangé de fauve, de brun, de noir et de jaunâtre; croisé par des nervures de cette dernière couleur.

Le corps est blanchâtre en dessous, noirâtre en dessus, et annelé de gris sur l'abdomen.

Les antennes sont noirâtres, avec l'extrémité de la massue ferrugineuse.

Cette espèce paraît ordinairement en juillet; elle se trouve aux environs de Paris.

VANESSE CARTE GÉOGRAPHIQUE FAUVE.

Vanessa Levana. GOD. LINN. HUBN. OCH.

La base du dessus des ailes est d'un brun noirâtre, et légèrement entrecoupée de jaunâtre; le reste de la surface est fauve, avec des taches noires, disposées sur les secondes en trois lignes transverses, dont l'extérieure marginale est chargée d'une série de croissans violâtres. Les premières ailes ont sur la côte trois taches d'un jaune d'ocre, et vers le milieu du bord postérieur, deux points très blancs placés l'un au dessous de l'autre.

Le dessous de quatre ailes est le même que dans l'espèce précédente ; mais la bande blanche du milieu est salie par des atômes cendrées, et les ailes supérieures offrent toujours une tache d'un violet tendre, semblable à celle des inférieures.

Les antennes et le corps sont aussi comme dans l'espèce précédente.

Cette espèce se trouve, en avril et en juillet, dans les mêmes lieux que son analogue ; mais on ignore si elle a été prise aussi près de Paris.

GENRE LIBYTHÉE.

LIBYTHÆA. FAB.

Hecaerge. OCH.

Les antennes sont terminées en bouton allongé, presque en forme de massue ; les palpes supérieurs sont très avancés, en forme de bec ; les pates antérieures sont très courtes et repliées en palatine dans les mâles, ces pates sont semblables aux suivantes et pareillement ambulatoires dans les femelles. Ces papillons ont les ailes anguleuses comme dans les vanesses ; ils tiennent beaucoup des nymphales par leurs ailes inférieures qui sont, comme dans ces derniers courbées sous l'abdomen pour lui former un canal dans lequel il se loge; ils s'en rapprochent encore par la manière dont leurs chrysalides sont suspendues ; mais tous leurs pieds sont propres au mouvement dans les femelles, et leurs palpes supérieurs sont très remarquables par leur longueur.

LIBYTHÉE DU MICOCOULIER.

Lybythœa Celtis. FAB. GOD. OCH. ESP.

Le dessus des ailes est d'un brun noirâtre. Les supérieures ont cinq taches fauves, savoir : une triangulaire et longitudinale près de la base ; trois, presque carrées et dont l'intermédiaire beaucoup plus grande vers l'extrémité ; la cinquième, presque ronde, est située un peu au-delà du milieu de la côte.

Les ailes inférieures ont vis-à-vis du sommet une bande fauve, tantôt continue, tantôt interrompue vers le haut.

Le dessous des premières ailes est semblable au dessus; mais son sommet est grisâtre et plus ou moins ferrugineux.

Le dessous des secondes ailes est d'un gris cendré teinté de rougeâtre, avec un peu de blanc sur le milieu de la nervure centrale.

Les antennes sont entièrement noirâtres, avec la massue à peine renflée.

La femelle ne diffère essentiellement du mâle, qu'en ce qu'elle a les deux pates antérieures aussi longues que les autres et les palpes moins gros.

On trouve cette Libythée dans le Tyrol, en Italie et les départemens les plus méridionaux de la France. Elle paraît à la fin d'avril ou au commencement du mois de mai et vers le milieu de l'été.

GENRE SATYRE.

SATYRUS. LAT.

Hipparchia. FAB. OCH.

Les palpes inférieurs sont très comprimés, avec la tranche antérieure étroite ou aigüe, s'élevant notablement au-delà du chaperon, très hérissés de poils. Les antennes sont terminées en forme de bouton court, ou en une petite massue grêle et presque en fuseau. La celulle discoïdale et centrale des ailes inférieures est fermée postérieurement; les crochets des tarses sont fortement bifides et paraissent doubles; les deux pates antérieures sont très courtes dans les deux sexes.

Les chenilles sont nues ou presque rases, terminées postéreiurement en une pointe bifide.

Les chrysalides sont anguleuses, suspendues seulement par leur extrémité postérieure dans une direction perpendiculaire, la tête en bas, et jamais renfermées dans des coques.

SATYRE SILÈNE. S. SILÈNE. GOD.

Papilio Circe. FAB.

Papilio Proserpina. HUBN. ESP.

Le Silène. ENG.

Les ailes sont d'un brun noir en dessus, avec une bande blanche, située vers le bord postérieur.

Le dessous des ailes supérieures diffère du dessus, en ce que l'œil de la bande a une prunelle d'un blanc bleuâtre; et en ce qu'il y a près du milieu du bord d'en haut, deux taches blanches.

Les ailes inférieures sont d'un brun obscur en dessous, piquées de gris, avec deux bandes blanches, transverses.

Le corps est grisâtre, les antennes sont brunes, annelées de gris, avec l'extrémité de la massue fauve.

Cette espèce paraît en juillet. On la trouve dans les bois secs et dans les lieux pierreux.

SATYRE HERMITE, S. BRISEIS. GOD.

Papilio Briseis. LINN.

L'Hermite. ENG.

Les ailes sont d'un brun noirâtre à reflet verdâtre, avec une bande transverse d'un blanc sale. La bande des secondes ailes est dilatée dans son milieu, celle des premières est partagée en six ou sept taches oblongues, dont l'antérieure et la quatrième chargées chacune d'un œil noir à prunelle d'un blanc bleuâtre. L'extrémité antérieure des premières ailes est blanchâtre.

Ces mêmes ailes ont leur dessous un peu moins foncé que le dessus.

Le dessous des ailes inférieures est cendré à la base, avec deux taches noirâtres dans le mâle, sans taches dans la femelle.

Le corps est de la couleur des ailes. Les antennes sont grisâtres et la massue est terminée en cuilleron.

Cette espèce se trouve aux environs de Paris, dans les mois de juillet et d'août.

SATYRE SILVANDRE. SAT. HERMIONE. LINN.

Le Silvandre et le petit Silvandre. ENC.

Le Silène. GEOFF.

Les ailes sont d'un brun noirâtre chatoyant en-dessus, avec une bande postérieure d'un blanc sale. Cette bande offre ordinairement trois yeux noirâtres à prunelle blanche.

Le dessous diffère du dessus en ce que la bande des secondes ailes est parsemée d'atomes bruns, et en ce qu'elle est precédée antérieurement de deux raies noires, s'alignant avec deux raies semblables placées vers le côté des premières ailes.

Les antennes sont grisâtres, avec la massue noire et en cuilleron.

On trouve cette espèce aux environs de Paris, dans les mois de juillet et d'août.

SATYRE FIDIA. SAT. FIDIA. GOD.

Papilio Fidia. LINN. FAB. ESP. HUBN.

Les ailes sont d'un brun noirâtre chatoyant en dessus, avec deux yeux noirs à prunelle blanche vers l'extrémité des supérieures, et une rangée courbe de cinq petits points blanchâtres vers l'extrémité des inférieures. Les yeux des premières ailes sont séparés par deux taches blanches orbiculaires.

Le desous des premières ailes a beaucoup de ressemblance avec le dessus, mais il en diffère par les yeux qui ont un iris jaunâtre, et parce qu'ils sont précédés, intérieurement, d'une bande blanche. On aperçoit, outre cela, trois lignes noirâtres, dont les deux antérieures ne descendent pas jusqu'au milieu de la surface, la troisième longeant le côté interne de la bande blanche que nous venons de citer.

Les secondes ailes présentent du noir et du brun en dessous, et elles offrent trois lignes noires transverses.

La frange de ces ailes est entièrement blanche, tandis que celle de devant est entrecoupée de brun.

Le dessus du corps et des antennes est d'un brun obscur, le dessous est blanchâtre.

Ce satyre se trouve au mois de juillet, il est très commun dans le Midi de la France.

SATYRE FAUNE. SAT. FAUNA. GOD.

Papilio Fauna, Papilio Allionia. FAB.

Le Faune, Coronis, l'Arachnée. ENG.

Le mâle est d'un brun noirâtre en dessus, la femelle est d'un brun plus clair en dessus, avec un léger reflet verdâtre; les ailes ont à leur partie antérieure deux gros points noirs, séparés l'un de l'autre par deux points blancs; le bord terminal des secondes ailes est longé par une raie de quatre à cinq petits points blanchâtres, dont le postérieur oculaire est cerclé de noir.

Le dessous des premières ailes est semblable au dessus; mais les deux points noirs ont un iris jaune qu'on aperçoit du côté opposé dans la femelle; l'antérieur d'entr'eux a une prunelle très blanche, et il est cerné par deux lignes d'un gris blanc.

Les secondes ailes sont cendrées en dessous, avec deux lignes noirâtres transverses, et une bande blanchâtre également transverse. Cette bande que suit un petit œil noir, est plus prononcée dans les individus du midi de l'Europe que dans ceux du nord.

Les antennes sont blanchâtres en dessus, avec la massue en fuseau.

Ce satyre est très commun au mois d'août, dans les environs de Paris.

SATYRE PHÆDRA. SAT. PHÆDRA. GOD.

Papilio Phædra. LINN.

Le grand Nègre des bois. ENG.

Les ailes sont d'un brun plus ou moins noirâtre en dessus, suivant le sexe. Les premières ailes dont le dessus ressemble au dessous, ont entre le milieu et le bord terminal deux yeux d'un noir foncé, avec une prunelle bleue et un iris très pâle ou presque nul. Le dessus des secondes ailes est sans tache dans la femelle; mais il offre souvent dans les mâles un point oculaire vers la partie postérieure.

Le dessous varie beaucoup : tantôt il est absolument comme le dessus, tantôt il est traversé au milieu par une bande blanchâtre.

Ce satyre se trouve dans les grands bois; il paraît en juillet et en août.

SATYRE CORDULA. SAT. CORDULA. GOD,

Papilio Cordula, Papilio Peas. HUBN.

Papilio Peas. ESP. DEPRUN. — *Papilio Cyrillus.* HERBST.

Papilio Proserpina. CYRILL.

Les deux sexes sont d'un brun noirâtre chatoyant en dessus, avec une bande roussâtre, offrant aux premières ailes deux grands yeux noirs à prunelle blanche, plus deux points blancs intermédiaires; et, vers l'angle anal des secondes, un œil beaucoup plus petit. Les premières ailes sont fauves en dessous dans le mâle, jaunâtres dans la femelle, avec deux yeux et deux points correspondant à ceux de la surface opposée.

Les secondes sont d'un cendré piqué de brun en dessous, avec deux bandes blanchâtres, dont la postérieure terminale est séparée de l'antérieure par deux points noirâtres, peu distans de la partie postérieure.

Le corps est brunâtre; les antennes sont brunes en dessus, plus claires en dessous.

Se trouve dans les Alpes, au mois de juin.

SATYRE ACTÉON. SAT. ACTÆA. GOD.

Papilio Actæa. HUBN. ESP.

L'Actéon. ENG.

Les deux sexes sont d'un brun noirâtre chatoyant en dessus. Dans la femelle, l'extrémité des premières ailes présente de part et d'autre deux yeux à prunelle blanche, et séparés par deux points de cette dernière couleur. Dans le mâle, il n'y a qu'un seul œil.

Les secondes ailes sont sans taches en dessus. Le dessous est piqueté de gris, et traversé par deux bandes blanches, dont l'antérieure est plus large et plus claire.

Les antennes ont la masse en fuseau, et l'extrémité est terminée par un point jaunâtre.

Cette espèce paraît en juin, elle est commune dans le midi de la France.

SATYRE AGRESTE. SAT. SEMELE. GOD.

Papilio Semele. LINN.

L'Agreste. ENC.

Les ailes sont d'un brun obscur en dessus, avec une bande anguleuse et interrompue d'un jaune plus ou moins fauve. La bande des premières ailes offre, à une certaine distance l'une de l'autre, deux yeux noirs à prunelle blanche. La bande des secondes ailes est terminée inférieurement par un œil semblable. Le dessous des ailes supérieures se distingue du dessus en ce que le milieu est fauve, et en ce que la bande jaune est plus pâle.

Les ailes inférieures sont cendrées en dessous, avec une bande anguleuse, blanchâtre, cette bande est moins prononcée dans les femelles que dans les mâles, elle se termine aussi par un petit œil.

Le corps est gris. Le dessus des antennes est brun, le dessous est gris, avec la massue en cuilleron.

Ce satyre paraît dans les mois de juillet et d'août, il est très commun dans toutes les parties arides des bois des environs de Paris.

SATYRE AELLO. SAT. AELLO. GOD. BOISD.

Papilio AEllo. OCH. HUBN. ESP.

Les ailes sont d'un gris brun jaunâtre livide jusqu'au delà du milieu, et ensuite d'un jaune fauve pâle, avec une bordure brunâtre, crénelée, surtout sur les ailes inférieures. Les ailes supérieures ont sur la nervure médiane une ombre brunâtre formant une empreinte oblique. Sur la partie jaune elles ont deux yeux, dont un au sommet beaucoup plus grand et souvent un peu pupillé, et un autre plus petit près du bord interne, quelquefois presque entièrement effacé. Les ailes inférieures sont d'une teinte plus pâle. Elles ont près de l'angle anal un œil noir à prunelle blanche, ordinairement précédé sur son côté externe d'un petit œil semblable, et quelquefois deux ou trois petits yeux dont la grandeur va toujours en diminuant en s'éloignant de l'œil anal.

Les ailes supérieures sont jaunes en dessous, avec la côte et l'extrémité apicale d'une couleur cendrée, piquée de noirâtre, et les yeux comme en dessus.

Les ailes inférieures sont brunâtres en dessous, avec les nervures blanches. L'œil anal est très petit, quelquefois réduit à un petit point blanc, bordé de noir, ou même tout-à-fait nul.

Le corps est brunâtre; les antennes sont annelées de brun et de blanchâtre, avec la massue testacée. La frange des quatre ailes est d'un blanc sale, entrecoupée de noir. La femelle diffère du mâle, en ce que la nervure médiane est sans ombre, avec la base des ailes plus jaunâtre, et l'extrémité des supérieures plus arrondie. Ces dernières ailes ont les deux yeux beaucoup plus grands, avec deux gros points intermédiaires.

Les ailes inférieures offrent ordinairement près de l'angle anal deux yeux assez marqués, tantôt seuls, et tantôt précédés sur leur côté externe de deux autres plus petits; le dessous diffère peu du mâle.

On trouve cette espèce dans les montagnes des Alpes, de la Suisse du Tyrol et de la Savoie. Elle est assez commune au mois de juillet sur le sommet de Montenver, dans la localité appelée mer de Glace.

SATYRE ARÉTHUSE. SAT, ARETHUSA. GOD.

Satyre petit Agreste.

Les ailes sont un peu dentelées; le dessus est d'un brun noirâtre, avec une bande fauve, maculaire, et marquée d'un œil à chaque aile; le dessous des secondes ailes est réticulé de brun et de cendré, avec une bande blanchâtre, courbée en arrière. Les femelles présentent quelque fois un second œil aux ailes supérieures.

Ce satyre habite les forêts élevées; il se trouve dans le mois d'août.

SATYRE AMARYLLIS. SAT. TYTHONIUS. GOD.

Papilio Tythonius. LINN. — *Papilio Pilaselle.* FAB.

Amaryllis. GEOFF. — *Papilio Herse.* HUBN.

Les ailes sont fauves en dessus, avec le pourtour et la base d'un brun obscur. Le dessus des premières ailes diffère du dessous en ce qu'il est traversé au milieu, dans les mâles, par une bande brune, et par un œil noir à double prunelle blanche.

Les secondes ailes sont sans taches en dessus dans les mâles. Dans les femelles, ce dessus offre à l'extrémité inférieure de la partie fauve deux yeux très petits, surtout l'antérieur, et à prunelle simple. Ces mêmes ailes sont d'un gris jaunâtre en dessous, avec deux bandes transverses, dont l'antérieure très courte, et précédée de cinq points blancs ocellés.

Les antennes sont annelées de brun et de gris; leur massue est en fuseau, et ferrugineuse en dessous.

On trouve très communément cette espèce pendant les mois de juillet et d'août, dans tous les bois des environs de Paris.

SATYRE IDA, SAT. IDA. GOD.

Papilio Ida. FAB. HUBN. OCH. ILLIG.

Papilio Actæa. LANG. — *L'Amaryllis. Var.* ENG.

Les deux sexes sont fauves en dessous, avec la base et tout le pourtour des ailes d'un brun noirâtre. Les ailes supérieures ont à leur extrémité un œil noir à double prunelle blanche. Les ailes inférieures du mâle sont sans taches, mais elles offrent souvent dans la femelle deux petits points blancs, situés vers la partie postérieure.

Les premières ailes ont le dessous semblable au dessus, à l'exception que les bords sont moins bruns et l'extrémité un peu blanchâtre.

Les secondes ailes sont d'un gris obscur en dessous, avec deux bandes blanchâtres.

Le dessus du corps est brun, le dessous est gris. Les antennes sont annelées de blanc et de brun, elles ont la massue grêle et l'extrémité fauve.

On trouve communément ce satyre en juillet et en août, dans les départemens les plus méridionaux de la France.

SATYRE BATHSEBA. SAT. BATHSEBA. GOD.

Papilio Bathseba, Papilio Salome. FAB.

Papilio Pasiphae. HUBN ESP. OCH. — *Le Titire.* ENG.

Toutes les ailes sont fauves en dessus, avec la base et le pourtour d'un brun noirâtre. Les ailes supérieures ont à leur extrémité, un œil à double prunelle blanche, et, sur le milieu, une bande brune qui est large dans le mâle, linéaire et moins foncée dans la femelle; les inférieures offrent à leur bord de derrière une suite de trois ou quatre yeux noirs à simple prunelle blanche.

Le dessous des premières ailes diffère du dessus, en ce que la base est beaucoup plus claire, et le bord postérieur entièrement longé par une ligne grise.

Les secondes ailes sont d'un brun noirâtre clair en dessous, et traversées au delà du milieu par une bande d'un jaune paille, suivie d'une rangée de cinq yeux, dont les deux extrêmes plus petits.

Le dessus du corps est brun, avec des poils roussâtres sur le corselet et à la base de l'abdomen.

Ce satyre est très commun dans le midi de la France, on le trouve dans les mois de juillet et d'août.

SATYRE MYRTILE. SAT. JANIRA. GOD.

Papilio Janira, *Papilio Jurtina*. LINN.
Corydon et Myrtil. GEOFF. *Le Myrtil*. ENG.

Les ailes sont d'un brun noirâtre chatoyant en dessus. Les premières ont à leur partie antérieure un œil noir à prunelle blanche. Cet œil est petit et entouré d'un cercle roussâtre dans le mâle ; il est grand et placé sur une large bande fauve dans la femelle. Les secondes ailes sont sans taches dans le mâle ; elles offrent ordinairement chez la femelle un point fauve sur leur milieu.

Les ailes supérieures sont fauves en dessous, avec les bords jaunâtres, et un œil comme du côté opposé.

Ces ailes sont d'un gris jaunâtre en dessous, et traversées dans leur milieu par une bande plus claire, sans taches ou avec un point ocellé dans la femelle, offrant deux points semblables dans le mâle.

Le dessus des antennes est noirâtre, le dessous est grisâtre, avec la massue grêle et en fuseau.

On trouve très communément ce papillon au mois de juillet, dans les bois et dans les prairies.

SATYRE EUDORE. SAT. EUDORA. GOD.

Papilio Eudora. FAB. HUBN. ILLIG. OCH.
Papilio Janirula, *Papilio Eudora*. ESP. *Le Misis*. ENG.

Les deux sexes sont d'un brun clair et un peu chatoyant en dessus, avec un point noir vis-à-vis du sommet des ailes supérieures du mâle, et deux points semblables, alignés sur une bande fauve, à l'extrémité des ailes supérieures de la femelle.

Les premières ailes sont fauves en dessous, avec le pourtour brun, et deux yeux noirs à prunelle blanche dans la femelle, un seul œil dans le mâle.

Les secondes ailes sont brunâtres en dessous, avec une bande pâle dépourvue de taches.

Le corps est brun. Le dessus des antennes est obscur, le dessous est annelé de blanc, avec la massue grêle et roussâtre.

Se trouve en juillet, dans le midi de la France.

SATYRE TRISTAN. SAT. HYPERANTUS. GOD.

Papilio Hyperanthus. LINN. *Papilio Polymeda.* HUBN.
Le Tristan. GEOFF.

Les ailes sont entièrement brunes en dessus.

Le dessous est plus clair, avec des yeux noirs à prunelle blanche et à iris jaunâtre. Les secondes ailes en présentent constamment cinq. Les premières ailes en ont quelquefois deux, quelquefois trois, dont le dernier est toujours plus petit.

Ce papillon paraît en juin, il est très commun dans les bois et dans les prairies.

SATYRE BACCHANTE. SAT. DEJANIRA. GOD.

Papilio Dejanira. LINN. *La Bacchante.* GEOFF.

Les ailes sont d'un brun obscur en dessus, avec une rangée de cinq yeux noirs à iris jaunâtre vers le bout des premières ailes, et trois à quatre yeux semblables, vers le bout des secondes.

En dessous, ces yeux ont une prunelle jaunâtre. Les cinq yeux des premières ailes sont précédés d'une bande jaunâtre, dont l'empreinte paraît plus ou moins sur la surface opposée. Ceux des secondes ailes sont placés sur une bande blanche, ils sont au nombre de six.

Le dessus des antennes est noirâtre, le dessous est ferrugineux, leur massue est grise et en fuseau.

Ce satyre paraît en juin; il est commun dans les bois des environs de Paris.

SATYRE ARIANE. SAT. MÆRA. GOD.

Papilio Mæra. LINN. *Systêm. Nat.* —*Papilio Satyrus.* LINN. *Faun. Suéc.*
Le Satyre. GEOFF. — *Le Némusien et l'Ariane.* ENG.

Les ailes sont d'un brun obscur en dessus. Les premières ailes ont vers leur extrémité une bande fauve, chargée à sa partie antérieure de deux yeux noirs, dont l'extérieur très petit, l'autre assez gros, et pourvu d'une double prunelle blanche. Les secondes ailes ont une bande fauve, sur laquelle on aperçoit trois à quatre yeux.

Le dessous des ailes inférieures ne diffère du dessus qu'en ce qu'il est généralement plus pâle.

Le dessus des inférieures est d'un gris clair, avec deux lignes brunes, à la suite desquelles vient une rangée courbe de six yeux noirs. Ces yeux ont tous une prunelle blanche et deux iris jaunâtres qu'entoure un cercle noirâtre.

Les antennes sont annelées de blanc et de noirâtre, et leur massue est en cuilleron.

Cette espèce est très commune aux environs de Paris; on la trouve dans les mois de mai et de juillet.

SATYRE MÉGÈRE. SAT. MEJÆRA. GOD.

Papilio Mejæra. LINN. — *Le Satyre.* ENG.

Les ailes sont d'un fauve mélangé de brun en dehors, avec un œil noir à une ou deux prunelles blanches près de l'angle des supérieures; les postérieures ont la base plus ou moins obscure, suivant le sexe, et leur extrémité offre une rangée courbe de trois à cinq yeux noirs, dont la prunelle est d'un blanc bleuâtre.

Le dessous des ailes supérieures diffère du dessus, en ce qu'il est plus pâle.

Le dessous des inférieures est cendré, avec deux lignes brunes entre lesquelles est une rangée courbe de six yeux noirs, entourés chacun d'un cercle obscur.

Très commun aux environs de Paris, dans les mois de mai et de juillet.

SATYRE TIRCIS. SAT. ÆGERIA. GOD.

Papilio Ægeria. LINN. — *Le Satyre.* ENG.

Les ailes sont d'un brun obscur en dessus, avec des taches d'un jaune d'ocre. Les supérieures en ont une douzaine, sans excepter un œil noir à prunelle blanche, placé à l'extrémité du sommet. Les ailes inférieures en ont deux, avec une bande pareillement jaunâtre, offrant quatre yeux noirs, dont l'antérieur est sans prunelle.

Le dessous des premières ailes diffère du dessus, par le fond et les taches qui en sont plus pâles.

Les secondes ailes sont d'un gris verdâtre en dessous, avec deux lignes brunes, à la suite desquelles sont deux taches jaunâtres, puis une rangée de cinq à six points jaunâtres entourés de brun.

Le Tircis est très commun dans les bois ; il se trouve en avril et en juillet.

SATYRE DEMI-DEUIL. SAT. GALATEA GOD.

Papilio Galatea. LINN. — *Le Demi-Deuil.* GEOFF.

Les ailes sont d'un blanc jaunâtre en dessus, avec des taches et une bande noires; elles offrent à leur partie antérieure quatre taches blanches sur la plus large desquelles il y a un œil noir sans prunelle. Les secondes ailes n'ont pas d'yeux vers l'extrémité, ou bien elles en ont tantôt trois, tantôt cinq peu prononcés.

Le dessous des ailes supérieures diffère du dessus, en ce que les taches sont plus grandes et triangulaires, en ce que dans la femelle elles sont lavées d'un jaune sale, couleur qui s'étend sur tout le côté et autour du petit œil, lequel a ici une prunelle bleuâtre.

Le dessous des ailes inférieures est blanc dans le mâle, avec les nervures noires. Il présente aussi cinq petits yeux noirs qui ont une prunelle bleuâtre, et un iris jaunâtre qu'entoure un cercle d'atomes noirâtres.

Les antennes sont annelées de blanc et de noir, avec la massue ferrugineuse et en fuseau.

On trouve très communément le Demi-Deuil au mois de juillet, dans tous les bois des environs de Paris.

SATYRE LACHÉSIS. SAT. LACHESIS. GOD.

Papilio Lachesis. HERBST. HUBN. OCH.

Papilio Arge, *Nemausiaca.* ESP.

Les ailes sont d'un blanc un peu jaunâtre en dessus, avec l'origine du bord interne et toute l'extrémité de couleur noire. Le noir de l'extrémité forme une bande sinuée à son côté interne, et chargée à son côté externe d'une série de taches blanches qui sont triangulaires aux ailes inférieures, arrondies et inégales aux supérieures. Ces dernières ailes ont sur leur milieu une tache noire irrégulière, se liant par un filet à la partie inférieure de la bande terminale. Cette bande offre six points oculaires bleuâtres.

Le dessus des premières ailes diffère du dessous, en ce que le noir y domine moins, et en ce que les taches blanches sont plus grandes.

Les secondes ailes sont blanches en dessus, avec une bande noirâtre centrale. Sur la tranche noire du bord terminal s'appuie une ligne en feston, précédée de cinq yeux bruns.

Le dessus du corps est noirâtre, le dessous est blanchâtre, les antennes sont noires, annélées de blanc, avec la massue ferrugineuse.

Ce satyre paraît en juin.

SATYRE CLOTHO. SAT. CLOTHO. OCH. HUBN. ILLIG. BOISD.

Satyre Arge. GOD. — *Papilio Suwarovius.* HERBST.

Papilio Japygia. CYRILL. — *L'Eclair.* ERNST.

Les ailes sont blanches ou d'un blanc légèrement teinté de jaune, avec la base noirâtre. La cellule discoïdale des ailes supérieures est traversée au milieu par une raie noire, dentée sur ses deux côtés comme un zig-zag. Le sommet est marqué d'un œil noir sans prunelle, précédé d'une raie oblique noirâtre. Les ailes inférieures sont traversées un peu en avant le milieu par une bande noirâtre. L'extrémité des quatre ailes présente deux lignes noires, dont la postérieure a la racine de la frange et l'autre en feston. Ces deux lignes renferment entre elles des bandes de la couleur du fond, séparées l'une de l'autre par les nervures qui sont un peu dilatées. Sur les ailes inférieures, la ligne en feston est précédée d'une rangée de quatre à cinq yeux.

Les ailes sont d'un blanc jaunâtre en dessous, tirant un peu sur le verdâtre. Celui des supérieures offre le même dessin qu'en dessus ; mais l'œil du sommet a une petite prunelle bleuâtre et un iris jaunâtre plus ou moins marqué. Celui des inférieures est traversé un peu avant le milieu par une bande un peu plus sombre, bordée de chaque côté par une ligne noire irrégulière, coupée par les nervures qui la partagent en douze ou treize parties. Les yeux sont jaunâtres, entourés d'un cercle noirâtre, avec le centre noir pupillé de bluâtre. L'œil anal est plus petit et double. Le dessus du corps est grisâtre, très velu ; le dessous est blanchâtre. Les antennes sont d'un roux ferrugineux, avec le côté antérieur de la massue fauve.

La femelle présente les mêmes caractères que le mâle; mais la base des ailes est ordinairement un peu plus noirâtre.

On trouve cette espèce au mois de juin dans la Russie méridionale, la Hongrie, le Piémont et la Calabre.

SATYRE PSYCHÉ. SAT. PSYCHE. GOD.

Papilio Psyche. HUBN. ILLIG.—*Papilio Arge Occitanica.* ESP.
Papilio Syllius. HERBST. OCH.
Le Demi-Deuil. Var. ENG.

Le dessus des ailes est blanc, avec l'origine du bord interne et les nervures noirâtres; à leur extrémité est une bande noire sinuée, sur laquelle sont des taches blanches à peu près semblables à celles qu'on voit dans l'espèce précédente, et sept points bleuâtres oculaires dont deux aux premières ailes, cinq aux secondes. Les premières ailes ont sur leur milieu une tache noire oblique, chargée antérieurement de deux taches blanches inégales.

Le dessous des ailes supérieures diffère du dessus, en ce que le noir du sommet est remplacé par du ferrugineux ; les ailes inférieures sont blanches en dessous, avec les nervures et trois lignes transverses ferrugineuses.

Le dessus du corps est noirâtre ; le dessous est blanchâtre. Les antennes sont entièrement noires.

On trouve ce satyre en juin, dans le midi de la France.

SATYRE PHARTE. SAT. PHARTE. GOD.

Les ailes sont d'un brun noirâtre chatoyant, et elles ont de part et d'autre une bande ferrugineuse, parallèle au bord postérieur. La bande des premières ailes est large, coupée par des nervures. La bande des secondes ailes est formée par des taches arrondies.

Le dessus du corps est brun, le dessous est roussâtre.

Les antennes sont annelées de brun et de blanc.

On trouve cette espèce dans les Pyrénées, en juillet et en août.

SATYRE MELAMPUS. SAT. MELAMPUS. GOD.

Papilio Melampus. ESP. OCH. — *Papilio Janthe.* HUBN.
Papilio Alcyone. BORKH. — *Le Montagnard.* ENG.

Les ailes sont d'un brun noirâtre chatoyant, et elles présentent de part et d'autre une bande ferrugineuse.

La bande des premières ailes est large, coupée par les nervures, et marquée à l'extrémité d'un groupe de deux points noirs. La bande des secondes ailes est formée par des taches arrondies, offrant trois points noirs également éloignés l'un de l'autre.

Le corps et les antennes sont semblables aux espèces précédentes.

Ce satyre se trouve dans les Alpes, au mois de juillet.

SATYRE CASSIOPE. SAT. CASSIOPE. GOD.

Papilio Cassiope. FAB. HUBN. OCH. — *Papilio Melampus.* HERBST. ESP.
Papilio Alcyone. BORKH. — *Papilio Æthiops minor.* DE VILL.
Le Petit Nègre à bandes fauves. ENG.

Les ailes sont d'un brun noirâtre chatoyant en dessus, avec une bande ferrugineuse. La bande des premières ailes présente depuis trois jusqu'à cinq points noirs consécutifs. La bande des secondes ailes est composée de deux à cinq taches orbiculaires, et marquées chacune d'un petit point noir.

Le dessous des ailes supérieures ne diffère du dessus que parce que le milieu est plus ou moins ferrugineux.

Les ailes inférieures du mâle sont d'un brun noirâtre en dessous, et d'un brun cendré dans la femelle; à leur extrémité, ces mêmes ailes offrent une rangée de points noirs, qu'entoure un iris rougeâtre.

Le corps est de la même couleur que les ailes. Le dessus des antennes est obscur, le dessous est blanchâtre, avec la massue noire et en cuilleron.

Ce satyre se trouve dans les Pyrénées Orientales, au mois de juin.

SATYRE PYRRHA. SAT. PYRRHA. GOD.

Papilio Pyrrha. FAB. HUBN. ILLIG. OCH.
Papilio Manto. ESP. HERBST. BORKH. *Le petit Nègre hongrois.* ENG.
Satyre Machabée. Encycl. — *Papilio Cœcilia. Var.* HUBN. ILLIG.

Les ailes sont d'un brun noirâtre chatoyant, et les supérieures ont de part et d'autre une bande ferrugineuse, sur laquelle sont deux points noirs faisant face au sommet.

Le dessus des ailes inférieures présente trois ou quatre bandes ferrugineuses, et en dessous, deux bandes fauves, dont l'antérieure est beaucoup plus courte.

Le corps et les antennes sont semblables aux espèces précédentes.

On le trouve en mai et en juin, dans les montagnes Alpines.

SATYRE ŒME. SAT. OEME. GOD. BOISD.

Papilio OEme. OCH. ESP. HUBN.

Les quatre ailes sont d'un brun noirâtre. Les supérieures ont à leur sommité une petite tache d'un fauve ferrugineux, marquée de deux petits yeux noirs, presque toujours pupillés de blanc. Outre cela, on observe, mais très rarement, une petite tache fauve près du bord interne.

Les ailes inférieures ont ordinairement de trois à quatre petites taches fauves arrondies, marquées chacune d'un petit œil noir, faiblement pupillé de blanc.

Le dessous des ailes supérieures diffère du dessus, en ce que, au dessus de la tache fauve qui supporte les yeux du sommet, il y a une éclaircie fauve plus ou moins marquée.

Le dessous des inférieures est un peu moins noir que le dessus, avec les yeux un peu plus grands et plus marqués, souvent au nombre de cinq, et ordinairement sans prunelle.

La femelle est tantôt de la taille du mâle, tantôt plus grande, et quelquefois un peu plus petite. Ses quatre ailes sont plus ternes en dessus. La tache fauve du sommet des supérieures est un peu moins ferrugineuse, marquée de deux yeux un peu plus grands, et toujours suivie d'une tache fauve. Les inférieures ont ordinairement quatre ou cinq yeux bien marqués.

Le milieu du dessous des supérieures est lavé de ferrugineux, de gris jaunâtre à l'extrémité et le long de la côte, et quelquefois la tache fauve du bord interne est marquée d'un petit œil.

Le dessous des ailes inférieures est entièrement d'un brun grisâtre bistré, avec cinq ou six yeux entourés d'un iris jaune, et dont les deux extrêmes sont toujours plus petits.

Le corps dans les deux sexes est noirâtre. Le dessus des antennes est noirâtre, le dessous est blanchâtre, avec le côté interne de la massue noirâtre.

On trouve ce satyre, à la fin de juin et dans les premiers jours de juillet, dans plusieurs localités des Alpes de la France, de la Savoie, de la Suisse et du Tyrol.

SATYRE CETO. SAT. CETO. GOD.

Papilio Ceto. HUBN. OCH.

Les ailes sont d'un brun noirâtre chatoyant, et elles ont en dessus comme en dessous une série de six taches rousses, chargées chacune d'un petit œil noir à prunelle blanche.

Le corps et les antennes sont semblables aux espèces précédentes.

On trouve cette espèce en Suisse, dans le mois de juillet.

SATYRE MÉDUSE. SAT. MEDUSA. GOD.

Papilio Medusa. FAB. HUBN. ILLIG. — *Papilio Medea.* HERBST. BORKH.

Papilio Ligea. ESP. SCHNEID.

Le moyen Nègre à bandes fauves et le Franconien. ENG.

Les ailes sont d'un brun noirâtre chatoyant, avec une bande postérieure d'un fauve rouge dans le mâle, d'un fauve jaunâtre dans la femelle.

Cette bande présente des petits yeux noirs à prunelle blanche; les premières ailes en ont de trois à cinq de part et d'autre, et les secondes, trois ou quatre en dessus, de quatre à sept en dessous.

Le corps est d'un brun noirâtre. Le dessus des antennes est obscur, le dessous est blanchâtre, avec la massue noire et en cuilleron.

Cette espèce se trouve en mai et en juin, dans les bois un peu élevés de l'est de la France.

SATYRE STYGNÉ. SAT. STYGNE. GOD.

Papilio Stygne. OCH. — *Papilio Stygne*, *Papilio Pirene.* HUBN.
Papilio Pyrene. ESP.

Les ailes sont d'un brun noirâtre chatoyant en dessus, avec une bande ferrugineuse, se rétrécissant à mesure qu'elle approche de l'angle interne.

La bande des premières ailes présente ordinairement trois yeux, dont les deux antérieurs sont réunis. La bande des secondes ailes en a de trois à cinq, également éloignés l'un de l'autre. Les yeux sont noirs, avec une prunelle blanche.

Le dessus des ailes supérieures est à peu près semblable au dessous.

Le dessous des ailes inférieures présente le même nombre d'yeux que la surface opposée; ces yeux reposent sur une bande, presque aussi brune que le fond dans le mâle, grisâtre avec le côté interne plus clair dans la femelle.

Le corps et les antennes sont semblables aux espèces précédentes.

Ce satyre se trouve en juillet, dans les montagnes Alpines.

SATYRE ALECTON. SAT. ALECTO. GOD.

Papilio Alecto. HUBN. OCH.
Papiliones : Atratus, *Glacialis*, *Tisiphone.* ESP.
Papilio Pluto. Var. ESP.

Les premières ailes présentent de part et d'autre une bande ferrugineuse, plus ou moins large, offrant dans le mâle un groupe de deux petits yeux noirs à prunelle blanche, et dans la femelle trois ou quatre yeux semblables.

Les secondes ailes du mâle sont sans bandes et sans taches, mais leur dessous est plus noir que leur dessus. Le dessus des secondes ailes de la femelle, présente une bande ferrugineuse, sans yeux, ou avec trois yeux, et en dessous une apparence de bande plus claire que le fond et dépourvue d'yeux.

On trouve cette espèce dans les Alpes, dans les mois de juillet et d'août.

Le satyre que nous avons figuré ici, est sans doute le même qu'Esper à donné, sous le nom de Pluto, individu mâle, qui n'a aucune tache oculaire, et chez lequel la bande ferrugineuse des ailes supérieures n'est sensible qu'en dessous.

SATYRE BLANDINE. SAT. BLANDINA. GOD.

Papilio Blandina. FAB. — *Papilio Medea.* HUBN.
Le grand Nègre à bandes fauves. ENG.

Les ailes sont d'un brun noirâtre chatoyant. Les supérieures dont le dessous ressemble au dessus, ont vers leur extrémité une bande transverse, d'un rouge fauve, sur laquelle il y a tantôt trois, tantôt quatre yeux, dont les deux antérieurs sont réunis. Ces yeux sont noirs, avec la prunelle d'un blanc bleuâtre.

Les ailes inférieures offrent parallèlement en dessus une bande ferrugineuse, avec trois, et quelquefois quatre yeux semblables aux précédens. A ces yeux correspondent en dessous, autant de points blancs oculaires, alignés sur une bande plus ou moins luisante.

Le dessus des antennes est brun, le dessous est grisâtre, et leur massue est en fuseau.

Cette espèce habite les bois. Elle se trouve en juillet.

SATYRE EURYALE. SAT. EURYALE. GOD.

Papilio Euryale. ESP OCH.
Papilio Philomela, HUBN.

Le dessus des ailes est d'un brun noirâtre chatoyant, avec une bande ferrugineuse. La bande des premières ailes offre ordinairement trois yeux noirs, très petits, dont les deux antérieurs sont peu distans l'un de l'autre.

La bande des secondes ailes plus étroite que celle des premières, n'a pas d'yeux, ou bien elle en a de un à trois.

Le dessous des ailes supérieures diffère du dessus, en ce que le milieu est rougeâtre.

Le dessous des ailes inférieures est d'un brun noirâtre dans le mâle, d'un brun cendré dans la femelle, avec une bande grise, offrant des petits yeux noirs à iris ferrugineux. La base de ces ailes est du même gris que la bande, principalement dans la femelle, et leur bord postérieur a une teinte rougeâtre. Les échancrures des quatre ailes sont d'un blanc sale de part et d'autre.

Le corps est d'un brun noirâtre. Le dessus des antennes est brun, le dessous est blanchâtre, avec la massue noire.

On trouve ce satyre, au mois de juin, dans les Alpes.

SATYRE LIGEA. SAT. LIGEA. GOD.

Papilio Ligea. LINN. FAB. HUBN. HERBST. OCH.
Papilio Alexis. ESP. SCHNEID. DE GEER. DE VILL.
Le grand Nègre hongrois. ENG. — *Papilio Philomela. Var.* ESP.

Les ailes sont d'un brun noirâtre de part et d'autre, avec le bord postérieur liseré de blanc; aux échancrures, une bande ferrugineuse, sur laquelle il y a des yeux noirs à prunelle blanche. Les yeux des premières ailes sont au nombre de trois ou de quatre, dont les deux antérieurs réunis; le suivant, lorsqu'il existe, est un peu en arrière des autres. Les yeux des secondes ailes sont ordinairement au nombre de trois. En dessous, la bande des ailes inférieures est moins rouge qu'en dessus, et bordée intérieurement par une ou plusieurs taches blanches.

Le corps est d'un brun noirâtre. Le dessus des antennes est brun, le dessous est blanchâtre, avec la massue noire.

Ce satyre se trouve dans les Alpes, en juillet,

SATYRE NEORIDAS. SAT. NEORIDAS. BOISD.

Les quatre ailes sont d'un brun noirâtre en dessus.

Les supérieures ont à l'extrémité une bande d'un fauve ferrugineux, plus large en haut qu'en bas. Cette bande est marquée de trois yeux noirs à prunelle blanche. Les ailes inférieures ont vers l'extrémité une rangée de trois ou quatre taches fauves, portant chacune, excepté la plus externe, un œil noir pupillé de blanc.

Le dessous des supérieures diffère du dessus, en ce que les contours de la bande fauve sont un peu moins purs et moins réguliers, en ce que la couleur du fond est d'un brun plus roussâtre, et en ce que l'extrémité est lavée de gris violâtre.

Les inférieures sont d'un brun roux cendré en dessous jusqu'au delà du milieu, et d'un gris violâtre cendré jusqu'à l'extrémité. Ces deux parties présentent çà et là quelques petites stries plus foncées, et sont partagées nettement l'une de l'autre.

Les antennes sont noirâtres en dessus, blanches en dessous, avec une partie de la massue brune.

La femelle est tantôt de la taille du mâle, et tantôt un peu plus petite. La bande de ses ailes supérieures est souvent d'un fauve plus pâle. Le disque du dessous des ailes supérieures est d'un roux fauve; celui des inférieures est d'un gris jaunâtre, jusqu'au delà du milieu, et ensuite d'un gris blanchâtre.

Cette espèce paraît en juillet. Elle se trouve aux environs de Grenoble. Elle a été retrouvée depuis, dans le département des basses-Alpes, et dans celui de la Drôme.

SATYRE EVIAS. SAT. EVIAS. GOD. LEFEBV. BOISD.

Papilio Bonelli. HUBN.

Le dessus des quatre ailes est d'un brun noir, à reflet violâtre. Les supérieures ont, à l'extrémité, une bande d'un fauve ferrugineux, marquée ordinairement de cinq yeux noirs à prunelle blanche. Les ailes inférieures ont aussi vers l'extrémité une bande fauve formée de quatre à six taches carrées et marquées chacune d'un œil noir à prunelle blanche.

Le dessous des supérieures, est à peu près semblable au dessus. Celui des inférieures est noir, traversé près de l'extrémité par une bande grisâtre plus ou moins pâle. Cette bande est marquée d'une rangée de quatre à six petits yeux noirs, à iris ferrugineux et à prunelle blanche.

La femelle est à peu près de la taille du mâle; le dessus de ses ailes est plus terne, avec la bande et les yeux disposés de la même manière. Le dessous des supérieures est lavé d'un peu de ferrugineux sur le disque. Le dessous des inférieures est finement saupoudré de grisâtre, avec la bande transverse et la base de l'aile d'une couleur plus pâle.

On trouve ce satyre, au mois de juillet, dans les Alpes de la Suisse et dans les Pyrénées.

SATYRE EPISTYGNE. SAT. EPISTYGNE. BOISD,
Papilio Epistygne. HUBN. — *Papilio Stigne.* HUBN.

Le dessous des ailes est brun à reflet violâtre. Les supérieures ont ordinairement dans la cellule une éclaircie jaunâtre, et à l'extrémité une bande transverse d'un jaune d'ocre très pâle. Cette bande est marquée de part et d'autre de cinq à six yeux noirs pupillés de blanc. Les ailes inférieures ont vers l'extrémité une bande d'un fauve un peu obscur, formée de cinq à six taches oblongues, marquées chacune d'un petit œil noir à prunelle blanche.

Le dessous des ailes supérieures est ferrugineux, avec les nervures brunes, les bords grisâtres, et la bande du dessus d'un roux fauve terne. Celui des inférieures est d'un brun ondé, avec les nervures blanchâtres, traversé au delà du milieu par une bande grisâtre striée de brun, et dentée sur son bord interne.

Le dessus de la femelle ne diffère pas sensiblement du mâle, seulement il est un peu plus terne. Le dessous de ses ailes supérieures offre dans la cellule une petite éclaircie jaunâtre, et la bande transverse est plus jaunâtre que dans le mâle. Le dessous de ses ailes inférieures est grisâtre strié de brun, traversé au milieu par une bande brune dentée extérieurement et sinuée intérieurement.

Cette espèce se trouve assez communément, en mars, dans le Nord de l'Italie, et dans nos départemens du Var et des Basses-Alpes.

SATYRE GOANTE. SAT. GOANTE. GOD.
Papilio Goante. FAB. ILLIG. OCH.
Papilio Scæa. HUBN.

Les ailes sont d'un brun noirâtre chatoyant en dessus, avec une bande ferrugineuse, postérieure, offrant aux inférieures trois yeux également éloignés l'un de l'autre, et aux supérieures trois aussi ; mais, dont deux réunis en face du sommet, le troisième solitaire et plus petit. Ces yeux sont noirs et pupillés de blanc.

Le dessous diffère du dessus en ce que le milieu est d'un ferrugineux foncé, et en ce que le sommet est blanchâtre,

Les secondes ailes sont d'un brun grisâtre en dessous, avec une bande obscure, ayant les côtés bordés par des atômes blancs. En outre on y voit trois yeux à prunelle blanche, et correspondant à ceux du dessus.

Les antennes sont blanchâtres en dessous, avec la massue en cuilleron.

Se trouve en juillet, dans les Alpes.

SATYRE GORGÉ. SAT. GORGE. GOD.

Papilio Gorge. ESP. HUBN. ILLIG. OCH.
Papilio Erynis. Var. ESP.

Les ailes sont d'un brun noirâtre chatoyant en dessus, avec une bande ferrugineuse, présentant à sa partie antérieure un double œil noir à prunelle blanche.

Les premières ailes sont ferrugineuses en dessous, avec les bords bruns, et un double œil correspondant à celui du dessus.

Les secondes ailes du mâle sont d'un gris noirâtre en dessous, d'un gris sale dans la femelle, avec trois lignes plus obscures, dont deux vers le milieu de la surface, la troisième, près du bord postérieur.

Le corps et d'un brun noirâtre en dessus comme en dessous.

Le dessus des antennes est brun, le dessous est blanchâtre, avec la massue noire et en fuseau.

Il se trouve dans les Alpes, en juin et en août.

SATYRE MANTO. SAT. MANTO. GOD.

Papilio Manto, Papilio Ertna. FAB.
Papilio Manto. HUBN. ILLIG. OCH.
Papiliones : Castor, Pollux, Lappona. ESP.
Le grand Nègre bernois et le Pollux. ENG.

Le dessus est d'un brun noirâtre chatoyant, avec une rangée postérieure de quatre points noirs à chaque ailes. Les points des premières ailes sont placés sur une bande ferrugineuse. Les points des secondes ailes ont un iris rougeâtre, plus ou moins prononcé.

Les ailes supérieures sont ferrugineuses en dessous et bordées de grisâtre, avec une rangée de points noirs.

Les ailes inférieures sont d'un gris cendré en dessous, ordinairement plus claires dans le mâle que dans la femelle; avec trois lignes brûnes.

Le corps et d'un gris cendré; les antennes sont brunes en dessus, blanchâtres en dessous, avec la massue roussâtre et en fuseau.

Se trouve en juillet, dans les montagnes Alpines.

SATYRE DROMUS. SAT. DROMUS. GOD.

Papilio Cleo. HUBN. ILLIG. — *Papilio Dromus.* FAB.
Papilio Tyndarus. ESP. — *Papilio Cassioides.* ESP.

Les ailes sont d'un brun noirâtre chatoyant en dessus, avec une bande ferrugineuse qui n'atteint ni la côte, ni le bord interne. La bande des premières offre à sa partie antérieure, deux yeux noirs pupillés de blanc. La bande des secondes ailes, présente trois à quatre yeux semblables, également éloignés l'un de l'autre.

Les ailes supérieures sont ferrugineuses en dessous, avec tout le contour d'un gris brun, et deux yeux correspondant à ceux du dessus.

Les ailes inférieures sont d'un gris luisant en dessous, avec trois lignes brunes. On aperçoit dans la femelle, trois ou quatre petits yeux qui sont la répétition de ceux de la surface opposée.

Le dessus du corps est brun, le dessous est gris. Les antennes sont brunes en dessus, blanchâtres en dessous, avec la massue noire et en fuseau.

On trouve cette espèce en juillet, dans les Alpes.

SATYRE DAVUS. SAT. DAVUS. GOD.

Papilio Davus. FAB. OCH. — *Papilio Laidion*, *Papilio Iphis.* BORKH.
Papilio Philoxenus. ESP. SCHNEID.
Papilio Tiphon. SCHRANK. *Naturf.* — *Papilio Tullia.* ILLIG. HUBN.
Papilio Hero. DE GÉER. — *Le Daphnis.* ENG.

Ce satyre est d'un fauve jaunâtre obscur en dessus, avec un point oculaire noirâtre au sommet des ailes supérieures des deux sexes, et trois ou quatre points semblables à l'extrémité des ailes inférieures du mâle.

Le dessous des premières ailes est de la couleur du dessus, à l'exception du bord postérieur qui est d'un gris verdâtre, et du point qui est remplacé par un œil à prunelle blanche.

Les secondes ailes sont roussâtres en dessous, avec la base verdâtre et le bord postérieur cendré. Elles offrent au milieu une bande blanchâtre, appuyée transversalement sur le bord antérieur. En outre, on voit une rangée de six à sept petits points noirs à prunelle blanche et à iris jaunâtre.

Le corps est gris, avec les antennes noires et annelées de blanc.

Il existe des individus qui ont deux yeux au sommet des ailes supérieures ; et d'autres qui n'en n'ont que trois sur le dessous des secondes ailes.

On trouve très communément ce satyre en mai et en juillet, dans l'Est de la France.

SATYRE LYLLUS. SAT. LYLLUS. GOD.

Papilio Lyllus. ESP. OCH. — *Papilo Pamphila.* HUBN.
Papilio Pamphile. ILLIG.

Les ailes sont d'un fauve pâle en dessus, avec une bande noirâtre, avant le bout terminal des quatre ailes, et un point oculaire à leur partie antérieure.

Les ailes supérieures sont encore plus pâles en dessous qu'en dessus, et le point noir du sommet a une prunelle blanche, avec un iris d'un jaune pâle.

Les ailes inférieures sont d'un gris jaunâtre en dessous, avec une bande blanchâtre. Vient ensuite une rangée de trois à six points très blancs bordés de noir.

Le corps est jaunâtre de part et d'autre, les antennes sont noires et annelées de blanc.

Ce satyre donne en mai, juillet et septembre, dans le midi de la France.

SATYRE IPHIS. SAT. IPHIS. GOD.

Papilio Iphis. WIEN. VERZ. ILLIG. HUBN. OCH.
Papilio Hero. FAB.
Papilio Tiphon. ESP. HERBST. DEPRUN. SCHNEID. LARG.
Papilio Tiphon, Papilio Glycerion. BORKH.
Papilio Amyntas. PODA. MUS. GRÆC.
Maniola Manto. SCHRANK.

Les premières ailes sont d'un fauve brun en dessus chez le mâle, avec l'extrémité obscure, et d'un fauve jaunâtre chez la femelle. Leur dessous est d'un fauve plus ou moins foncé, suivant la couleur du dessus, avec le bord postérieur d'un gris verdâtre et marqué souvent en face du sommet d'un point noir oculaire, point avant lequel on voit dans les femelles une raie jaunâtre.

Les secondes ailes sont d'un brun noirâtre en dessous, avec un arc fauve, plus ou moins apparent. Leur dessous est d'un gris verdâtre, avec une rangée de six petits yeux noirs à prunelle blanche, et à iris d'un jaune sale.

Le dessus du corps est brun, le dessous est grisâtre. Les antennes sont noires et annelées de blanc.

Ce satyre donne dans les mois de juin et de juillet. Il se trouve dans les départemens de l'Est de la France et dans les Pyrénées.

SATYRE OEDIPE. SAT. ŒDIPUS. GOD.

Papilio OEdipus, *Papilio Miris*. FAB.
Papilio OEdipus, *Papilio Pylarge*. HUBN. — *Papilio OEdipus*. OCH.
Papilio OEdipe. BORKH. — *Papilio Geticus*. ESP.
Papilio Iphigenus. HERBST.

Les deux sexes sont d'un brun noirâtre en dessus, sans taches dans les mâles, avec trois yeux à prunelle blanche aux ailes inférieures de la plupart des femelles.

Le dessous est d'un jaune fauve un peu obscur chez le mâle, avec des yeux noirs à prunelle blanche et à iris d'un jaune paille. Les premières ailes en ont tantôt cinq, tantôt trois; et quelque fois elle n'en n'ont qu'un seul et même point du tout. Les yeux des secondes ailes sont ordinairement au nombre de six. L'extrémité des quatre ailes offre au bord postérieur une ligne argentée.

Il y a des femelles, dont les yeux des ailes inférieures ont un trait blanc ou une bande transverse d'un blanc luisant.

Le dessus du corps est brun avec le dessous jaunâtre. Les antennes sont annelées de blanc et de noir, avec le dessous de la massue ferrugineux.

Ce satyre se trouve dans la Hongrie, le Piémont, le Dauphiné, etc; il donne au mois de juin.

SATYRE CÉPHALE. SAT. CEPHALE. GOD.

Papilio Arcanius. LINN. — *Papilio Arcanius*. HUBN.
Le Céphale. GEOFF.

Les premières ailes sont fauves de part et d'autre, avec le bord terminal d'un brun noirâtre en dessus, moins foncé en dessous, où l'on voit vis-à-vis du sommet un petit œil noir à prunelle blanche et à iris jaunâtre.

Les ailes inférieures sont d'un brun obscur en dessous, avec une tache jaunâtre, placée à la partie postérieure. Leur dessous est roussâtre, avec la base teintée de verdâtre; le milieu traversé par une bande blanche, laquelle présente à l'origine de son côté interne un œil noir à prunelle d'un blanc vif, et sur son côté externe, quatre ou cinq yeux semblables. On voit en outre une ligne argentée, le long du bord postérieur.

Les antennes sont annelées de blanc et de noir, leur massue est en fuseau et légèrement roussâtre en dessous.

Ce satyre paraît au mois de juin. On le trouve abondamment dans les bois des environs de Paris.

SATYRE DORUS. SAT. DORUS. GOD.

Papilio Dorus. ESP. HERBST. OCH. — *Papilio Dorion.* HUBN.
Papilio Dorilis. BORKH. — *Papilio Lizetta.* CRAMER.
Palemon. ENG.

Les premières ailes du mâle sont d'un brun jaunâtre obscur en dessous, avec un point noir cerclé de fauve et placé à l'extrémité antérieure; elles sont d'un jaune fauve dans la femelle, avec le bord postérieur brun, et un gros point noir, suivi quelque fois de deux autres plus petits.

Les secondes ailes des deux sexes sont d'un jaune fauve en dessus, avec la base et le pourtour extérieur obscurs, et une ligne de trois à quatre points noirs. Le bord terminal est presque entièrement longé par un arc fauve.

Toutes les ailes, dans le mâle comme dans la femelle, sont fauves en dessous, avec un œil noir à prunelle blanche au sommet des supérieures, et avec une bande d'un blanc jaunâtre à l'extrémité des inférieures. Cette bande, offre six yeux noirs pupillés de blanc, et elle est bordée en dessous par une ligne argentée.

Les ailes supérieures présentent aussi une ligne argentée, et l'œil de leur sommet est précédé intérieurement d'une ligne jaunâtre plus ou moins large.

Le dessus du corps est brun; le dessous jaunâtre. Les antennes sont annelées de blanc et de noir, avec la partie inférieure de la massue fauve.

On trouve ce satyre dans le Midi de la France, ordinairement au mois de juillet.

SATYRE PHILEA. SAT. PHILEA. GOD.

Papilio Philea. HUBN. ILLIG. — *Papilio Satyrion.* ESP. OCH.

Les ailes sont d'un brun noirâtre en dessus; le milieu des premières ailes est d'un fauve-obscur dans le mâle, et d'un fauve jaunâtre dans la femelle.

Les ailes supérieures, suivant le sexe, sont fauves en dessous, avec l'extrémité d'un gris verdâtre, et marquée d'un point noir au sommet.

Les ailes inférieures sont d'un brun-verdâtre en dessous, avec une bande blanche postérieure, sur laquelle sont rangés six yeux noirs à prunelle blanche.

Le dessus du corps est noirâtre ; le dessous est fauve. Les antennes sont annelées de blanc et de noir, avec la massue ferrugineuse.

Il existe des mâles dont le dessus des premiéres ailes est entièrement brun.

Ce satyre se trouve au mois de juillet, dans les montagnes Alpines.

SATYRE CORINNUS. SAT. CORINNUS. GOD.

Papilio Corinna. HUBN. ILLIG. OCH.

Cette espèce est d'un fauve-gai en dessus, avec le bord brun, et marqué à chaque aile d'un point noir.

La couleur du dessous est semblable à celle du dessus des premières ailes, avec une ligne argentée, précédée en face du sommet d'un œil à prunelle blanche et à iris d'un jaune paille. Les secondes ailes sont en dessous d'un gris verdâtre à la base, d'un fauve foncé à l'extrémité, avec quatre à cinq yeux noirs à prunelle blanche.

Le dessus du corps est brun, le dessous est jaunâtre. Les antennes sont noires et annelées de blanc.

Cette espèce se trouve dans plusieurs îles de la Méditerranée.

GENRE HESPÉRIE.

HESPÉRIE. HESPERIA. LAT. OCH.

Plébéiens Urbicolles. LINN.

Genres : *Thymale, Hellias, Pamphila.* FAB.

Les Estropiés. GEOFF.

Les Hespéries ont le corps généralement gros et court, la tête large et les antennes écartées à leur insertion, elles sont terminées brusquement en une massue plus ou moins ovale et oblongue, finissant en pointe; dans quelques espèces, elles sont arquées à leur extrémité; dans d'autres, elles sont subitement courbées et crochues.

Les palpes extérieurs ou labiaux sont larges, de trois articles, et fournis de beaucoup d'épines ; leur dernier article est plus petit, comparativement au second.

Les ailes sont fortes ; les inférieures sont toujours plissées au côté interne, et souvent parallèles au plan de position dans le repos.

Toutes les pates sont propres à la marche; les tarses sont terminés par deux petits crochets, simples et très arqués, et les jambes postérieures sont armées de quatre ergots.

Les Chenilles sont presque nues, peu variées en couleurs, amincies aux deux extrémités. Leur tête est grosse, souvent marquée de deux taches imitant les yeux.

Les Chrysalides sont sans éminences, ou bien elles n'en n'ont qu'une près de la tête. On les trouve ordinairement renfermées dans une toile légère entre les feuilles.

Ces lépidoptères fréquentent généralement les bois et les lieux garnis de graminées ; quelques espèces se plaîsent dans les lieux humides et aquatiques.

HESPÉRIE FRITILLAIRE. HESP. FRITILLUM. GOD.

Hespérie Plein-Chant. LATR. — *Hesperia Fritillum.* FAB.
Papilio Malvæ. LINN. ESP. — *Papilio Alveus.* HUBN.
Le Plein-Chant. ENG.

Le dessus de cette espèce est d'un brun noirâtre, avec deux rangées de taches blanches aux ailes inférieures, et une seule très apparente aux supérieures. Ces dernières sont parsemées par plusieurs autres taches blanches. Outre cela, la frange de toutes les ailes est entrecoupée de noir et de blanc de part et d'autre.

Les premières ailes ont le dessus grisâtre vers la base, noirâtre vers l'extrémité, avec les taches blanches de la surface opposée.

Les secondes ailes sont d'un brun plus ou moins verdâtre en dessous, avec trois bandes blanches, dont la postérieure est mouchetée de noir.

Le dessus du corps est d'un brun noirâtre ; le dessous est grisâtre. Les antennes sont noires, annelées de gris, avec le dessous de la massue fauve.

On trouve cette Hespérie au mois de juin, dans les environs de Paris.

HESPÉRIE DU CHARDON. HESP. ALVEOLUS. GOD.

Papilio Malvæ Minor. ESP.

Papilio Alveolus. Papilio Fritillum. HUBN.

Le Tacheté. ENG.

Le dessus de toutes les ailes est d'un brun noirâtre, avec deux à quatre bandes blanches longitudinales.

Le dessous de ces dernières est verdâtre, avec la bande du milieu plus interrompue et souvent moins longue.

Le dessus du corps est noirâtre, le dessous est verdâtre. Les antennes sont annelées de gris avec la massue ferrugineuse.

Cette espèce est très commune au mois de mai, dans les environs de Paris.

HESPÉRIE GRISETTE. HESP. TAGES. GOD.

Papilio Tages. LINN. — *La Grisette.* GEOFF.

Le Point d'Hongrie. ENG.

Le dessus de toutes les ailes est d'un brun presque noirâtre ; le dessous est d'un brun plus clair, avec des points blanchâtres, disposés sur deux lignes, dont l'extérieure appuyée contre la frange, et l'intérieure moins distincte.

Le corps est noirâtre en dessus, le dessous est d'un brun clair. Les antennes sont noires et annelées de gris.

Cette espèce se trouve communément aux environs de Paris, en mai et en juillet.

HESPÉRIE MIROIR. HESP. ARACINTHUS. GOD.

Hesperia Aracinthus. FAB. — *Papilio Steropes.* HUBN.

Erynnis Speculum. SCHR. — *Le Miroir.* GEOFF.

Toutes les ailes sont d'un brun noirâtre en dessus, avec quelques taches jaunâtres au sommet des supérieures. Le dessous des ailes supérieures ressemble au dessus, à l'exception que le bord terminal est longé par une ligne jaune.

Les secondes ailes sont d'un jauneroussâtre en dessous, avec douze taches orbiculaires, blanches, bordées de noir.

Le dessus du corps est noirâtre, le dessous est blanchâtre, avec trois raies noires longitudinales. Les antennes sont noires, annelées de blanc, avec la moitié de la massue fauve.

Les femelles diffèrent des mâles par un point jaunâtre, placé vers le milieu du bord antérieur des premières ailes.

On trouve cette espèce aux environs de Paris, dans les mois de mai et de juillet.

HESPÉRIE ECHIQUIER. HESP. PANISCUS. GOD.

Hesperia Paniscus. FAB. — *Papilio Brontes.* HUBN.

L'Echiquier. ENG.

Toutes les ailes sont d'un brun noirâtre en dessus, avec une multitude de taches fauves, dont les intérieures sont plus grandes, les extérienres formant une rangée parallèle au bord terminal.

Les premières ailes sont fauves en dessous, avec des taches noires.

Les secondes ailes sont d'un brun jaunâtre en dessous, avec treize taches blanches, légèrement bordées de noir.

Le corps est jaunâtre, avec le dos noirâtre. Les antennes sont noires, annelées de fauve, avec l'extrémité de la massue d'un rose foncé.

Se trouve aux environs de Paris, dans le mois de mai.

HESPÉRIE COMMA. HESP. COMMA. GOD

Papilio Comma. LINN.

Cette espèce, diffère en dessus, de l'Hespérie Bande Noire, par les mêmes caractères que l'Hespérie Sylvain. Elle diffère en dessous de cette dernière, en ce que les taches des ailes inférieures sont blanches et au nombre de neuf, dont trois groupées vers la base, les six autres formant une rangée courbe et transversale.

Cette espèce se trouve dans les bois des environs de Paris, dans les mois de juillet et d'août.

HESPÉRIE SYLVAIN. HESP. SYLVANUS. GOD.

Hesperia Sylvanus. FAB.

Variété de la Bande Noire. GEOFF. — *La Bande Noire.* ENG.

Cette espèce a beaucoup de ressemblance avec la précédente, mais elle est plus grande, l'extrémité de ses antennes est crochue; le fauve du dessus de ses ailes est divisé en manière de taches par du brun noirâtre, et apppoche moins du bord postérieur; la ligne du milieu des ailes supérieures du mâle est plus large; les ailes inférieures des deux sexes sont d'un jaune verdâtre en dessous, avec une rangée de quatre à cinq taches d'un jaune un peu clair.

Cette espèce est assez commune, elle se trouve dans les mois de mai et de juin.

HESPÉRIE BANDE NOIRE. HESP. LINEA. GOD.

Hesperia Linea. FAB. — *Papilio Thaumas.* ESP.

La Bande Noire. GEOFF. — *Variété de la Bande Noire.* ENG.

Les deux sexes sont fauves en dessus, avec les bords et les nervures d'un brun noirâtre. Le mâle présente vers le milieu des premières ailes, une ligne noire, oblique et étroite.

Ces mêmes ailes sont fauves en dessous, avec la base noirâtre, et l'extrémité d'un cendré jaunâtre. Les secondes ailes sont d'un cendré jaunâtre en dessous, avec l'angle interne fauve.

Le dessus du corps est roussâtre, le dessous est grisâtre. Les antennes sont noires, annelées de blanc et de jaune.

On trouve en mai et en août, cette Hespérie qui est assez commune dans les bois.

FAMILLE SECONDE.

Crépusculaires.

CREPUSCULARIA.

Les quatre ailes presque horizontales, ou en toit dans le repos; un frein au bord antérieur des secondes ailes pour retenir les premières; antennes en massue allongée.

TRIBU PREMIÈRE.

SÉSIAIRES. *Sesiariæ.*

Antennes toujours simples, souvent terminées par un petit faisceau de soies ou d'écailles, palpes inférieurs grèles et étroits, de trois articles distincts, dont le dernier est en pointe; jambes postérieures, ayant à leur extrémité des ergots très-forts.

GENRE THYRIS.

THYRIS. THYRIS. ILLIG. OCH. HOFFM.
Sphinx. FAB. HUBN ESP.

Les palpes s'élèvent au delà du chaperon, ils sont cylindro-coniques, avec le dernier article presque nu et terminé en pointe; les antennes sont fusiformes, presque sétacées, plus fortes dans le mâle que dans la femelle; les jambes postérieures sont munies de forts ergots; les ailes sont horizontales, courtes et denticulées; l'abdomen est conique.

Les chenilles sont nues, à tête grèle, attenuées antérieurement; elles vivent dans l'intérieur des tiges. Les chrysalides sont scabres.

THYRIS FÉNESTRÉE. THY. FENESTRINA. GOD.
Thyris Fenestrina. OCH. — *Sphinx Fenestrina.* FAB. ESP.
Sphinx Pyralidiformis. HUBN. — *Le Pygmée.* ENG.

Le dessus et le dessous des quatre ailes sont d'un noir brun de part et d'autre, et striés transversalement de fauve doré, avec deux taches transversales blanches, plus grandes et plus rapprochées aux secondes ailes qu'aux premières. Les ailes supérieures sont un peu denticulées.

Les ailes inférieures sont dentelées avec la frange entrecoupée de noir et de blanc.

Le corps est coloré comme les ailes, avec le quatrième et le dernier anneaux blancs en dessous, et jaunâtres en dessus. Les antennes sont noirâtres, avec le dehors roussâtre.

La femelle diffère du mâle en ce qu'elle est plus grande, et en ce que les anneaux de l'abdomen sont moins apparens, et quelquefois nuls.

Ce lépidoptère paraît en juillet. Il habite la France, l'Italie, l'Espagne, la Suisse, l'Allemagne et l'Amérique septentrionale.

GENRE SÉSIE. SESIA. FAB. LASP. OCH.

Les palpes sont velus et comprimés à leur base, cylindrico-coniques, pointus et rebroussés à leur extrémité; les antennes sont fusiformes, simples ou dentées en scie intérieurement, renflées vers leur milieu, et finissant par une petite houppe soyeuse; la langue est allongée et roulée en spirale; les ailes sont horizontales dans le repos; la cellule de la base des inférieures est fermée en arrière par deux nervures qui se croisent en X.

Les ailes des Sésie sont allongées, étroites, transparentes (notamment les inférieures), terminées par une frange; l'abdomen est presque cylindrique, garni à son extrémité d'une brosse plus ou moins épaisse et quelque fois trilobée; les jambes postérieures sont armées de deux paires d'ergots; les crochets du bout des tarses sont aigus et très petits. Plusieurs de ces Lépidoptères, dont le vol est vif, de même que celui des sphynx, mais qui se reposent souvent sur les feuilles et sur les fleurs, ressemblent à divers *Hyménoptères* et *Diptères*, et de là l'origine des dénominations suivantes, *apiformis*, *speciformis*, *ichneumoniformis*, etc. qu'on a données aux espèces de ce genre.

Leurs chenilles ont seize pates, et sont cylindriques, rases, sans corne à l'extrémité du corps. Elles habitent et rongent l'intérieur de la tige ou des racines des végétaux, y subissent leurs métamorphoses, et, avec les débris de la substance dont elles ont vécu, elles se construisent une coque dont le dedans est tapissé d'une tenture de soie très unie. Elles passent l'hiver sous cette forme, deviennent chrysalides au commencement du printemps, et insectes parfaits à la fin de cette saison.

Les chrysalides sont cylindriques et atténuées aux deux bouts. Elles ont sur la tête deux pointes saillantes, et sur chaque anneau du dos, à partir du corselet jusqu'à la partie postérieure, deux rangs d'épines très fines, un peu inclinées en arrière.

SÉSIE PHILANTHIFORME. SESIA PHILANTHIFORMIS. GOD.

Sphinx Muscœformis. ESP. LASP. OCH.

Les premières ailes sont transparentes, avec leur extrémité cendrée; leur dessus présente les nervures, les bords et deux bandes transverses, d'un noir brun, et la côte blanchâtre, en avant du sommet; leur dessous présente les bords jaunâtres; les secondes ailes sont transparentes, avec les nervures, les bords, une petite lunule d'un noir brun en dessus et en dessous. La frange des quatre ailes est, de part et d'autre, noire à sa base, blanchâtre à son extrémité.

La tête est noirâtre, avec une raie blanche devant les yeux, le front et un collier d'un jaune foncé. Les antennes sont noires, avec le côté interne saupoudré de blanc près de l'extrémité. Le corselet est noir, avec trois lignes longitudinales d'un jaune foncé; la poitrine est d'un noir brun, avec une tache jaunâtre sur chaque côté; l'abdomen est entièrement d'un cendré jaunâtre en dessous et d'un noir luisant en dessus, parsemé d'atômes jaunâtres, avec les bords des troisième, cinquième et septième anneaux blancs; le bord de tous les autres jaunâtre. La barbe de la partie anale est dilatée, noirâtre au milieu, jaunâtre sur les côtés.

Le mâle présente la barbe de la partie anale comprimée, avec des poils latéraux d'un jaune pâle, jaunâtre en dessous, au milieu, et noire sur les côtés. Le dedans des antennes est un peu pectiné, et parfois dépourvu de poussière blanche près de l'extrémité.

Cette espèce présente plusieurs variétés.

On trouve cette sésie aux environs de Paris, dans les mois de mai et de juin.

SÉSIE TENTHREDINIFORME. SESIA TENTHREDINIFORMIS. GOD.

Sesia Tenthrediniformis. HUBN. LASP.

Sphinx Empiformis — Sphinx Muscæformis. Var. ESP.

L'Empiforme. ENG. — *Le Sphinx Mouche.* GEOFF.

Les ailes supérieures sont transparentes, avec les nervures, les bords, deux bandes transverses, noirs et sablés de jaune.

Les ailes inférieures sont transparentes, avec les nervures, les bords, une petite lunule, noirs en dessus, et les nervures jaunes en dessous.

Les quatre ailes ont la frange noirâtre à la base, jaunâtre à l'extrémité.

La tête est noire, avec le front et un collier d'un jaune fauve; les palpes sont fauves de part et d'autre. Les antennes sont noires, avec les dehors d'un jaune sale, et la base d'un jaune fauve. Le corselet et la poitrine sont d'un noir luisant, avec une tache de chaque côté de celle-ci, et trois lignes longitudinales d'un jaune fauve sur celui-là. L'abdomen est d'un noir luisant, barbu, couvert d'une poussière d'un jaune fauve, avec des poils de cette couleur à la base, et le bord des troisième, cinquième et septième anneaux blanchâtre.

Le mâle diffère de la femelle en ce que son corselet n'offre que deux lignes jaunes, et en ce que le tronc de la partie postérieure est jaune au milieu de part et d'autre, et le long des côtés, en dessous.

On trouve cette espèce en juin, aux environs de Paris.

SÉSIE TIPULIFORME. SESIA TIPULIFORMIS. GOD.

Sphinx Tipuliformis. LINN. ESP. HUBN.

Sesia Tipuliformis. FAB. LASP. OCH. — *Le Petit Tipuliforme.* ENG.

Cette espèce a beaucoup d'analogie avec la *Nomadiformis;* elle en diffère cependant par la taille qui est toujours plus petite; par le dessus du premier anneau de l'abdomen qui n'offre point de ligne transversale, par les ailes du devant qui ont leur sommet fauve bien moins vif, et par le bout des quatre ailes qui est d'un jaune moins foncé en dessus.

Le mâle diffère de la femelle par le dernier anneau jaune de l'abdomen qui est double, et par les antennes qui sont légèrement pectinées au côté interne.

Cette espèce fréquente les jardins, on la trouve abondamment dans le Nord, dans le mois de juin.

SÉSIE NOMADIFORME. SESIA. NOMADÆFORMIS. GOD.

Sesia Nomadæformis. LASP. OCH. — *Sphinx Conopiformis.* ESP.
Sphinx Sirphiformis. HUBN. — *Le Grand Tipuliforme.* ENG.

Les ailes supérieures sont transparentes, avec le sommet d'un fauve doré de part et d'autre. Leur dessus est d'un noir violet; leur dessous est d'un jaune roussâtre.

Les ailes inférieures sont transparentes, avec les nervures, les bords et une petite lunule d'un noir violet sur chaque face. Les cils des quatre ailes sont d'un cendré-noirâtre en dessus et en dessous.

La tête est noire, avec une tache blanche devant les yeux et un collier jaune. Les antennes sont d'un noir bleu. Le corselet et la poitrine sont d'un noir bleu luisant, avec une tache allongée sur chaque côté de celle-ci, et une ligne de chaque côté de celui-là, jaunes. L'abdomen est d'un noir bleu luisant, avec le bord des troisième, cinquième et septième anneaux jaune. Le premier anneau offre en outre, en dessus, une ligne jaune transversale. Les bouquets de poils de la partie postérieure sont d'un noir bleu.

Cette espèce se trouve autour de Paris, dans le mois de juin.

SÉSIE FORMICIFORME. SESIA FORMICOEFORMIS. GOD.

Sesia Formicœformis. LASP. OCH.
Sphinx Formicœformis. — *Sphinx Tenthrediniformis.* ESP.
Sphinx Nomadœformis. HUBN.
L'Ichneumoniforme. ENG.

Les ailes supérieures sont transparentes, avec le sommet rougeâtre. Leur dessus a la côte rougeâtre, avec les nervures, les bords, une bande transverse, noirs; leur dessous a la côte et le bord interne fauves.

Les ailes inférieures sont transparentes, avec les nervures, les bords et une petite lunule, noirs de part et d'autre. Les quatre ailes ont la frange d'un violet noirâtre en dessus et en dessous. La tête est d'un brun luisant, avec un trait blanc au bord interne des yeux. Les antennes sont noires de part et d'autre. Le corselet et la poitrine sont sans tache et d'un brun luisant. L'abdomen est de la même couleur que le thorax, avec les quatrieme et cinquième anneaux, d'un rouge fauve. Les bouquets de poils de la partie postérieure sont d'un noir bleu, avec des poils blanchâtres sur les côtés et en dessous.

Cette sésie a été trouvée une seule fois près de Paris. On la trouve ordinairement dans le mois de juin.

SÉSIE TIPHIFORME. SESIA TYPHIOEFORMIS. GOD.

Sesia Typhiœformis. LASP. OCH. — *Sesia Culiciformis.* FAB.
Sphinx Tipuliformis. Var. ESP.

Les ailes supérieures sont transparentes, avec les nervures et une large bande transverse, d'un noir violet, et le sommet d'un fauve brillant en dessus; les nervures, les bords et le sommet sont dorés en dessous.

Les ailes inférieures sont transparentes, avec les nervures et les bords d'un noir violet en dessus, d'un fauve doré en dessous, et une petite lunule noire sur chaque surface. Les quatre ailes ont la frange d'un noir violet de part et d'autre. La tête est d'un noir bleu luisant, avec une raie blanchâtre au bord interne des yeux. Les antennes sont d'un noir bleu, mais leur dessus offre, avant le sommet, une tache blanche. Le corselet et la poitrine sont d'un noir bleu luisant, avec une tache d'un rouge fauve sur chaque côté de la poitrine. L'abdomen est d'un noir bleu luisant, avec le bord du second et du quatrième anneaux rouge en dessus, celui du quatrième et du cinquième blanc en dessous. Les bouquets de poils de la partie postérieure sont d'un noir bleu, avec le milieu blanchâtre en dessous.

Cette espèce, selon Godart, semblerait s'être trouvée aux environs de Paris. M. Boisduval, dans son *Index Methodicus*, donne pour patrie à cette espèce, l'Italie.

SÉSIE MUTILLIFORME. SESIA. MUTILLOEFORMIS. GOD.

Sesia Mutillœformis. LASP. OCH. — *Sphinx Myopœformis.* BORK.
Shpinx Culiciformis. HUBN. — *Sphinx Culiciformis. Var.* ESP.
Le Petit Culiciforme. ENG.

Les ailes supérieures sont transparentes, avec les nervures, les bords, et une large bande transverse, d'un noir blanc en dessus, tandis que le sommet, les nervures, les bords et les côtés de la bande sont d'un fauve doré en dessous.

Les ailes inférieures sont transparentes, les nervures et les bords sont d'un bleu violet en dessus, d'un fauve doré en dessous, et une petite lunule noire de part et d'autre. Les quatre ailes ont la frange d'un noir violet sur l'une et l'autre surface.

La tête est d'un noir bleu luisant, avec une petite raie blanche au bord interne des yeux. Les antennes sont blanchâtres. Le corselet et la poitrine sont d'un noir bleu luisant, avec une tache dorée sur chaque côté de la poitrine. La couleur de l'abdomen est la même que celle du thorax; le quatrième anneau est rouge en dessus, noir et bordé de blanc en dessous. Les bouquets de poils de la partie postérieure sont d'un noir bleu sans taches.

Le mâle diffère de la femelle, en ce que l'abdomen est allongé, plus grêle, et en ce que tout le dessus du quatrième anneau et le pourtour de la partie postérieure sont blancs.

Cette espèce se trouve aux environs de Paris, dans les mois de mai et de juin.

SÉSIE CULICIFORME. SESIA CULICIFORMIS. GOD.

Sphinx Culiciformis. LINN. CLERK. — *Sesia Culiciformis.* LASP.
Sphinx Stomoxiformis. HUBN.
Le Grand Culiciforme et Var. du Grand Culiciforme. ENG.

Les ailes supérieures sont transparentes. Leur dessus a la base rougeâtre, avec les nervures, les bords et une bande transverse d'un noir bleu. Leur dessous a les bords d'un fauve pâle, le sommet d'un noir violet, avec un point d'un rouge fauve sur le côté externe de la bande transverse.

Les ailes inférieures sont transparentes, avec les nervures, les bords et une petite lunule, noirs en dessus, et la côte d'un fauve pâle en dessous. Les quatre ailes ont la frange d'un brun noirâtre de part et d'autre.

La tête est d'un noir bleu, rayé de blanc sur le bord interne des yeux. Les antennes sont de la même couleur de part et d'autre. Le corselet et la poitrine sont d'un noir bleu luisant, avec une tache rougeâtre sur chaque côté de la poitrine. La couleur de l'abdomen est la même que celle du thorax, avec le quatrième anneau rouge, plus vif en dessus qu'en dessous. Les bouquets de poils de la partie postérieure sont d'un noir bleu.

Le mâle diffère de la femelle en ce qu'il est plus petit, et en ce que le dedans de ses antennes est un peu pectiné.

Se trouve assez communément aux environs de Paris, dans les mois de mai et de juin.

SÉSIA MELLINIFORME. SESIA MELLINIFORMIS. GOD.

Sesia Melliniformis. LASP. OCH.

Les ailes supérieures sont transparentes, avec les nervures, les bords et une bande transverse, d'un noir bleu en dessous. L'extrémité est d'une teinte dorée de part et d'autre, et il y a derrière la bande transverse un point rougeâtre. En dessous, les bords sont fauves.

Les ailes inférieures sont transparentes, avec les nervures, le bord terminal, et une très petite lunule entièrement noirs. Les quatre ailes ont la frange d'un noir brun sur l'une et l'autre surface.

La tête est d'un noir bleu luisant, rayée de blanc sur le bord interne des yeux ; les antennes sont d'un noir violet ; le thorax est brun et sans taches. La couleur de la poitrine est la même que celle du corselet, avec une tache jaune sur chacun des côtés. L'abdomen est barbu, avec le bord des premier, quatrième et cinquième anneaux jaune. Les bouquets de poils de la partie postérieure sont jaunes, avec quelques poils noirs sur les côtés et en dessous.

Se trouve dans le Midi de la France, en juin.

SÉSIA VESPIFORME. SESIA VESPIFORMIS. GOD.

Sphinx Vespiforme. LINN. — *Sesia. Vespiformis.* FAB. LASP.
Sphinx Cynipiformis. HUBN.
Sphinx Cynipiformis. — *Sphinx OEstriformis.* ESP.
L'OEstriforme. ENG.

Les ailes supérieures sont transparentes, les nervures de l'extrémité sont brunes de part et d'autre, avec une lunule rouge, bordée intérieurement par une ligne noire; leur dessus offre à la base un point jaune, et les bords sont d'un brun à reflet bleu en dessous; la principale nervure est d'un jaune roussâtre, avec le sommet fauve.

Les ailes inférieures sont transparentes, avec les nervures, le bord postérieur et un petit arc situé au milieu de la côte, d'un noir brun de part et d'autre; les quatre ailes ont la frange brune en dessus et en dessous.

La tête est noire, avec le front grisâtre, et un collier jaune. Les antennes sont bleuâtres, avec le premier article jaunâtre en dessous; le corselet est d'un noir bleu luisant, avec deux lignes jaunes longitudinales. La couleur de la poitrine est la même que celle du thorax, avec une tache jaune sur chaque côté. L'abdomen est hérissé de soie, d'un noir bleu, avec trois anneaux également éloignés l'un de l'autre, jaunes. Les soies de la partie postérieure sont jaunes, avec le milieu vers sa base et les côtés, très noirs.

Le mâle diffère de la femelle, en ce qu'il est plus petit, en ce que les antennes sont un peu pectinées au côté interne, et en ce que la partie postérieure de l'abdomen est double.

On trouve cette sésie au mois de juin, dans plusieurs départemens de la France et aux environs de Paris.

SÉSIE ICHNEUMONIFORME. SESIA ICHNEUMONIFORMIS. GOD.

Sesia Ichneumoniformis. FAB. LASP. — *Sphinx Vespiformis.* ESP. HUBN.
Sphinx Scopigera. SCOPOL. — *Le Vespiforme.* ENG.

Les ailes supérieures sont transparentes, avec le sommet d'un jaune roussâtre, et un point jaunâtre à la base. La bande est marquée en dehors d'un point jaune, et le bord interne de l'aile présente cette couleur vers son origine. Le dessous diffère du dessus, en ce qu'il est plus pâle.

Les ailes inférieures sont transparentes, avec une petite lunule contre le milieu de la côte, d'un noir brun en dessus et en dessous. Les quatre ailes ont leur frange d'un noir obscur de part et d'autre.

La tête est brune, avec le front blanc, et un collier d'un jaune foncé. Les antennes sont noirâtres à la base et à l'extrémité; le milieu est roussâtre en dessus, ferrugineux en dessous. Le thorax est d'un noir brun luisant, avec trois lignes longitudinales fauves. L'abdomen est de la même couleur que le thorax, avec deux traits jaunes placés à la base, et six anneaux de cette couleur, visibles en dessous comme en dessus. Les bouquets de poils de la partie postérieure sont jaunes sur le milieu et sur les côtés.

Se trouve autour de Paris, dans le mois de juin.

SESIE CHALCIDIFORME. SESIA CHALCIDIFORMIS. GOD.

Sphinx Chalciformis. ESP. HUBN. — *Sesia Prosopiformis.* OCH.

Cette espèce diffère de la *Chrysidiformis*, par les palpes qui sont entièrement noirs; par l'abdomen qui n'a aucun anneau bordé de blanc; par le dehors des deux cuisses qui est d'un noir bleu comme le côté opposé; par les taches qui sont d'un brun violet; par les ailes supérieures qui n'offrent pas d'espace transparent derrière la tache noire de leur milieu, et enfin par la petite lunule qui avoisine la côte des ailes inférieures en ce qu'elle n'est pas bordée de rouge en dessus.

SÉSIE CHRYSIDIFORME. SESIA CHRYSIDIFORMIS. GOD.

Sesia Chrysidiformis. LASP. OCH. — *Sesia Crabroniformis.* FAB.
Sphinx Chrysidiformis. ESP. HUBN. — *Le Chrysidiforme.* ENG.

Les premières ailes sont d'un rouge fauve, avec les bords noirs, et une tache contiguë de la même couleur. Les secondes ailes sont transparentes, avec un petit croissant noir contre le milieu de la côte. Ce croissant est bordé d'un rouge fauve. Les quatre ailes ont leur frange d'un cendré noirâtre en dessus comme en dessous.

La tête est noire, avec le front jaunâtre, et un collier de même couleur. Le dessus des antennes est d'un noir brun; le dessous est plus clair, avec la base tantôt blanche, tantôt jaune. Le corselet est d'un noir bleu luisant, avec quelques poils jaunes, et un point blanc près de l'origine des premières ailes. La poitrine est de la même couleur que le thorax, et sans taches; l'abdomen est d'un noir bleu luisant, couvert çà et là de poils cendrés, avec le bord du cinquième et du dernier anneaux blanc ou jaunâtre, seulement en dessus. Les bouquets de poils de la partie postérieure sont noirs, avec le milieu d'un rouge fauve de part et d'autre. Le mâle diffère de la famelle, en ce que le côté interne de ses antennes est un peu en scie, et en ce que l'abdomen est plus grêle, avec la brosse comprimée.

Quelque fois il arrive que le quatrième anneau de l'abdomen a aussi le bord blanc ou jaunâtre.

On trouve cette espèce assez communément aux environs de Paris, dans le mois de juin.

SÉSIE SCOLIEFORME. SESIA SCOLIOEFORMIS. GOD.

Sesia Scoliœformis. BORK. LASP. OCH.

Les ailes inférieures sont transparentes, avec les nervures, le dessus des bords, une grande tache, le sommet, d'un noir bleu, et le dessous du bord antérieur jaunâtre; les ailes inférieures sont transparentes, avec le bord postérieur et une lunule au milieu du supérieur, d'un noir bleu de part et d'autre; les quatre ailes ont leur frange d'un noir violet, tant en dessus qu'en dessous; la tête est d'un noir bleu, avec une raie blanche devant les yeux, et un collier jaunâtre. Les antennes, depuis leur naissance, sont d'un noir bleu jusqu'au-delà de leur milieu, ensuite blanches jusqu'à leur extrémité. Le corselet et la poitrine sont d'un noir bleu luisant, avec une tache sur chaque côté de celle-ci, et deux lignes sur celui-là, jaunes; le bord postérieur du second et du quatrième anneaux est jaune en dessus; le quatrième et la majeure partie du cinquième sont de cette couleur en dessous. La brosse de la partie postérieure est divisée en trois, et entièrement d'un rouge fauve.

Cette sésie se trouve autour de Paris; elle paraît vers le milieu du printemps.

SÉSIA SPHÉCIFORME. SESIA SPHECIFORMIS. GOD.

Sesia Spheciformis. FAB. — *Sphinx Spheciformis.* ESP. HUBN.
Le Sphéciforme. ENG.

Les premières ailes sont transparentes, avec les nervures, les bords, une large bande transverse, et le sommet d'un noir bleu en dessous. Les bords sont jaunâtres, avec un point jaune sur la partie externe de la bande transverse.

Les secondes ailes sont transparentes, avec un croissant près du milieu de la côte, d'un noir bleu cendré en dessus, et les nervures fauves en dessous. Les quatre ailes ont la frange d'un cendré obscur de part et d'autre. La tête est d'un noir bleu. Les antennes sont de la même couleur, avec leur dessus jaunâtre entre le milieu et le sommet. Le corselet et la poitrine sont d'un noir bleu luisant, avec une tache jaune sur chaque côté de celle-ci, et une ligne longitudinale de cette couleur sur chaque côté de celui-là. L'abdomen est d'un noir bleu luisant, avec un point à la base et le bord du troisième anneau en dessus, une tache latérale à la base et le bord du cinquième anneau en dessous, jaunes. La brosse de la partie supérieure est d'un noir bleu et divisée en trois.

Se trouve dans le mois de juin.

SÉSIE ASILIFORME. SESIA ASILIFORMIS. GOD.

Sesia Asiliformis. FAB. LASP. — *Sphinx Asiliformis.* ESP. HUBN.
Sphinx tabaniformis. NAT. — *L'Asiliforme.* ENG.

Les premières ailes sont opaques. Leur dessus est brun, avec les nervures et la côte bleuâtres. Leur dessous est jaunâtre, avec une lunule rousse peu distincte.

Les secondes ailes sont transparentes, avec les nervures, les bords, et un petit arc près du milieu de la côte, bruns en dessus, plus clairs en dessous. Les quatre ailes ont la frange d'un brun cendré de part et d'autre.

La tête est d'un noir bleu, avec un collier jaune. Le dessus des antennes est de la même couleur, avec le dessous ferrugineux. Le corselet et la poitrine sont d'un noir bleu. L'abdomen est d'un noir bleu luisant, avec trois anneaux jaunes, éloignés l'un de l'autre. La brosse de la partie postérieure est d'un noir foncé, avec deux lignes jaunes.

Le mâle diffère de la femelle en ce qu'il est plus petit, en ce qu'il a le côté interne des antennes denté en scie, et en ce que l'abdomen est pourvu de cinq anneaux jaunes.

Cette sésie paraît en juin. Elle se trouve autour de Paris.

SÉSIE APIFORME. S. APIFORMIS. GOD.

Sphinx apiformis. LINN. CLERCK.
Sphinx crabroniformis, Sphinx tenebrioniformis. HUBN.
Sesia apiformis. FAB. — *Sesia apiformis, Sesia sireciformis.* LASP.
Le Crabroniforme et le Sireciforme. ENG.

Toutes les ailes sont transparentes, avec les nervures, les bords, et une lunule sur les supérieures, d'un brun ferrugineux en dessus, plus clair en dessous, et la frange terminale d'un brun obscur de part et d'autre. Le dessous des ailes supérieures a l'origine de la côte jaune, avec le dessus marqué d'un point de cette couleur.

La tête est jaune, avec une tache blanche sur le côté interne des yeux, et un croissant jaune sur le côté externe. Les antennes sont noires, avec le dessous ferrugineux. Le thorax est brun, avec quatre taches jaunes, dont les deux antérieures latérales, les deux postérieures médiaires. La poitrine est brune, sans taches. L'abdomen est jaune, avec le premier et le quatrième anneaux noirs et garnis d'un duvet brun; tous les autres sont bordés de noir; le cinquième et les deux derniers brunâtres sur le dos, en outre ces deux derniers anneaux sont coupés par une ligne noire.

Le mâle diffère de la femelle en ce qu'il est plus petit, en ce que le côté interne des antennes est en scie, et en ce que l'abdomen est moins gros et barbu à son extrémité.

Cette espèce est remarquable par sa taille qui est la plus grande de toutes les sésies. On la trouve aux environs de Paris, dans le mois de juin.

TRIBU SECONDE.

SPHINGIDES. SPHINGIDES.

Palpes inférieurs larges, fournis d'écailles ; leur troisième article ordinairement peu distinct ; antennes en massue prismatique et toujours terminée par une petite houppe.

GENRE SPHINX. SPHINX. LATR.

Deilephila. OCH.

Les palpes ne sont composés que de deux articles bien apparens (le troisième très petit); la massue des antennes commence près de leur milieu ; elle est simplement ciliée en manière de rape sur un côté ; la langue est distincte.

La cellule discoïdale des secondes ailes n'embrasse point leur centre; elle est fermée postérieurement par une nervure à angle aigu, d'où part un rameau longitudinal.

Les espèces qui composent ce genre ont été nommées Sphinx, parceque quelques unes tiennent dans le repos la partie antérieure de leur corps élevée, ce qui les fait comparer au sphinx de la fable. Ces Lépidoptères ont les yeux grands ; les ailes allongées et étroites ; l'abdomen conique; les pates grosses, avec deux crochets simples au bout des tarses. On les voit le matin et plus souvent au coucher du soleil, planer au-dessus des fleurs, pomper avec leur longue trompe le suc mielleux qu'elles contiennent, et passer de l'une à l'autre avec une extrême rapidité.

Les chenilles sont allongées, rétrécies en devant, nues, lisses, à tête arrondie et rétractile sous le second ou sous le troisième anneaux, rayées, tantôt longitudinalement, tantôt et le plus souvent obliquement sur les côtés; elles ont pour la plupart une élévation en forme de corne sur leur avant-dernier segment, dont l'usage est encore inconnu. Elles vivent en général solitaires, se nourrissent de feuilles, entrent en terre pour s'y métamorphoser. Les unes deviennent insectes parfaits un mois ou six semaines après leur transformation ; les autres passent l'hiver dans l'état de chrysalide, et leur éclosion n'a lieu que vers le milieu du printemps suivant. Il arrive même quelquefois que leur éclosion ne se fait qu'au bout de deux ou trois ans. Leurs chrysalides sont coniques, terminées postérieurement par une pointe dure, et renfermées dans les coques qui sont formées de parcelles de terre ou de débris de végétaux liés avec quelques fils de soie. Les chrysalides de quelques espèces ont la gaîne de la trompe saillante et recourbée sous la poitrine.

SPHINX FUCIFORME. S. FUCIFORMIS. GOD.

Macroglossa fuciformis. BOISD. IND. METH.
Sphinx fuciformis. LINN. ESP. HUBN. — *Sesia fuciformis.* FAB.
Sphinx bombiliformis. OCH.
Le Sphinx vert aux ailes transparentes. GEOFF.
Le Grand Sphinx gazé. ENC.

Toutes les ailes sont transparentes, avec les nervures, et une tache près du milieu de la côte des supérieures, d'un ferrugineux pourpré; leur base est olivâtre en dessus, avec leur dessous jaunâtre.

Le corps est d'un vert d'olive en dessus, avec les anneaux bordés latéralement par des poils d'un jaune pâle; le milieu de l'abdomen est traversé de part et d'autre par une bande d'un ferrugineux pourpré; le dessous est de la même couleur, et a les côtés noirs; les antennes sont d'un noir bleu.

Cette espèce se trouve aux environs de Paris, dans les mois de mai et juin.

SPHINX BOMBYLIFORME. S. BOMBYLIFORMIS. GOD.

Macroglossa bombyliformis. BOISD. IND. METH.
Sphinx bombyliformis. HUBN. ESP.
Sesia bombyliformis. FAB. — *Sphinx fuciformis.* OCH.
Le grand Sphinx gazé. ENC.

Ce sphinx a beaucoup de ressemblance avec le Fuciforme, mais il en diffère par les caractères suivans : la bande du milieu de l'abdomen est mélangée de noir et de verdâtre ; les anneaux qui suivent immédiatement cette bande ont le milieu fauve en dessus; la brosse est noire en dessous; la bande terminale des secondes ailes est plus étroite, d'un noir brun, ainsi que les nervures; les premières ailes ne présentent pas de taches près du milieu de la côte, et la cellule de leur base n'est pas divisée par une nervure.

On trouve ce sphinx aux environs de Paris, dans les mois de mai et de juin.

MORO SPHINX. S. STELLATARUM. GOD.

Macroglossa stellatarum. BOISD. IND. METH.
Sphinx stellatarum. LINN. FAB. — *Le Moro Sphinx* GEOFF.
Le Sphinx du caille-lait. ENG.

Les premières ailes sont d'un brun cendré chatoyant en dessus, avec trois lignes noires, dont les antérieures sont plus distinctes, renfermant un point de leur couleur.

Les secondes ailes sont d'un fauve jaune en dessus, avec la base obscure, et le bord postérieur ferrugineux.

Toutes les ailes sont jaunâtres en dessous près du corps, ferrugineuses au milieu, et d'un brun obscur à leur extrémité; le dessus du corps est d'un brun cendré, avec le milieu de l'abdomen marqué d'une tache jaunâtre et d'une tache noire. Le ventre au milieu est grisâtre, avec les côtés noirâtres, et longés par une suite de petites brosses de poils blancs; les antennes sont d'un brun noirâtre.

Très-commun aux environs de Paris, au printemps et en automne.

SPHINX DE L'OENOTHÈRE, S. OENOTHERÆ. GOD.

Pterogon œnotheræ. BOISD. IND. METH. — *Sphinx œnotheræ.* FAB.
Sphinx Proserpina. PALL. — *Sphinx de l'Epilope.* ENG.

Les premières ailes sont d'un gris blanchâtre en dessus, avec l'extrémité olivâtre, et le milieu traversé par une bande d'un vert sombre. Cette bande offre à sa partie antérieure un point noir entouré par un cercle grisâtre.

Les secondes ailes sont d'un jaune foncé en dessus, avec une bande terminale qui est noire vers le sommet olivâtre vers l'angle de la partie postérieure. Outre cela, le bord postérieur est liseré de blanc.

Les quatre ailes sont d'un vert olivâtre en dessous, avec une bande blanche.

Le corps est verdâtre, avec une tache grise; les antennes sont noirâtres, avec l'extrémité blanchâtre.

La femelle diffère du mâle en ce qu'elle n'a pas de brosse à la partie postérieure de l'abdomen.

Ce sphinx se rencontre rarement aux environs de Paris, mais il se trouve assez communément dans le midi de la France, au mois de juin.

SPHINX DU LAURIER-ROSE. S. NERII. GOD.

Sphinx neri. FAB. LINN. — *Sphinx du Nérion.* ENG.

Les premières ailes sont nuancées de vert en dessous, et elles présentent à l'origine du bord antérieur une tache blanchâtre sur laquelle il y a un gros point d'un vert olivâtre, suivent ensuite trois lignes blanchâtres, se confondant à leur partie inférieure avec une bande rosée. Derrière cette bande est un espace violâtre, appuyé à son extrémité interne sur une ligne blanchâtre en zig-zag. Il existe vis-à-vis du sommet, une figure blanchâtre, représentant un V.

Les secondes ailes sont noirâtres en dessus, ensuite verdâtres jusqu'au bord postérieur; le bord interne est garni de poils grisâtres, et le bord postérieur est liseré de blanc.

Les quatre ailes sont verdâtres en dessous, avec une ligne blanche commençant au sommet des supérieures et finissant à l'angle anal des inférieures.

Le corselet est d'un vert foncé, avec un collier d'un gris lilas, et une tache d'un gris verdâtre, mais plus claire sur les côtés; le dessus de l'abdomen est vert, avec le premier et le troisième anneaux blancs; le dessus des antennes est blanchâtre, le dessous est ferrugineux; la trompe est jaunâtre, les pates sont grises.

On trouve ce joli sphinx dans le Piémont. Plusieurs chenilles ont été trouvées en 1833 à la Glacière, près Paris.

SPHINX PHÉNIX. S. CELERIO. GOD.

Sphinx celerio. LINN. FAB. — *Le Phœnix.* ENG.

Les premières ailes sont d'un brun olivâtre clair en dessus, avec deux bandes formées par la réunion de trois lignes blanchâtres; le milieu offre un point noir presque central.

Les secondes ailes sont rouges en dessus; le reste de la surface est d'un gris rosé, avec deux bandes noires; le bord postérieur de ces ailes est liseré de blanc, ainsi que le bord interne des premières ailes; les quatre ailes sont d'un brun grisâtre en dessous, avec le milieu jaunâtre, coupé par deux ou trois lignes obscures.

Le dessus du corps est d'un même brun que le dessus des ailes supérieures, et présente le long du dos une ligne noirâtre, bordée de gris; le corselet présente quatre lignes longitudinales, dont les deux extrêmes très-blanches, les deux autres d'un jaune d'ocre pâle; l'abdomen, à compter du troisième anneau, présente de chaque côté une double série longitudinale de petits traits blancs; les antennes sont grisâtres en dehors, brunes en dedans.

Ce sphinx se trouve assez communément dans nos départemens méridionaux, dans les mois de mai et septembre.

SPHINX DE LA VIGNE. S. ELPENOR. GOD.

Sphinx Elpenor. LINN. FAB. — *Sphinx de la Vigne.* GEOFF.

Les premières ailes sont d'un rouge pourpré luisant en dessus, avec trois bandes d'un vert olive clair; à la base des premières ailes ont voit une petite tache blanche. Le bord interne est garni de poils blancs depuis son origine jusqu'à la bande postérieure.

Les secondes ailes sont d'un rose foncé en dessus, avec la base noire, et le bord terminal liseré de blanc.

Les quatre ailes sont roses en dessous, avec le milieu d'un jaune olivâtre; les supérieures ont le bord interne teinté de verdâtre.

Le corps est rose, avec deux bandes longitudinales d'un vert olive sur l'abdomen, et cinq lignes de cette couleur sur le corselet; les côtés du ventre sont longés par une double série de taches jaunâtres; les antennes sont brunes en dedans, blanches en dehors, avec la base verdâtre.

Se trouve aux environs de Paris, dans les mois de juin et septembre.

SPHINX PETIT POURCEAU. S. PORCELLUS. GOD.

Sphinx Porcellus. LINN. FAB. — *Le Petit Sphinx de la Vigne.* ENG. *Le Sphinx à bandes rouges dentelées.* GEOFF.

Les premières ailes sont d'un rose plus ou moins foncé en dessus, avec trois bandes transverses, dont les deux antérieures d'un vert olivâtre, et la postérieure jaunâtre.

Les secondes ailes sont noirâtres en dessus, au bord d'en haut, jaunâtres au milieu, roses à l'extrémité, avec le bord terminal entrecoupé de blanc de part et d'autre.

Les quatre ailes sont roses en dessous, avec le milieu traversé par une bande jaunâtre; la base des ailes supérieures est teintée de noirâtre.

Le corps est d'un rose foncé, avec les côtés du ventre longés par deux lignes de points d'un blanc jaunâtre; les antennes sont blanches en dehors, brunes en dedans.

On trouve ce sphinx aux environs de Paris, dans les mois de juin et d'août.

SPHINX LIVOURNIEN. S. LIVORNICA. GOD.

Sphinx lineata. FAB.
Sphinx livornica. HUBN. ESP. — *Sphinx rayé.* N.-D. D'H. N.
Le Livournien. ENG.

Les ailes supérieures sont d'un brun olivâtre en dessus, avec sept nervures blanches, et une bande jaunâtre partant du sommet et s'arrêtant à l'origine du bord interne.

Les secondes a les sont d'un rouge tirant sur le rose en dessus, avec une bande noire et une tache blanche au bord interne.

Les quatre ailes sont d'un gris brunâtre en dessous, avec une bande claire sur le milieu, une tache noirâtre au centre des supérieures, et un point obscur près de l'angle anal des inférieures.

Le corselet est d'un brun olivâtre, rayé de blanc; l'abdomen est olivâtre, avec six anneaux noirs ponctués de blanc jaunâtre; les côtés offrent une tache blanche derrière chacun des deux premiers anneaux; le dessous de l'abdomen est grisâtre; les antennes sont brunes, avec l'extrémité blanchâtre.

Ce sphinx se trouve aux environs de Paris; il est très-commun en mai et en août, dans le Midi de la France.

SPHINX DE LA GARANCE. D. GALLII. GOD.

Sphinx gallii. HUBN. ESP. — *Sphinx de la Garance.* ENG.

Les premières ailes sont d'un vert olive foncé en dessus, avec le bord postérieur cendré, et une bande jaunâtre bidentée en avant et sinuée en arrière.

Les secondes ailes sont rouges en dessus, avec deux bandes noires, dont l'antérieure plus large, la postérieure parallèle au bord terminal. Entre ces deux bandes, il existe au bord interne de l'aile une tache blanche adhérant par son côté extérieur à une tache d'un rouge brique foncé.

Les quatre ailes sont nuancées de verdâtre et de gris cendré en dessous; le milieu des premières ailes présente une tache noirâtre, et un point de cette couleur à l'angle anale des secondes.

Le dessous du corps est d'un rouge pâle, avec la poitrine et le ventre verdâtres; l'abdomen présente une suite de points blancs le long du dos; les antennes du mâle sont entièrement brunes; celles de la femelle sont brunes en dedans et blanchâtres en dehors.

Cette espèce est très commune en juin, dans toute la France; mais très rare aux environs de Paris.

SPHINX DE L'HIPPOPHAÉ. S. HIPPOPHAES. GOD.

Sphinx Hyppophaes. ESP. HUBN. OCH.
Sphinx de l'Argousier. PRÉV. *Pap. d'Eur.*

Les premières ailes sont grises en dessus, avec le bord postérieur plus sombre et précédé d'une bande olive foncé.

Les secondes ailes sont roses en dessus, avec deux bandes noires, dont l'antérieure plus large, la postérieure parallèle au bord terminal qui est teinté de bleuâtre et garni d'une frange blanche.

Les quatre ailes sont d'un cendré obscur en dessous, avec leur milieu rougeâtre et pupillé de brun, et d'un gris bleu à l'extrémité.

Le dessus et le dessous du corps sont olivâtres; les côtés de l'abdomen sont blancs, avec deux bandes noires.

La femelle diffère du mâle en ce que les couleurs sont moins vives.

On trouve cette espèce en juin et en septembre, dans les Alpes.

SPHINX VESPERTILIO. S. VESPERTILIO. GOD.

Sphinx Vespertilio. FAB. ESP. HUBN. — *Le Cendré.* ENG.

Les premières ailes sont d'un gris bleuâtre en dessus, avec un point blanchâtre, derrière lequel sont deux lignes obscures.

Les secondes ailes sont rouges en dessus, avec la base et le bord postérieur noirs.

Les premières ailes sont grises en dessous, avec le milieu traversé par une bande d'une rouge pâle.

Le dessous des secondes ailes diffère du dessus en ce que la base et le bord postérieur sont gris, au lieu d'être noirs.

Le dessous du corps est d'un blanc jaunâtre, le dessus est d'un gris bleuâtre, avec les côtés de l'abdomen blancs et coupés par deux petites bandes noires; le dessus des antennes est blanc, le dessous est ferrugineux.

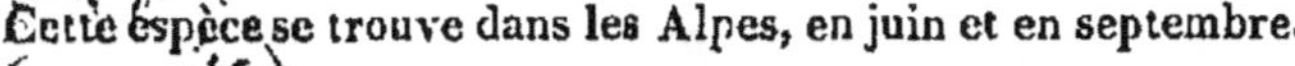

Cette espèce se trouve dans les Alpes, en juin et en septembre.

SPHINX DE L'EUPHORBE. S. EUPHORBIÆ. GOD.

Sphinx Euphorbiæ. LINN.

Sphinx du Tithymale. GEOFF. ENG.

Les premières ailes sont d'un gris rougeâtre en dessus, avec trois taches et une bande sinuée d'un vert olive foncé.

Les secondes ailes sont d'un rouge tirant sur le rose en dessus, avec deux bandes noires, dont l'antérieure plus large, et la postérieure parallèle au bord terminal. Entre ces deux bandes il existe une tache blanche, arrondie et contigüe au bord interne.

Les secondes ailes sont rouges en dessous, avec un point noir vers le milieu des supérieures, et quelquefois une double ligne brune sur le milieu des inférieures.

Le corselet est d'un vert olive foncé, avec les bords blancs, et le milieu coupé par deux lignes rosées; l'abdomen est de la même couleur que le corselet, et a sur chaque côté cinq taches blanches, dont les deux premières sont plus larges, et bordées de noir antérieurement; le corps est d'un rouge pâle en dessous, avec des anneaux blanchâtres sur le ventre; les antennes sont blanches en dehors et brunes en dedans.

Ce sphinx se trouve aux environs de Paris, dans les mois de juin et de septembre.

SPHINX NICEA. S. NICEA. GOD.

Sphinx Nicea. OCH.

Sphinx Cyparissiæ. HUBN.

Ce sphinx a beaucoup de ressemblance avec l'*Euphorbiæ;* il en diffère cependant, en ce qu'il est d'un tiers plus grand, en ce que le dessus des ailes supérieures est plus sombre, et en ce que le dessous des quatre ailes est d'un cendré obscur à la base et à l'extrémité; le dessous du corps est grisâtre.

On trouve cette espèce dans le Midi de la France; elle donne depuis le mois de juin jusqu'en septembre.

SPHINX DU LISERON. S. CONVOLVULI. GOD.

Sphinx Convolvuli. LINN. FAB.

Sphinx du Liseron. ENG. — *Le Sphinx à cornes de bœuf.* GEOFF.

Les premières ailes sont d'un gris cendré en dessus, avec deux petites veines noires sur le milieu, et un bouquet de poils de cette couleur à l'origine du bord interne.

Les secondes ailes sont grisâtres en dessus, avec trois bandes noirâtres. Le bord terminal et le bord analogue des premières ailes sont garnis d'une frange blanche, entrecoupée de brun.

Les quatre ailes sont d'un gris cendré en dessous, avec une double bande brunâtre, plus distincte aux inférieures qu'aux supérieures.

Le corselet est d'un gris cendré, avec deux chevrons noirâtres; l'abdomen est annelé de noir et de rouge en dessus, et présente le long du dos une bande grise, divisée par une ligne noire; les anneaux rouges, à l'exception du premier, sont bordés de blanc antérieurement; le dessus des antennes est blanchâtre, le dessus est cendré; le dessous du corps est entièrement blanchâtre, avec deux points noirs au milieu du ventre.

Cette espèce se trouve aux environs de Paris, dans les mois de juin et de septembre.

SPHINX DU TROENE. S. LIGUSTRI. GOD.

Sphinx Ligustri. LINN. FAB. — *Sphinx Ligustri*, *Sphinx Spireæ.* ESP.

Le Sphinx du troëne. GEOFF. ENG.

Les premières ailes sont d'un gris rougeâtre, et comme veinées de noir en dessus, avec le milieu d'un brun obscur, surtout vers le bord interne; ce bord est garni de poils roses et le bord postérieur est longé par deux lignes blanchâtres qui se réunissent près du sommet.

Les secondes ailes sont roses en dessus, avec trois bandes noires, dont l'antérieure courte, les deux autres parallèles au bord terminal qui est lavé de brun et qui a, ainsi que le bord correspondant des ailes supérieures, une petite frange tirant sur le ferrugineux.

Les quatre ailes sont d'un gris rougeâtre en dessous, avec le milieu grisâtre; l'abdomen est annelé de noir et de rose en dessus, et présente dans son milieu une bande brunâtre, entièrement divisée par une ligne noire. Le dessus des antennes est blanc; le dessous est cendré; le corps est d'un gris blanchâtre en dessous, avec trois lignes noirâtres.

Cette espèce se trouve quelquefois communément dans les jardins de Paris, au mois de juin.

SPHINX DU PIN. S. PINASTRI. GOD.

Sphinx Pinastri. LINN. FAB.

Sphinx du Pin. ENG. *Pap. d'Eur.*

Les premières ailes sont d'un gris blanchâtre en dessous, avec trois petites lignes noires sur le disque.

Les secondes ailes sont sans taches, et d'un brun cendré en dessus.

La frange postérieure des quatre ailes est entrecoupée de blanc de part et d'autre; leur dessous est cendré, avec l'extrémité saupoudrée de blanchâtre.

Le corselet est gris, avec deux bandes noirâtres en forme de croissant; l'abdomen est annelé de blanchâtre et de noirâtre en desssus avec une bande grise le long du dos, divisée par une ligne noire; le dessus des antennes est blanc, le dessous est cendré; les pates sont grisâtres; les anneaux du ventre sont de la même couleur.

Cette espèce se trouve en juin, dans l'est de la France, et plus communément et Allemagne.

SPHINX TÊTE DE MORT. S. ATROPOS. GOD.

Brachyglossa Atropos. BOISD. IND. METH. — *Sphinx Atropos.* LINN. FAB.

Acherontia Atropos. OCH.

Les premières ailes sont d'un brun noir, saupoudrées de bleuâtre, avec trois lignes blanchâtres; le milieu du bord interne offre une petite touffe de poils jaunes, le milieu de la surface est blanchâtre; et l'extrémité des nervures est ferrugineuse.

Les secondes ailes sont d'un jaune foncé en dessus, avec deux bandes noires.

Les quatre ailes sont jaunes en dessous, avec deux bandes dont l'antérieure noire, la postérieure brune et plus large, surtout aux premières ailes. Il existe en outre, un point noir vers le milieu de la côte des secondes ailes.

L'abdomen est d'un jaune foncé, avec six anneaux noirs, coupant une bande d'un bleu cendré; le corselet est d'un brun noir, saupoudré de bleuâtre, avec une grande tache jaunâtre représentant la figure d'une tête de mort; le dessus des antennes est noir, la sommité est blanche et le dessous est entièrement gris.

Cette espèce se trouve en Europe, quelquefois assez communé- aux environs de Paris, en mai et en septembre.

GENRE SMÉRINTHE.

SMÉRINTHE. SMERINTHUS. OCH. FAB.
Sphinx Bourdons. GEOFF.

Les dents, arrondies et barbues du côté interne des antennes, sont plus saillantes, dans les mâles au moins.

La spiritrompe est très courte et presque nulle.

Les ailes inférieures débordent, du moins dans le plus grand nombre, les supérieures.

Les métamorphoses des Smérinthes sont presque les mêmes que celles des Sphinx proprement dits; les chenilles ont aussi à la partie postérieure une corne, et, comme la plupart de celles des lépidoptères précédens, des raies obliques sur les côtés; leur tête est triangulaire et non arrondie.

A l'état parfait, les Smérinthes sont lourds et paresseux.

SMÉRINTHE DU TILLEUL. S. TILIÆ. GOD.
Sphinx Tiliæ. LINN. FAB.
Le Sphinx du Tilleul. GEOFF. ENG.

Les premières ailes sont d'un gris lilas en dessus, avec l'extrémité verdâtre. Sur le milieu de leur surface sont placées, l'une au dessus de l'autre, deux taches d'un vert olive foncé, et dont la supérieure est plus grande et irrégulière; l'extrémité présente une tache d'un blanc sale, à peu près en forme de hachette.

Les secondes ailes sont d'un gris verdâtre en dessus, avec la base obscure.

Le dessous des premières ailes est à peu près semblable au dessus, mais généralement plus pâle et sans taches sur le milieu.

Les secondes ailes sont grisâtres en dessous, avec le milieu traversé par une large bande plus claire; le corps est verdâtre, et présente sur le corselet trois raies longitudinales d'un vert olive; le dehors des antennes est blanchâtre, le dedans est d'un brun clair.

Ce Smérinthe varie beaucoup, surtout quant à la couleur du fond des ailes. Il présente trois ou quatre variétés assez remarquables.

Cette espèce se trouve en mai, sur les boulevarts de Paris et des routes.

SMÉRINTHE DEMI-PAON. S. OCELLATA. GOD.

Sphinx Ocellata. LINN. FAB.

Sphinx Salicis. HUBN. — *Le Demi-Paon.* GEOFF.

Les premières ailes sont tantôt d'un gris rougeâtre, tantôt d'un gris violâtre, tantôt d'un gris noisette, avec des ondes légèrement obscures, et trois espaces bruns, dont deux sur le milieu de la surface, le troisième occupant la majeure partie du bord terminal, à partir du sommet; l'extrémité offre deux points noirâtres.

Les secondes ailes sont d'un rouge carmin plus ou moins vif en dessus, avec l'extrémité lavée de brun, et le milieu marqué d'un grand œil à prunelle et à iris noirs. Cet œil se lie à la partie postérieure par un croissant noirâtre.

Les premières ailes sont d'un rouge carmin-pâle en dessus, avec la côte brune.

Les secondes ailes sont brunes en dessous, et traversées dans leur milieu par deux lignes grisâtres.

Le corselet est grisâtre, avec une bande brune longitudinale; l'abdomen est grisâtre, avec les côtés plus foncés; le dehors et le dedans des antennes sont jaunâtres.

Cette espèce se trouve aux environs de Paris, en mai et en août.

SMÉRINTHE DU PEUPLIER. S. POPULI. GOD.

Sphinx Populi. LINN.

Le Sphinx à ailes dentelées. GEOFF. — *Sphinx du Peuplier.* ENG.

Les ailes sont tantôt d'un gris blanc ou d'un gris lilas, tantôt d'un gris brun ou d'un gris roussâtre, avec des bandes et des raies transverses plus foncées; les supérieures sont marquées en dessus vers le milieu d'un point blanchâtre, oblong; le dessus des inférieures présente à la base un espace ferrugineux qui est plus garni de duvet que le reste de la surface.

Les ailes sont plus pâles en dessous qu'en dessus, et les postérieures ont une tache noirâtre au milieu de la côte.

Le corps est grisâtre; le côté externe des antennes est d'un blanc jaunâtre, le côté interne est roussâtre.

Cette espèce est assez commune aux environs de Paris; elle se trouve en mai et en juillet.

SMÉRINTHE DU CHÊNE. S. QUERCÛS. GOD.

Sphinx Quercûs. FAB. OCH. ESP. HUBN. — *Sphinx du Chêne.* ENC.

Les ailes supérieures sont d'un gris jaunâtre, avec quatre bandes obscures, transversales. Il y a près de l'angle interne un point et une petite semi-lunaire, d'un cendré noirâtre,

Les ailes inférieures sont couleur noisette en dessus, avec le milieu traversé par une bande jaunâtre, très étroite, se dilatant près de la partie postérieure, laquelle est mouchetée de noirâtre.

Les quatre ailes sont d'un jaune pâle en dessous, avec deux taches parallèles, d'un ferrugineux clair.

Le corps est d'un gris jaunâtre; le dessus des antennes est jaunâtre, le dessous est fauve.

On trouve ce smérinthe dans le Midi de la France, en mai.

GENRE ZYGÈNE.

ZYGÈNE. ZYGÆNA. FAB. LAT. OCH. GOD. BOISD.

Sphinx Béliers. GEOFF. — *Sphinx Affilés.* LINN.
Sphinx. ESP. HUBN. — *Anthrocera.* SCAP.

Les palpes sont cylindro-coniques, pointues à leur extrémité, s'élevant un peu au-delà du chaperon; les antennes sont claviformes, renflées brusquement vers leur extrémité.

Les ailes supérieures sont d'un bleu luisant, avec des taches ordinairement rouges; les ailes inférieures sont presque toujours rouges, avec la bordure bleue; le corselet est arrondi, plus ou moins velu, de la couleur des ailes supérieures.

L'abdomen est cylindrique, d'un vert bronzé, et souvent entouré par un cercle rouge.

Les pates sont ordinairement bleues ou verdâtres, quelquefois un peu jaunâtres ou grisâtres.

Les chenilles des Zygènes sont courtes, renflées au milieu, amincies à chaque bout, peu velues; elles sont munies de seize pates. Elles construisent une coque solide, qu'elles attachent contre la tige de la plante où a vécu la chenille. Cette coque est ovoïde; elle renferme une chrysalide conique, et dans plusieurs on voit l'enveloppe des ailes qui est terminée en pointe.

Les Zygènes ont le vol lourd, mais rapide; elles aiment à se reposer sur les fleurs; elles éclosent à la fin du printemps ou au commencement de l'été.

ZYGÈNE MINOS. Z. MINOS. BOISD.

Zygæna Minos. OCH.

Sphinx Pilosellæ. ESP. — *Sphinx de la Piloselle.* ENG.

Les ailes supérieures sont bleuâtres, avec trois taches rouges longitudinales. La première part de la base, et s'étend jusqu'au milieu; la seconde part aussi de la base, mais elle est plus étroite, et longe la côte jusqu'au-delà du tiers de l'aile; la troisième commence en pointe entre les deux précédentes, s'étend jusqu'auprès de l'extrémité, où elle devient sécuriforme.

Les ailes inférieures sont d'un rouge vermillon de part et d'autre, avec une légère bordure d'un bleu noirâtre.

Les ailes supérieures sont d'un bleu pâle en dessous, et les taches du dessus y sont aussi d'un rouge moins vif.

Les antennes, l'abdomen et le corselet sont noirs, tant en dessus qu'en dessous.

La frange des ailes supérieures est d'un jaune roussâtre; la femelle est ordinairement d'un vert jaunâtre, avec le collier et les épaulettes blanchâtres; l'abdomen est d'un bleu verdâtre bronzé.

Cette espèce se trouve aux environs de Paris, en juillet.

ZYGÈNE PUNCTUM. Z. PUNCTUM. BOISD.

Zygæna Punctum. OCH.

Les ailes supérieures, quelquefois grisâtres, sont d'un bleu verdâtre ou noirâtre, avec quatre taches rouges, dont deux oblongues partant de la base; une autre très petite et punctiforme, placée entre les deux taches ci-dessus, et une dernière tache sécuriforme placée vers l'extrémité.

Les ailes inférieures sont d'un rouge carmin plus ou moins vif, avec une légère bordure bleuâtre.

En dessous, les ailes supérieures sont plus pâles que la surface opposée; les taches y sont un peu plus confondues, et le point caractéristique qui existe entre les deux taches allongées de la base ne s'y distingue que difficilement.

Le dessous des ailes inférieures est semblable au dessus.

La frange des ailes supérieures est d'un jaune roussâtre, celle des ailes inférieures est bleuâtre; la tête et le corselet sont garnis de poils d'un gris blanchâtre; l'abdomen est d'un noir bleuâtre de part et d'autre; les antennes sont assez courtes, d'un noir bleu, et terminées par une massue assez forte.

La femelle diffère du mâle, en ce que le fond des premières ailes est d'un bleu un peu jaunâtre ou grisâtre.

Cette espèce se trouve en Hongrie, dans le mois de juillet. Elle se trouve aussi en Sicile, où elle est assez commune.

ZYGÈNE DE LA SCABIEUSE. Z. SCABIOSÆ. BOISD.

Sphinx Scabiosæ. HUBN. — *Zygæna Pythia.* BON.
Zygæna Minos. SCHRANK.

Les premières ailes sont d'un bleu pâle, légèrement transparentes, avec trois taches rouges longitudinales et dilatées antérieurement; celle qui est la plus proche du bord interne commence à la base et continue, en se dilatant, jusqu'aux deux tiers de l'aile; le milieu de cette tache est quelquefois si étranglé, qu'il paraît comme interrompu; la seconde est longitudinale, et suivie d'une autre tache qui va en se dilatant vers l'extrémité de l'aile; la troisième est arrondie et placée au bout de l'aile.

Les secondes ailes sont rouges de part et d'autre, avec le bord d'un noir bleu et assez large, principalement vers l'angle externe.

Les premières ailes sont d'un bleu pâle luisant en dessous, et représente tout le dessin du dessus; les antennes sont longues, grêles, terminées à peine en massue; le corselet est d'un bleu noir. Le corps est grêle, d'un noir bleu obscur.

Cette espèce habite l'Autriche, la Hongrie et l'Italie. Elle se trouve dans les mois de mai et de juin.

ZYGÈNE EXULANS. Z. EXULANS. BOISD.

Zygæna Exulans. OCH. — *Sphinx Exulans.* ESP.
Sphinx Exulans. HUBN.

Les ailes supérieures sont à peine transparentes, d'un gris verdâtre luisant, avec les nervures souvent blanchâtres, dans le mâle; celles de la femelle sont souvent bleuâtres, sans veines blanches; mais, dans les deux sexes, la frange ainsi que le bord interne sont blancs; de plus, elles offrent cinq taches rouges: deux oblongues à la base, dont celle de la côte moitié plus longue que l'autre, deux inégales vers le milieu, et une solitaire près de l'extrémité de l'aile.

Les ailes supérieures sont d'un gris un peu jaunâtre en dessous, et les taches y sont aussi distinctes qu'en dessus.

Les ailes inférieures sont d'un rouge carmin pâle de part et d'autre, avec une bordure du même ton que le fond des ailes supérieures.

Le collier est d'un jaune grisâtre; les antennes sont noires; le corps est très velu, surtout dans les femelles.

Cette Zygène paraît au mois d'août; elle se trouve dans les hautes montagnes des Pyrénées, de la Savoie, de la Suisse et du Tyrol.

ZYGÈNE SARPEDON. Z. SARPEDON. GOD.

Zygæna Sarpedon OCH. — *Sphinx Sarpedon.* HUBN.
Sphinx Trimaculata. ESP.

Les ailes supérieures sont bleues, presque transparentes, avec trois taches rouges, dont deux à la base et une vers l'extrémité; les deux de la base sont inégales, l'inférieure est trois fois plus longue que la supérieure et interrompue; la troisième est ordinairement orbiculaire. Ces taches sont aussi distinctes en dessus qu'en dessous; la frange est peu apparente et jaunâtre.

Les ailes inférieures dans le mâle sont du même ton que les supérieures, avec le disque d'un rose très pâle. Dans la femelle, la couleur rose s'étend jusqu'à la bordure, qui chez elle est plus étroite; le corps est d'un bleu noir, avec un anneau rouge sur le dessus de l'abdomen; les antennes sont noires, très fortes, et terminées brusquement en massue.

La femelle diffère encore du mâle par son anneau rouge, qui est beaucoup plus large.

Cette espèce habite nos départemens les plus méridionaux, elle se trouve aussi en Espagne et en Portugal; elle paraît en juillet.

ZYGÈNE DU MÉLILOT. Z. MELILOTI. BOISD.

Zygœna Meliloti. OCH. — *Sphinx Loti.* HUBN. ESP.
Sphinx Meliloti. ESP. — *Sphinx Lonicerœ. Var.* ESP.
Sphinx Viciæ. BORKH.

Les ailes supérieures sont étroites, lancéolées, légèrement transparentes, d'un vert bleuâtre luisant, avec cinq taches rouges, dont une est solitaire vers le bout de l'aile; les deux de la base oblongues, et les autres presque rondes.

Les ailes supérieures sont d'un bleu grisâtre pâle en dessous, avec les taches aussi distinctes qu'en dessus.

Les ailes inférieures sont d'un rouge rose de part et d'autre, avec une bordure d'un bleu pâle.

Les antennes sont d'un noir bleu, le corps est d'un bleu verdâtre luisant.

La frange des ailes supérieures est un peu jaunâtre, peu distincte; celle des inférieures se fond avec la bordure.

Les deux sexes sont semblables entre eux.

Cette espèce paraît au commencement de juillet; elle se trouve en Autriche; elle est très rare en France.

ZYGÈNE DU TRÈFLE. Z. TRIFOLII. OCH.

Zygæna Trifolii. OCH. — *Sphinx Trifolii.* HUBN. ESP.
Sphinx des Prés. ENG. — *Sphinx pratorum.* DEVILL.

Les premières ailes sont d'un bleu foncé, avec cinq taches rouges aussi distinctes en dessus qu'en dessous. Dans quelques individus, il existe, en face de la tache solitaire du bout de l'aile, un très petit point rouge ou rudiment d'une sixième tache.

Les secondes ailes sont d'un rouge carmin de part et d'autre, avec une bordure bleuâtre; la base de ces mêmes ailes est rayonnée par quelques poils bruns.

La femelle est semblable au mâle. Dans quelques individus, toutes les taches sont réunies en une bande irrégulière.

Les antennes sont d'un bleu noir; le corps est d'un bleu luisant.

Cette espèce se trouve en France, dans le mois de juin. On la rencontre aussi dans le Piémont, la Hongrie et l'Autriche.

ZYGÈNE DU CHÈVRE-FEUILLE. Z. LONICERÆ. GOD.

Zygæna Loti. FAB. — *Zygæna Lonicerœ.* OCH.
Sphinx Lonicerœ. ESP. HUBN. — *Sphinx des Graminées.* ENG.

Les ailes supérieures sont d'un vert bleuâtre luisant, avec cinq taches rouges presque aussi distinctes en dessus qu'en dessous, dont deux à la base, deux au milieu, et une vers le bout de la côte.

Les ailes supérieures sont d'un rouge carmin de part et d'autre, avec une bordure bleuâtre, sinuée à son côté interne, et allant en décroissant de l'angle externe à l'angle anal. Outre cela, la base de ces mêmes ailes est rayonnée par des poils de la couleur du fond; les antennes sont noires; le corps est d'un bleu foncé, quelque fois les taches des ailes supérieures sont réunies en une bande irrégulière.

Cette Zygène paraît en juillet, on la trouve dans toute l'Europe septentrionale.

ZYGÈNE DE LA FILIPENDULE. Z. FILIPENDULÆ. GOD.

Zygæna Filipendulæ. FAB. — *Sphinx Filipendulæ.* LINN. ESP. HUBN.
Le Sphinx Bélier. GEOFF. — *Sphinx Chysanthemi. Var.* ESP. HUBN.

Les premières ailes sont d'un vert luisant, avec un reflet un peu doré. Ces mêmes ailes présentent six taches d'un rouge carmin, disposées par couples en dessus, presque confondues en dessous; les deux taches de la base sont ovales, oblongues; les quatre ailes sont arrondies et plus petites.

Les secondes ailes sont d'un rouge carmin de part et d'autre, avec une bordure bleue, garnie d'une légère frange un peu plus claire; la frange des premières ailes est un peu roussâtre.

Le corps est d'un vert bronzé; le dessus des antennes est d'un bleu foncé, le dessous est noir.

La femelle diffère du mâle, en ce qu'elle est ordinairement plus grande.

Cette espèce est assez commune autour de Paris, depuis la fin de juin jusqu'au commencement d'août.

ZYGÈNE TRANSALPINE. Z. TRANSALPINA. BOISD.

Zygæna Transalpina. OCH. — *Sphinx Transalpina.* HUBN.
Sphinx Filipendulæ Major. ESP.

Les premières ailes sont d'un vert bleuâtre luisant, ou d'un noir bleu, avec six taches d'un rouge carmin; les deux taches de la base sont ovales, le dessus et le dessous des secondes ailes sont d'un rouge carmin, avec une bordure d'un bleu noir, sinuée à son côté interne et garnie d'une frange un peu plus foncée, que l'on voit aussi aux premières ailes.

Le dessous des premieres ailes est d'un bleu noir clair, et présente les mêmes taches que le dessus.

Les taches, dans quelques individus de l'un et l'autre sexe, ne sont qu'au nombre de cinq.

Cette Zygène, qui est la plus grande de toutes les espèces connues, habite la Sicile, l'Italie et les départemens les plus voisins du Piémont. On la trouve dans le mois de juin.

ZYGÈNE DU PEUCÉDAN. Z. PEUCEDANI. GOD.

Zygæna Peucedani. OCH. — *Zygæna Filipendulæ. Var.* FAB.
Sphinx Peucedani. ESP. HUBN. — *Sphinx du Peucédan.* ENG.
Sphinx Veronicæ. BORKH. — *Sphinx Athamanthæ. Var.* ESP.
Zygæna OEcus. FAB. — *Sphinx OEcus.* HUBN.
Sphinx OEcus. ESP. — *Sphinx OEque.* ENG.

Les ailes supérieures sont d'un vert bleu luisant en dessus, avec cinq ou six taches rouges, disposées par paires, dont deux à la base, deux au milieu, et deux ou une seule vers l'extrémité ; ces taches se reproduisent en dessous, mais elles y sont plus ou moins confuses.

Les ailes inférieures sont rouges de part et d'autre, avec une bordure noire, sinuée à son côté interne; les ailes ont en outre une petite frange noirâtre.

Le corps est d'un vert bronzé, avec le cinquième anneau rouge en dessus et en desssous ; le dessus des antennes est bleu, le dessous est noir, avec l'extrémité de la massue blanchâtre.

Cette espèce paraît en juillet; elle se trouve en France, en Italie et en Allemggne.

ZYGÈNE DE LA LAVANDE. Z. LAVENDULÆ. GOD. BOISD.

Zygæna Lavendulæ. FAB. OCH. — *Sphinx Lavendulæ.* ESP.
Sphinx Spicæ. HUBN. — *Sphinx de La Lavande.* ENG.

Les ailes supérieures sont d'un vert bleu luisant, avec cinq taches rouges bordées de noir, dont deux à la base, deux au milieu et une solitaire vers le bout; la frange des premières ailes est blanchâtre.

Les ailes inférieures sont bleuâtres en dessus, avec deux points rouges inégaux.

Le dessous des ailes supérieures diffère du dessus, en ce que les taches n'y sont point bordées de noir.

Le dessous des ailes inférieures présente une large tache rouge qui occupe tout le disque de l'aile; leur frange est noirâtre.

Le corps est d'un vert bronzé, avec un collier blanchâtre; le dessus des antennes est d'un bleu foncé, le dessous est noir; la femelle est semblable au mâle.

Il y a des individus dont la base des secondes ailes est rayonnée de rouge.

Cette Zygène paraît en juillet. On la trouve assez communément dans nos départemens les plus méridionaux. On la rencontre aussi en Espagne.

ZYGÈNE EPHIALTES. Z. EPHIALTES. BOISD.

Zygæna Ephialtes. FAB. OCH. PANZ.—*Sphinx Ephialtes*. LIN. ESP. BORKH. *Sphinx Coronillæ*. HUBN. ENG. ESP. — *Sphinx Trigonellæ*. ESP.

Les premières ailes sont bleues, avec six taches, dont quatre blanches et deux rouges; les deux de la base sont rouges et oblongues; les deux du milieu sont blanches et inégales, ainsi que les deux qui avoisinent le bout de l'aile.

Les secondes ailes sont bleues de part et d'autre, avec une seule tache blanche.

Le dessous des premières ailes diffère du dessus, en ce que les deux taches baziliaires y reparaissent à peine, tandis que les autres sont aussi apparentes qu'en dessus.

Les antennes et le thorax sont de la même couleur que les ailes; l'abdomen est d'un bleu foncé, avec un anneau rouge.

Cette Zygène varie beaucoup, surtout quant à la couleur des taches. Elle présente deux ou trois variétés remarquables.

La première variété se distingue de celle qui est décrite ci-dessus, par les deux taches de la base des premières ailes, qui sont la première, d'un rouge vif; la seconde blanche, lavée de rouge dans son milieu, et par l'abdomen qui est annelé de rouge.

La seconde variété diffère de la première, en ce que les deux taches de la base sont jaunes; en ce que l'anneau de l'abdomen est jaune, et en ce que les ailes inférieures ont une petite tache punctiforme à côté de celle qui est unique dans toutes les autres.

La troisième variété diffère de la seconde, par les premières ailes qui ne présentent que cinq taches, dont les deux de la base sont jaunes et les trois autres blanches; par les secondes ailes qui n'ont qu'une seule tache, et par l'abdomen qui est entouré d'un anneau jaune.

Malgré toutes ces variétés, on en rencontre encore plusieurs autres, qui sont des variétés de variétés.

On trouve cette espèce dans les mois de juillet et d'août; elle habite l'Italie et le Piémont. On la trouve aussi dans plusieurs parties de l'Allemagne.

ZYGÈNE RHADAMANTHE. Z. RADAMANTHUS. GOD.

Zygæna Rhadamanthus. OCH. — *Sphinx Rhadamanthus*. ESP. HUBN.

Les premières ailes sont d'un vert pâle luisant en dessus, avec six taches rouges, d'égale grandeur, groupées deux à deux; et bordées de noir foncé, à l'exception de la supérieure de la base et de l'inférieure de l'extrémité. Ces mêmes taches se voient également en dessous, mais elles y sont confuses.

Les secondes ailes sont rouges de part et d'autre, avec une bordure d'un bleu noir, terminée par une frange brunâtre.

Le corps est noir, avec des poils blanchâtres et bleuâtres sur le corselet.

Les antennes sont courtes, grosses, fortement en massue et d'un bleu noir; les deux sexes sont semblables.

On trouve cette Zygène en été; elle est assez commune dans nos départemens les plus méridionaux.

ZYGÈNE DU SAIN-FOIN. Z. ONOBRICHIS. BOISD.

Zygæna Onobrichis. OCH. GOD. FAB. PANZ. — *Zygæna Carniolica.* FAB.
Sphinx Carniolica. SCOP. — *Sphinx Caffra* ESP. WIEWEG. SCHW.
Sphinx de l'Esparcette. ENG. — *Sphinx Onobrychis.* BORKH.
Sphinx Meliloti, Hedysari, Astragali. HUBN.
Zygæna Carniolica. ROSS. — *Sphinx Flaveola.* ESP. HUBN. BORKH.
Sphinx Sedi. HUBN. BORKH. — *Zygæna Sedi.* FAB.

Les ailes supérieures sont d'un vert bleu luisant, avec six taches rouges entourées de blanc, en dessous comme en dessus; les deux premières sont oblongues; les trois suivantes sont arrondies, et la dernière est sémi-lunaire.

Les ailes inférieures sont rouges de part et d'autre, avec le bord terminal d'un bleu noir, garni d'une frange violette, frange qui est blanchâtre aux ailes supérieures.

Le corps est d'un vert bronzé; les antennes sont noires, avec l'extrémité roussâtre; les deux sexes se ressemblent.

Cette jolie espèce présentant quatre à cinq variétés, est cause que Hubner en a fait quatre à cinq espèces.

On trouve cette Zygène en juillet, dans toute l'Europe.

ZYGÈNE DU LANGUEDOC. Z. OCCITANICA. GOD.

Zygæna Occitanica. OCH. — *Sphinx Occitanica.* DEVILL.
Sphinx Phacæ. HUBN.

Cette espèce diffère de l'Onobrychis, en ce qu'elle n'a que cinq taches rouges largement bordées de blanc, en ce que la sixième tache sémi-lunaire de l'extrémité des premières ailes est entièrement blanche, et en ce que l'abdomen est toujours entouré en dessus d'un large anneau rouge.

On trouve cette Zygène dans les mois de juillet et d'août, dans les départemens les plus méridionaux de la France.

ZYGÈNE DE LA BRUYÈRE. Z. FAUSTA. GOD.

Zygæna Fausta. FAB. OCH.

Sphinx Fausta. LINN. HUBN. ESP. BORKH. ILLIG. LANG.

Sphinx de la Bruyère. ENG. — *Sphinx Bélier. Var.* GEOFF.

Les premières ailes sont d'un bleu noir, avec cinq taches d'un rouge vermillon, légèrement bordées de jaune pâle; la première tache occupe toute la base de l'aile, les trois autres sont en triangles, et se confondent ainsi que la dernière qui est sémi-lunaire.

Les secondes ailes sont rouges de part et d'autre, avec le bord postérieur noir, et garni d'une frange brune.

Les ailes supérieures sont plus pâles en dessous, et on n'aperçoit point de bordure autour des taches.

Le corps est d'un bleu noir, avec un collier, un large anneau vers l'extrémité du dessus de l'abdomen, et les côtés de la partie anale rouges; le dessus des antennes est bleu, le dessous est noir.

Cette espèce paraît au mois d'août. Elle est assez commune dans le midi et dans plusieurs départemens de l'est de la France.

GENRE SYNTOMIDE.

SYNTOMIDE. SYNTOMIS. GOD. ILLIG. LATR. OCH.

Sphinx Affiliés. LINN. — *Sphinx.* ESP. HUBN. SCOP.

Zygæna. FAB. — *Ent. Syst.* — *Amata.* FAB. *System. Glossa.*

Les palpes sont très courts, velus, obtus, cylindriques, ne s'élevant jamais au delà du chaperon; les antennes sont longues, fusiformes, allongées, finissant en pointe très obtuse; la trompe est longue, roulée en spirale; les jambes postérieures sont munies d'ergots très petits.

Les ailes supérieures sont oblongues, allongées, noires ou bleuâtres, avec des taches d'un blanc ou d'un jaune transparent; les ailes inférieures sont beaucoup plus courtes que les supérieures, de la même couleur, et toujours avec des taches semblables à celles des premières ailes.

Le corps est allongé, jamais hérissé de poils, entouré par des anneaux jaunes ou rouges en nombre variable.

Les chenilles sont garnies de petits tubercules hérissés de poils;

lorsqu'on les inquiète, elles se roulent sur elles-mêmes, elles se métamorphosent dans un tissu très léger.

Les chrysalides sont plus allongées que dans les Zygènes.

Les Syntomides ont à peu près les mêmes mœurs des Zygènes; elles aiment à voltiger à l'ardeur du soleil, mais leur vol est plus ou moins lourd; on les voit souvent voler en très grand nombre autour des buissons.

SYNTOMIDE. S PHEGEA. GOD.

Syntomis Phegea. OCH. — *Zygæna Phegea.* FAB.
Zygæna Quercûs. FAB. — *Sphinx Phegea.* LINN. ESP. HUBN.
Sphinx du Pissenlit. ENC. — *Sphinx Phegeus, Iphimedea.* ESP.

Les quatre ailes sont d'un bleu noirâtre de part et d'autre, avec six taches un peu transparentes aux supérieures, et deux seulement aux inférieures; le dessous des quatre ailes est semblable au dessus.

Le corps est de la couleur des ailes, avec le dessus du premier et du cinquième anneaux de l'abdomen, plus deux taches sur chaque côté de la poitrine, d'un jaune d'ocre; les antennes sont d'un brun noirâtre, depuis la base jusqu'au delà du milieu, et ensuite blanchâtres jusqu'au bout.

La femelle ressemble au mâle; mais son abdomen est beaucoup plus gros.

Cette espèce offre trois ou quatre variétés très remarquables.

Cette Syntomide n'est pas rare en Italie, en Sicile et dans le royaume de Naples. On la trouve dans les mois de juin et de juillet.

GENRE PROCRIS.

PROCRIS. P. GOD.

Procris. FAB. *Syst. Glossat.* — *Zygæna.* FAB. *Ent. Syst.*
Sphinx Affiliés. LINN. — *Sphinx.* ESP. HUBN. ENC.
Papillons Phalènes. DE GÉER. — *Phalènes.* GEOFF.
Atychia. OCH.

Les palpes sont non velus, et s'élèvent à peine au delà du chaperon; les antennes sont sans houppe à leur extrémité, simples ou garnies d'écailles peu allongées dans les femelles, bipectinées dans les mâles; la langue est distincte; les ailes sont oblongues et ciliées; la cellule sous marginale des inférieures est fermée en arrière par une nervure anguleuse, d'où partent trois rameaux qui aboutissent au bord postérieur; les jambes postérieures sont terminées par des épines très petites.

Les chenilles sont courtes, ramassées, peu garnies de poils, se rapprochant beaucoup de la forme des chenilles cloportes.

La taille des Procris est moyenne; elles ont le port des Zygènes; mais leurs ailes ne sont point tachées de diverses couleurs comme dans celles-ci : elles sont en général d'un vert métallique. On les trouve dans les lieux secs des bois, dans les clairières. Elles se tiennent posées sur la tige ou sur les feuilles des herbes.

PROCRIS DE LA GLOBULAIRE. P. GLOBULARIÆ. GOD.

Sphinx Globulariæ. ESP. HUBN. — *Sphinx Statices minor.* NATURF.
Atychia Globulariæ. OCH.

Les premières ailes sont d'un bleu noirâtre en dessus; le dessus des secondes ailes est d'un brun cendré; le dessous est de la même couleur; les antennes du mâle sont pectinées jusqu'au bout.

Cette espèce se trouve aux environs de Chartres, elle paraît en juillet.

PROCRIS DE LA STATICE. P. STATICES. GOD.

Sphinx Statices. LINN. ESP. HUBN. — *Zygæna Statices.* FAB.
Atychia Statices. GEOFF.

Les ailes supérieures, les antennes et tout le corps sont d'un vert doré en dessus; les mêmes ailes sont de la même couleur en dessous, et les deux surfaces des inférieures sont d'un brun cendré.

Cette espèce se trouve assez communément aux environs de Paris, dans le mois de juillet.

PROCRIS DU PRUNIER. P. PRUNI. GOD.

Zigæna Pruni. FAB. — *Sphinx Pruni.* ESP. HUBN.
Sphinx du Prunellier. ENG. — *Atychia Pruni.* OCH.

Les ailes supérieures sont d'un vert obscur en dessus, avec la base saupoudrée de vert doré; le dessous et les deux surfaces des inférieures, sont d'un brun noirâtre; la couleur du corps est à peu près semblable à celle du dessus des premières ailes; les antennes sont verdâtres, pectinées jusqu'au bout.

On trouve cette espèce aux environs de Paris, dans le mois de juillet.

GENRE AGLAOPÉ.

AGLAOPÉ. A. GOD.

Sphinx Affiliés. LINN. — *Sphinx.* ESP. HUBN. ENG.
Zygæna. FAB. *ent. syst.* — *Glaucopis.* FAB. *syst. gloss.*
Atychia. OCH.

Les palpes sont très petits, avec le dernier article un peu plus grêle et presque nu; les antennes sont bipectinées dans les deux sexes, sans houppe à leur extrémité; la langue n'est point distincte; les ergots des pates postérieures son très courts; l'extrémité anale est dépourvue de brosse; les ailes sont oblongues; la cellule sous marginale des inférieures est fermée en arrière, et divisée longitudinalement par deux rameaux qui s'entrecroisent sur la ligne de clôture. Latreille, dans sa nouvelle édition du Règne animal de Cuvier, n'a pas cru, afin de restreindre les genres, devoir les séparer des Procrides. M. Boisduval, dans son *Index Methodicus*, a suivi la même marche.

AGLAOPÉ DES HAIES. A. INFAUSTA. GOD.

Aglaope Malheureuse. Nouv. Dict. d'hist. Nat.
Sphinx Infausta. LINN. ESP. HUBN. — *Zygæna Infausta.* FAB.
Atychia Infausta. OCH. — *Sphinx des Haies.* ENG.

Toutes les ailes sont d'un brun tirant sur le cendré, avec l'origine de la côte et le bord interne des premières, et presque la moitié intérieure des secondes d'un rouge carmin tendre.

Le dessous est semblable au dessus.

Le corps est de la même couleur que les ailes, avec un collier rouge; les antennes sont noirâtres, bipectinées dans les deux sexes.

Ce lépidoptère paraît en juin; on le trouve assez communément dans le midi de la France. Godart, dans son ouvrage sur les Lépidoptères de France, dit l'avoir pris en juillet, aux environs de Paris

FAMILLE TROISIÈME :

Nocturnes.

NOCTURNI.

Ailes bridées dans le repos, au moyen d'un crin corné ou d'un faisceau de soies, partant du bord extérieur des inférieures, et passant dans un anneau ou une coulisse du dessous des supérieures; ces mêmes ailes sont horizontales dans le repos ou penchées et quelquefois roulées autour du corps. Antennes diminuant de grosseur, de la base à la pointe ou détachées.

GENRE LITHOSIE.

LITHOSIE. LITHOSIA. OCH.
Callimorphe. LAT.

Les antennes et les yeux sont écartés, les premières sont simples dans la plupart; la spiritrompe est très distincte et allongée; les palpes inférieurs sont cylindriques, recourbés, plus courts que la tête, composés de trois articles, dont le dernier est plus court que les précédens; les palpes supérieurs sont cachés; les ailes sont couchées horizontalement sur le corps ou en toit arrondi; la cellule discoïdale des inférieures est fermée comme dans les genres suivans, c'est-à-dire par une nervure en chevron plus ou moins prononcé, et tournant sa convexité du côté du corps.

Les chenilles présentent seize pates, elles sont allongées, cylindriques, velues et rayées ou tachetées de rouge ou d'autres couleurs. Elles se nourrissent de lichens et de plantes phanérogames.

Les insectes parfaits se tiennent tranquilles pendant le jour sur le tronc des arbres ou sur la tige des plantes.

LITHOSIE MÉSOMELLA. L. MESOMELLA. GOD.
Tinea Mesomella. LINN. FAB. — *Lithosia Eborina.* FAB. OCH.
Bombyx Eborina. HUBN. — *Noctua Eborea.* ESP. — *L'Eborine.* ENG.
La Phalène jaune à quatre points. GEOFF.

Les premières ailes sont d'un jaune pâle en dessus, avec les bords plus foncés et deux petits points noirs, dont l'un sur le milieu de la côte, l'autre près du milieu du bord interne.

Les secondes ailes sont d'un gris noirâtre en dessus, avec une veine longitudinale et le bord postérieur d'un jaune pâle.

Les premières ailes sont noirâtres en dessous, avec les bords d'un jaune fauve.

Les secondes ailes sont d'un jaune pâle et sans aucune tache en dessous.

Le corps est d'un gris noirâtre, avec le devant du corselet et la partie postérieure d'un jaune fauve; les antennes sont jaunâtres, simples chez la femelle, et ciliées chez le mâle.

On trouve cette Lithosie aux environs de Paris, dans le mois de juin.

LITHOSIE CRIBLE. L. CRIBRUM. GOD.

Emydia Cribrum. BOISD. — *Bombyx Cribrum.* LINN. ESP. FAB. HUBN.
Eyprepia Cribrum. OCH. — *Le Crible.* ENG.

Les ailes supérieures sont d'un blanc bleuâtre en dessus, avec des points noirs, dont l'antérieur solitaire, les autres formant cinq rangées transversales.

Les ailes inférieures des deux sexes sont d'un cendré plus ou moins foncé en dessus, avec la frange blanche, précédée quelquefois de points noirs placés à l'extrémité des nervures.

Les quatre ailes sont d'un cendré luisant en dessous, avec la frange blanche.

Le corps est blanchâtre, avec trois séries de points noirs sur le dos, et trois sur le ventre; les antennes de la femelle sont simples, celles du mâle sont pectinées, blanches en dessus, cendrées en dessous.

Cette espèce se trouve aux environs de Paris, dans le mois de juillet.

LITHOSIE COLLIER ROUGE. L. RUBRICOLLIS. GOD. OCH.

Noctua Rubricollis. LINN. ESP. DE VILL.
Bombyx Rubricollis FAB. HUBN. PETAGN. — *La Veuve.* GEOFF. ENG.

Cette Lithosie est noire de part et d'autre, avec un collier d'un rouge sanguin; les trois derniers segmens du dos et presque tout le ventre sont d'un jaune orangé; les antennes sont noires, simples chez la femelle, ciliées chez le mâle.

On trouve cette espèce dans les bois des environs de Paris, au mois de juin.

LITHOSIE GRAMMICA. L. GRAMMICA. GOD.

Emydia Grammica. BOISD. *Index Methodicus.*

Bombyx Grammica. LINN. FAB. HUBN. DE VILL. PETAGN.

Eyprepia Grammica. OCH. — *La Phalène Chouette.* GEOFF.

L'Écaille Chouette. ENG.

Les ailes supérieures sont d'un gris jaunâtre en dessus, avec huit à neuf lignes longitudinales et une petite lunule, noires, la lunule est placée entre le milieu et l'extrémité de la côte.

Les ailes inférieures sont d'un jaune fauve en dessus, ayant une lunule centrale, avec le côté et le bord postérieur, noirs.

Les quatre ailes sont d'un jaune foncé en dessous, avec un arc noir vers le disque, et une série transversale de petites taches de cette couleur couvrant le bord terminal.

Le corselet est d'un gris jaunâtre, avec deux points et cinq traits longitudinaux, noirs; l'abdomen est d'un jaune fauve, avec une rangée de taches noires le long du dos, et trois séries de points également noirs sur le ventre; les antennes sont d'un brun noirâtre: celles du mâle sont pectinées, avec la tige jaunâtre.

Cette Lithosie se plaît dans les clairières des bois secs et dans les lieux arides des environs de Paris, on la trouve au mois de juillet.

LITHOSIE GENTILLE. L. PULCHELLA. GOD.

Euchelia Pulchella. BOISD. *Index Meth.* — *Phalæna Pulchella.* SCOP.

Bombyx Pulchella. FAB. PETAGN. — *Bombyx Pulchra.* HUBN.

Noctua Pulchra. ESP. — *La Gentille.* ENG.

Les ailes supérieures sont d'un blanc jaunâtre en dessus, avec une grande quantité de points noirs, parmi lesquels il y a seize ou dix-sept taches inégales d'un rouge écarlate.

Les ailes inférieures sont d'un blanc bleuâtre en dessus, avec une bande noire, transverse, ayant le côté interne profondément échancré dans son milieu. De plus, on remarque deux ou trois petites taches noires vers le milieu du bord antérieur.

Le dessous des quatre ailes diffère du dessus en ce que les points noirs des ailes supérieures sont remplacés par des bandes continues,

et en ce que la bande des inférieures est divisée en taches, dont les plus intermédiaires sont en forme de points.

Le corps est blanchâtre, avec des taches orangées et des taches noires sur le corselet, et une série longitudinale de points noirs sur chaque côté de l'abdomen; les antennes sont brunes, simples chez la femelle, un peu ciliées chez le mâle.

On trouve cette espèce dans toutes les contrées méridionales de l'Europe.

LITHOSIE APLATIE. L. COMPLANA. GOD. OCH.

Noctua Complana. LINN. ESP. DE VILL. PETAGN. FAB.
Lithosia Complana. FAB. *Suppl. ent.* — *Bombyx Plombeola.* HUBN.
Le Manteau à tête jaune. GEOFF. ENG.

Les ailes supérieures sont d'un gris satiné, luisant en dessus, avec tout le bord antérieur d'un jaune fauve.

Les ailes inférieures sont d'un jaune pâle en dessus, avec une teinte grisâtre vers le milieu de la côte.

Le dessous des quatre ailes diffère du dessus, en ce que le bord postérieur est jaune comme la côte.

Le corps est grisâtre, avec la tête et la partie anale d'un jaune fauve; les antennes sont grisâtres, ciliées chez le mâle, simple chez la femelle.

Cette espèce se trouve aux environs de Paris, dans le mois de juillet.

LITHOSIE GRISATRE. LITHOSIA GRISEOLA. HUBN. OCH.

Le dessus des premières ailes est d'un gris luisant, avec le bord de la partie antérieure d'un jaune clair.

Le dessous des ailes inférieures est d'un jaune pâle, avec une teinte un peu plus foncée vers la base.

Le dessus des premières ailes est gris, avec l'extrémité d'un jaune clair et le bord de la partie antérieure d'un jaune un peu plus foncé.

Le dessous des secondes ailes est entièrement jaune.

Les antennes sont grises; le corselet est d'un jaune clair antérieurement et un peu plus foncé postérieurement; l'abdomen est grisâtre, avec son extrémité jaunâtre.

Cette espèce se trouve en Prusse.

LITHOSIE QUADRILLE. L. QUADRA. GOD. OCH.

Noctua Quadra. LINN. FAB. ESP. DE VILL. PETAGN.

Noctua Deplana. LINN. FAB. ESP. DE VILL. PETAGN.

Lithosia Quadra. FAB. *Suppl. ent. — La jaune à quatre points.* ENC

Le dessus des premières ailes du mâle est d'un gris cendré, avec l'extrémité luisante et plus foncée.

Le dessus des ailes inférieures est d'un jaune pâle, avec le bord antérieur d'un gris cendré.

Le dessus des ailes supérieures de la femelle est d'un jaune fauve luisant, avec deux points ardoisés, dont l'un occupant le milieu de la côte, l'autre placé en face du précédent, vers le milieu du bord interne; les ailes inférieures sont entièrement d'un jaune pâle en dessus.

Le corps est d'un jaune fauve, avec les antennes d'un bleu ardoisé luisant; les antennes du mâle sont ciliées, et l'extrémité anale est d'une couleur noirâtre qui s'étend sur le ventre et s'y mélange avec des atômes bleuâtres.

Cette espèce se trouve assez communément au mois de juillet, dans les environs de Paris.

LITHOSIE JAUNATRE. LITOSIA LUTEOLA. OCH.

Les ailes antérieures sont d'un jaune grisâtre en dessus, avec la partie antérieure un peu plus claire; le dessous est grisâtre, avec leur extrémité d'un jaune clair; les antérieures sont d'un jaune légèrement teinté de grisâtre; le dessous et d'un jaune clair, sans taches de part et d'autre comme les ailes supérieures.

Le dessus du corps est grisâtre, entièrement jaune en dessous, avec l'extrémité postérieure d'un jaune clair; les antennes sont filiformes et d'un gris foncé.

On trouve cette espèce aux environs de Paris, dans le mois de juin.

GENRE CALLIMORPHE.

CALLIMORPHE. C. LAT.

Eyprepia. OCH.

La langue est allongée, cornée, à filets réunis en un seul; les palpes sont unis et ne paraissent pas hérissés; les antennes sont simples ou seulement ciliées. Ces lépidoptères avaient été confondus avec les Bombyces par Fabricius, mais ils en différerent par la présence d'une trompe assez allongée; les chenilles présentent seize pates.

L'insecte parfait porte ordinairement ses ailes en toit.

CALLIMORPHE JAUNETTE. C. AUREOLA. GOD.

Lithosia Aureola. OCH. LAT. — *Bombix Aureola.* HUBN.

Le Manteau jaune. GEOFF. ENG.

Le dessus des ailes supérieures est d'un jaune foncé; le dessous est noirâtre, avec les bords jaunes.

Les ailes inférieures sont d'un jaune pâle et sans taches de part et d'autre comme les ailes supérieures.

Le corps est gris, avec tout le corselet et la partie postérieure jaunes; les antennes sont d'un brun noirâtre; elles sont simples chez la femelle et ciliées chez le mâle.

La femelle diffère du mâle, en ce qu'elle est moins foncée.

Cette espèce se trouve aux environs de Paris, en juin.

CALLIMORPHE ROSETTE. C ROSEA. FAB. OCH. GOD. LAT.

Lithosia Rosea. OCH. — *Bombyx Rosea.* FAB. ESP. PETAGN.

Bombyx Rubiconda. HUBN. — *Phalæna miniata Geometrica.* FORST.

La Rosette. GEOFF. ENG.

Le dessus des premières ailes est rouge, plus vif sur les bords que sur le disque, avec trois lignes noires, transversales, dont l'antérieure courbe et formée par une série de points noirâtres; la côte offre en outre à son origine deux points, et près de son milieu un chevron longitudinal, noirâtres. Ces caractères sont moins distincts en dessous, mais du reste, le fond y est le même qu'en dessus.

Les secondes ailes sont un peu transparentes, d'un rouge pâle et sans taches de part et d'autre.

Le corselet et la tête sont de la couleur des premières ailes; les yeux sont noirs; l'abdomen est d'un jaune terne, lavé de brun en dessous; les antennes sont jaunâtres, ciliées chez le mâle, filiformes chez la femelle.

On trouve sur les buissons cette Callimorphe, au mois de juin, dans les environs de Paris.

CALLIMORPHE JAUNE D'OR. C. AURITA. GOD. ESP. OCH.
Lithosia Aurita. OCH. — *Noctua Aurita.* ESP.
Le Manteau tacheté. ENC.

Les quatre ailes sont d'un jaune fauve doré en dessus, avec trois séries transversales de points noirs sur les supérieures, et une seule à l'extrémité des inférieures.

Le dessous diffère du dessus, en ce que les points des deux séries antérieures des premières ailes sont moins prononcés.

Le corps est noirâtre, avec le bord inférieur des épaulettes, le milieu, le devant du thorax et la partie postérieure, du même jaune que les ailes; les antennes sont ciliées chez le mâle, filiformes chez la femelle, elles sont jaunes en dessus et noires en dessous dans les deux sexes.

Les ailes inférieures présentent quelquefois que trois points noirs, placés vers l'angle externe.

Cette espèce se trouve en Suisse, au mois de juillet.

CALLIMORPHE RAMEUSE. C. RAMOSA. GOD.
Lithosia Ramosa. OCH. — *Bombyx Ramosa.* FAB.
Noctua Aurita. Var. ESP. — *Le Manteau tacheté.* ENG.

Les ailes supérieures sont d'un jaune fauve en dessus, avec trois lignes noires, longitudinales, dont la supérieure bifide, l'intermédiaire trifide, l'inférieure simple. Ces trois lignes partent de la base de l'aile, et elles vont presque aboutir à une série terminale de points noirs, inégaux.

Les ailes inférieures sont d'un jaune fauve en dessus, avec une série de points noirs.

Le dessous diffère du dessus en ce que les lignes rameuses des ailes supérieures y sont beaucoup moins apparentes.

Le corps est noirâtre, avec le bord inférieur des épaulettes, le milieu et le devant du thorax, et la partie postérieure d'un jaune fauve; le desssus des antennes est jaune; le dessous est noir dans les deux sexes; elle sont ciliées chez le mâle, filiformes chez la femelle.

La femelle diffère du mâle, en ce qu'elle est moins foncée.

Les ailes inférieures n'ont quelquefois que trois points marginaux au lieu de six; ceux qui avoisinent l'angle de la partie postérieure manquent tout à fait.

On trouve cette espèce dans les Alpes, au mois de juillet.

CALLIMORPHE SERVANTE. C. ANCILLA. GOD.

Lithosia Ancilla. OCH. — *Callimorpha Obscura.* LAT.
Bombyx Obscura. FAB. PETAGN. — *Bombyx Ancilla.* HUBN.
Noctua Ancilla. ESP. DE VILL. — *Noctua Ancilla.* LINN.
La Servante. ENG.

Le dessus et le dessous des ailes sont d'un brun pâle, avec une rangée transverse de deux points blancs diaphanes, vis-à-vis le sommet des premières ailes; les secondes ailes sont entièrement sans taches dans le mâle; le milieu est presque entièrement traversé dans la femelle par une bande maculaire d'un jaune d'ocre obscur.

Le corps est jaunâtre; le dessus de l'abdomen est d'un jaune fauve et longé par une série dorsale de sept points noirs; le devant du thorax est d'un jaune fauve: cette couleur s'étend un peu sur la côte des premières; les antennes chez les deux sexes sont brunes et filiformes.

Cette Callimorphe se trouve en France; elle paraît en juillet. Elle habite les bois un peu secs, et elle se repose sur les buissons.

CALLIMORPHE MONDAINE. C. MUNDANA. GOD.

Lith. Mundana. OCH. — *Phalæna Attacus Mund.* LINN. ESP. DE VILL.
Phalæna Tortrix Mundana. DE GÉER.
Bombyx Munda. FAB. *Ent. Syst.*
Bombyx Nuda, *Bombyx Hemerobia.* HUBN.

Les ailes de cette espèce sont arrondies, d'un gris clair et presque transparentes; les premières ailes présentent sur le milieu deux lignes brunes, transversales, entre lesquelles on aperçoit un point central également brun. On voit aussi une ombre obscure vis-à-vis du sommet; les secondes ailes sont sans taches de part et d'autre.

Le corps et les antennes sont grisâtres.

La femelle diffère du mâle en ce qu'elle est plus transparente, ce qui fait que les lignes brunes de ses premières ailes sont moins prononcées.

Cette espèce se trouve en France, dans le mois de juillet.

CALLIMORPHE GRIS SOURIS. C. MURINA. GOD.

Lithosia Murina. OCH. — *Bombyx Murina.* ESP. HUBN.
Bombyx Vestita. HUBN.

Les ailes sont arrondies; les premières ailes sont grisâtres de part et d'autre, avec deux points basiliaires, un point central et deux lignes de taches d'un brun noirâtre; les deux lignes sont flexueuses et elles descendent de la côte au bord interne en embrassant le point central.

Les secondes ailes sont blanchâtres, sans taches en dessus comme en dessous.

Le corps et les antennes sont de la couleur des premières ailes; le dessus de l'abdomen est un peu plus clair; les mâles ont ordinairement leurs antennes un peu ciliées.

Cette espèce paraît en juillet, elle se trouve aux environs de Paris.

CALLIMORPHE DU SENEÇON. C. JOCABÆ. GOD.

Euchelia Jocabœ. BOISD. *Index Method.*

Noctua Jocabœ. LINN. ESP. DE VILL.

Bombyx Jocabœ. FAB. HUBN. PETAGN — *Phalœna Jocabœ.* SCOP.

Lithosia Jocabœ. OCH. — *Le Phalène carmin du Seneçon.* GEOFF.

Les ailes supérieures sont d'un noir grisâtre de part et d'autre, avec deux lignes et deux gros points d'un rouge carmin.

Le dessus et le dessous des ailes inférieures sont d'un rouge carmin, avec tout le bord antérieur et la frange du bord postérieur d'un noir grisâtre.

Le corps est entièrement noir; les antennes sont noires, filiformes dans les deux sexes.

On trouve quelquefois des variétés chez lesquelles les parties rouges sont remplacées par du jaune orangé.

Cette espèce se rencontre assez communément aux environs de Paris, depuis le mois de juillet, jusqu'en octobre.

CALLIMORPHE ARROSÉE. C. IRROREA. GOD.

Lithosia irrorea. OCH. — *Tinea irrorella.* LINN.

Tinea irrorella. FAB. *Ent. Syst.* — *Bombyx irrorea.* ESP.

Noctua irrorea. ESP. — *Lithosia Irrorata.* FAB. — *La Rosée.* ENG.

Le dessus des ailes supérieures est d'un jaune fauve, avec trois séries transverses de petits points noirs. Le dessous est noirâtre, avec les bords jaunes, et des points noirs correspondant à ceux de la surface opposée.

Les ailes inférieures sont d'un jaune pâle en dessous comme en dessus, elles sont quelquefois sans taches, et quelquefois elles présentent une ou deux taches près de l'angle du sommet.

Le corps est noir, avec le bas des épaulettes, le devant et le milieu du corselet, la partie postérieure, d'un jaune fauve.

Les antennes, chez les deux sexes, sont noires, ciliées de gris jaunâtre chez le mâle.

Cette espèce se trouve aux environs de Paris, dans le mois de juin.

CALLIMORPHE DOMINULA. C. DOMINULA. GOD. LAT.

Euprepia Dominula. OCH. — *Noctua Dominula.* LINN. ESP. DE VILL.
Bombyx Dominula. FAB. PETAGN. — *Bombyx Domina.* BUDN.
Bombyx Alpina. ACCERBI.
Phalæna Dominula. SCOP. — *L'Écaille marbrée. Var.* GEOFF.
L'Écaille marbrée de rouge. ENG. — *Noctua Donna. Var.* ESP.

Les ailes supérieures sont d'un vert noir brillant, avec une douzaine de taches inégales, dont une oblongue et constamment jaune, près de l'origine du bord interne; deux orbiculaires, en partie blanches et en partie jaunes, vers le milieu de la côte; les autres sont blanches et éparses sur la région du bord postérieur.

Le dessous des ailes diffère du dessus, en ce que les cinq taches antérieures sont toujours jaunes.

Les ailes inférieures sont d'un rouge-cramoisi de part et d'autre, avec trois taches noires irrégulières, dont la supérieure occupe le sommet, et est chargée d'une lunule et d'un point rouges.

Le corselet est du même vert que les ailes supérieures, avec deux traits jaunes, longitudinaux et presque parallèles.

Le dessus de l'abdomen est cramoisi, avec une ligne dorsale et la partie anale noires; le dessous est d'un vert luisant foncé, et sans aucunes taches; la poitrine est noire, avec une tache tantôt jaune, tantôt rougeâtre, près de la base des ailes supérieures; les antennes sont filiformes dans les deux sexes.

Cette Callimorphe présente deux variétés qui se distinguent des individus ordinaires par la couleur de l'abdomen et par celle des ailes inférieures. Chez l'une, le fond des ailes et le dessus de l'abdomen, sont d'un jaune d'ocre foncé; chez l'autre, l'abdomen est entièrement d'un vert noir, et les ailes inférieures sont d'un brun obscur.

Cette espèce se trouve aux environs de Paris, dans le mois de juillet.

CALLIMORPHE HERA. C. HERA. GOD. LAT.

Eyprepia Hera. OCH. — *Noctua Hera.* LINN. ESP. DEVILL.
Bombyx Hera. FAB. HUBN. PET. — *Phalæna Plantaginis.* SCOP.
La Phalène Chinée. GEOFF. ENG. — *Bombyx Colona.* HUBN.
Noctua Chimène. ESP.

Les ailes supérieures sont d'un noir glacé de vert en dessus, avec deux traits basiliaires et deux bandes obliques d'un jaune pâle; la bande postérieure représente un Y, dont la queue est marquée de trois à quatre points noirs inégaux; de plus, la frange terminale est entrecoupée de jaune, vers l'extrémité antérieure.

Les ailes inférieures sont d'un rouge écarlate en dessous, avec la frange jaunâtre, et quatre taches noires.

Le dessous des premières ailes est rouge, depuis la base jusqu'au milieu, avec deux bandes semblables à celles du dessus, et d'un jaune roussâtre à l'extrémité, avec quatre taches blanches, dont l'antérieure solitaire; les trois autres sont alignées transversalement visà-vis le sommet.

Le dessous des secondes ailes est d'un rouge pâle, avec une tache noire, répondant à la tache uniforme de la surface opposée.

Le corselet est d'un noir verdâtre, avec deux lignes longitudinales d'un jaune paille; le dessus de l'abdomen est d'un jaune rougeâtre, avec quatre rangées longitudinales de points noirs; les antennes sont d'un brun noirâtre, et elles sont filiformes chez les deux sexes.

Cette espèce se trouve aux environs de Paris, en juin et en août.

GENRE ÉCAILLE.

ÉCAILLE. CHELONIA. LAT. GOD.

Eyprepia. OCH.

La langue est ordinairement courbe, roulée sur elle-même, presque membraneuse, à filets disjoints; les antennes le plus souvent sont bipectinées dans les mâles; les palpes inférieurs sont cylindracés, s'élevant au delà du chaperon, presque également écailleux; les ailes sont toujours en toit; les supérieures formant un triangle dont la longueur n'excède pas plusieurs fois la largeur; les inférieures présentent leurs cellules discoïdales, formées comme dans les genres suivans. L'abdomen, dans la plupart est assez allongé.

Les chenilles présentent seize pates, et sont couvertes de poils implantés sur des tubercules; les coques sont molles, mais serrées; les chrysalides sont cylindrico-coniques, ayant le plus souvent la partie anale terminée par des épines, auxquelles la dépouille de la chenille reste attachée.

ECAILLE ROUSSETTE. CHELONIA RUSSULA. GOD.

Bombyx Sannio, Noctua Russula. LINN.
Phalæna Sannio. SCOP. — *Phalæna Vulpinaria.* LINN. *Syst. Nat.*
Bombyx Russula. LINN. FAB. ESP. HUBN. DEVILL. PETAGN.
Eyprepia Russula. OCH. — *Arctia Russula.* LAT.
La Bordure Ensanglantée. GEOFF.
L'Ecaille à Bordure Ensanglantée. ENG.

Le dessus des premières ailes du mâle est d'un jaune roussâtre, avec les bords et une tache centrale d'un rose rouge. Cette tache est plus ou moins entremêlée de brun.

Le dessus des secondes ailes est d'un jaune pâle, avec la base, la tache centrale et la bande postérieure noirâtres; les bords sont rouges comme du côté opposé.

Les secondes ailes sont jaunes en dessous, quelquefois sans taches, quelquefois avec un point brunâtre sur le milieu; les antennes sont pectinées, avec l'extrémité rose.

La femelle diffère du mâle, en ce qu'elle est d'un jaune bien plus roux, en ce que les secondes ailes sont noirâtres à la base, en ce que le dessus de son abdomen est annelé de noir et de brun, et en ce que ses antennes sont presque filiformes.

Cette espèce se trouve aux environs de Paris, dans les mois de juin et d'août.

ECAILLE DU PLANTAIN. CHELONIA PLANTAGINIS. GOD.

Bombyx Plantaginis LINN. FAB. ESP. HUBN. PETAGN.
Phalæna Alpicola. SCOP. — *Arctia Plantaginis.* LAT.
Eyprepia Plantaginis. OCH. — *Phalæna Hospita. Var.* WIEN-VERZ.
L'Ecaille noire à bandes jaunes, l'Ecaille noire à bandes blanches. ENG.

Les premières ailes sont d'un noir foncé en dessus, avec trois bandes et une tache médiaire d'un jaune blanchâtre.

Les secondes ailes sont d'un jaune d'ocre foncé dans le mâle, avec quatre à cinq taches discoïdales, et une bande postérieure sinuée, noires. Dans la femelle, ce dessus est noir, avec une lunule centrale et une bande postérieure d'un rouge fauve; la bande est large, et chargée ordinairement de quatre taches noires.

Le dessous diffère du dessus, en ce que les bandes supérieures des ailes du mâle sont plus jaunes, et en ce que les ailes inférieures de la femelle ont la côte rouge vers leur origine.

Le corselet est noir, avec un collier tantôt rouge, tantôt orangé, suivant le sexe; l'abdomen du mâle est d'un jaune foncé, avec le dos noir; chez la femelle, il est noir, avec une bande rouge crenelée de chaque côté; les antennes sont noires, mais celles du mâle ont la ligne jaunâtre et les bandes plus longues.

Cette espèce se trouve au mois de juin, dans toute la France, surtout dans les départemens du nord.

ECAILLE POURPRÉE. CHELONIA PURPUREA. GOD.

Bombyx Purpurea. LINN. FAB. ESP. HUBN. DEVILL. PETAGN.
Eyprepia Purpurea. OCH. — *Arctia Purpurea.* LAT.
L'Ecaille Mouchetée. GEOFF. ENG.

Les premières ailes sont d'un jaune d'ocre en dessus, avec une multitude de points et de taches d'un brun noirâtre plus ou moins foncé.

Les secondes ailes du dessus du mâle sont roses; d'un rouge cerise chez la femelle, avec la frange des bords postérieurs et internes jaune, et six à sept taches noires éparses et orbiculaires, pour la plupart.

Les premières ailes ont leur dessous d'un jaune lavé de rouge et marqué d'une dixaine de taches noires.

Le dessous des secondes ailes diffère du dessus, en ce qu'il y a plus de jaune que de rouge.

Le corps est d'un jaune d'ocre, avec le ventre rougeâtre, et le dos longé par trois séries de taches noires, dont les intermédiaires plus grandes; les antennes sont jaunes, pectinées chez le mâle, filiformes chez la femelle.

On trouve cette espece aux environs de Paris, dans le mois de juin.

ÉCAILLE CIVIQUE. CHELONIA CIVICA. GOD.
Bombyx Civica. HUBN. — *Bombyx Aulica. var.* ESP.
Bombyx Curialis. BORKH. — *Eyprepia Curialis.* OCH.
L'Ecaille brune. GEOFF.

Les premières ailes sont d'un brun café en dessus, avec une dizaine de taches jaunes, dont trois alignées longitudinalement près de la côte, quatre alignées de même près du bord interne, et trois beaucoup plus petites, formant un arc transversal vis-à-vis du sommet.

Les secondes ailes sont d'un rouge carmin pâle en dessus, lavées de jaunâtre vers la base, avec deux bandes transverses, et une lunule centrale, noires. Dans certains individus, la bande antérieure est plus large que dans d'autres, et la postérieure, ordinairement interrompue dans son milieu, est quelquefois tachetée de rouge près du sommet de l'aile.

Le dessous des quatre ailes diffère du dessus, en ce qu'il est plus pâle, et en ce que la côte des supérieures est rouge.

Le corselet est brun, avec la base des épaulettes brune; l'abdomen est d'un jaune plus ou moins fauve, selon le sexe, avec trois séries de taches noires; les antennes sont brunes, celles du mâle sont pectinées, avec l'extrémité roussâtre.

Cette Ecaille se trouve aux environs de Paris, dans le mois de juin. Elle habite aussi l'Italie et l'Autriche.

ÉCAILLE FERMIÈRE. CHELONIA VILLICA. GOD.
Bombyx Villica. LINN. FAB. ESP. HUBN. SCOP. PETAGN.
Eyprepia Villica. OCH. — *Arctia Villica.* LAT.
L'Ecaille marbrée. GEOFF.

Les premières ailes sont d'un noir foncé et velouté en dessus, avec huit taches d'un blanc jaunâtre; la tache de la base est toujours à peu près en forme de cœur, et celle de l'extrémité est surmontée d'un ou deux points de sa couleur.

Les secondes ailes sont d'un jaune foncé en dessus, avec cinq à sept taches noires.

Le dessous des quatre ailes diffère du dessus, en ce que le bord antérieur est cramoisi.

Le corselet est noir, avec une tache jaunâtre à l'origine des épaulettes; le dessus de l'abdomen est jaune, d'un rouge carmin vers son extrémité, avec trois séries longitudinales de points noirs; les antennes sont noires; elles sont pectinées chez le mâle, filiformes chez la femelle.

On trouve assez communément cette Ecaille au mois de juin, dans les bois et dans les parcs des environs de Paris.

ÉCAILLE FASCIÉE. CHELONIA FASCIATA. GOD.

Bombyx Fasciata. ESP. — *Bombyx Fasciata, Bombyx Tigrina.* DEVILL.
Bombyx Gratiosa. HUBN. — *Arctia Fasciata.* LAT.
Eyprepia Fasciata. OCH.

Les premières ailes sont d'un blanc jaunâtre en dessus, avec des taches et des bandes transversales d'un noir velouté chatoyant en bleu.

Les secondes ailes sont d'un jaune fauve en dessus, avec le pourtour écarlate, et sept taches noires, dont les quatre antérieures plus petites, et groupées deux à deux sur le disque.

Le dessous des quatre ailes diffère du dessus, en ce que l'origine de la côte des supérieures est lavée de rouge.

Le corselet est d'un noir foncé; le dessus de l'abdomen est rouge, avec une rangée longitudinale de points dorsaux et la partie postérieure, noirs; le dessous est noir, avec le bord des anneaux rouge; les antennes du mâle sont pectinées, celles de la femelle sont ciliées et très noires dans les deux sexes.

Cette Ecaille se trouve au mois de juin, dans les départemens les plus méridionaux de la France.

ÉCAILLE PUDIQUE. CHELONIA PUDICA. GOD.

Bombyx Pudica. FAB. ESP. HUBN. PETAGN.
Bombyx pudica, Noctua Tessellata. DEVILL. — *Arctia Pudica* LAT.
Eyprepia Pudica. HUBN. — *L'Ecaille noire à taches blanches.* ENG.

Les premières ailes sont d'un brun légèrement incarnat en dessus, avec une multitude de taches noires triangulaires.

Le dessus des secondes ailes est incarnat dans la femelle, avec des taches d'un noir brun sur la côte et en avant du bord postérieur; il est d'un gris perle dans le mâle, avec le bord postérieur quelquefois nu, quelquefois précédé de quelques points noirâtres.

Le dessous des quatre ailes diffère du dessus, en ce qu'il est toujours un peu plus pâle.

Le corselet est noir, avec un collier et deux bandelettes longitudinales d'un blanc incarnat; le dessus de l'abdomen est rose, avec une rangée de taches dorsales et la partie postérieure, noirs; le dessous est d'un noir brun, avec le bord des anneaux jaunâtre; les antennes sont noirâtres, ciliées dans le mâle, presque filiformes dans la femelle.

Se trouve dans le midi de la France, dans les mois de mai et de juin.

ÉCAILLE CAJA. CHELONIA CAJA. GOD.

Bombyx Caja. LINN. ESP. HUBN. SCOP. PETAGN. — *Eyprepia Caja.* OCH.
L'Arctie Martre. LAT. — *L'Ecaille Martre.* GEOFF. ENG.

Les premières ailes sont d'un brun café en dessus, avec des bandes blanches sinueuses, et dont les deux postérieures se croisent en X. De plus, on voit au milieu de la côte deux taches blanches, transverses, finissant en pointe.

Les secondes ailes sont d'un rouge brique en dessus, avec six à sept taches bleues, bordées de noir et légèrement entourées de jaune.

Le dessous des quatre ailes diffère du dessus, en ce qu'il est plus pâle, en ce que les bandes des supérieures ont une teinte rougeâtre, surtout vers la base, et en ce que les taches des inférieures sont entièrement d'un brun café.

Le corselet est d'un brun café, avec un collier rouge; l'abdomen est d'un rouge brique, avec une rangée de cinq à six taches noires sur le dos et des bandes brunes transverses sur le ventre.

Les antennes sont blanches et elles ont les barbes brunes.

Cette espèce varie beaucoup; elle paraît en juin, puis en août. On la trouve dans le centre et dans tout le nord de l'Europe. Elle habite aussi une partie des Etats-Unis d'Amérique.

ÉCAILLE HÉBÉ. CHELONIA HEBE. GOD.

Bombyx Hebe. LINN. FAB. ESP. HUBN. PETAGN.
Arctia Hebe. LAT. — *Eyprepia Hebe.* OCH.
L'Ecaille couleur de rose. GEOFF. — *L'Ecaille rose.* ENG.

Les premières ailes sont d'un noir velouté en dessus, avec cinq bandes blanches, transverses, dont la troisième souvent plus étroite; et les deux postérieures adhérentes par leur milieu. Ces bandes sont toujours bordées de noir.

Les secondes ailes du mâle sont roses en dessus, chez la femelle, elles sont d'un beau rouge carmin, avec une bande transverse, deux taches postérieures et la frange du bord terminal, noires. Chez le mâle, la bande ne descend pas au delà du disque, tandis qu'elle se prolonge chez la femelle jusqu'à la partie postérieure.

Le dessous des quatre ailes diffère du dessus, en ce qu'il est un peu moins foncé, et en ce que les bandes supérieures sont lavées de rouge, principalement vers la base.

Le corps est noir, avec deux colliers rouges et six bandes transverses, également rouges, sur chaque côté de l'abdomen; les antennes sont noires et pectinées, celles du mâle ont les barbes plus longues.

Cette espèce varie beaucoup; elle se trouve aux environs de Paris, dans les mois de mai et de juin.

ÉCAILLE FULIGINEUSE. CHELONIA FULIGINOSA. GOD.

Noctua Fuliginosa. LINN. ESP. DE VILL.

Phalœna Fuliginosa. FAB. HUBN. PETAGN. — *Eyprepia Fuliginosa.* OCH.

Arctia Fuliginosa. LAT. — *L'Ecaille Cramoisie.* ENG.

Le dessus des premières ailes est fuligineux ou d'un brun enfumé, avec le milieu transparent, et marqué vers la côte d'un double point noir; le dessous diffère du dessus en ce qu'il est plus pâle, et en ce qu'il est lavé de rouge à l'origine du bord d'en haut.

Les secondes ailes sont d'un rouge cramoisi de part et d'autre, avec des taches noires, dont deux plus petites, situées à l'extrémité de la cellule discoïdale, les autres formant une bande parallèle au bord postérieur.

Le corselet est fuligineux; le dessus de l'abdomen est d'un rouge cramoisi, avec trois séries longitudinales de taches noires; le dessous des antennes est blanc, le dedans est brunâtre. Ces antennes sont filiformes chez la femelle, légèrement ciliées chez le mâle.

Il y a des individus dont les ailes inférieures sont grisâtres, avec le bord cramoisi et sans bande noire.

Se trouve autour de Paris, dans les mois de juin et de septembre.

ÉCAILLE DEUIL. CHELONIA LUCTIFERA. GOD.

Bombyx Luctifera. FAB. ESP. DE VILL. — *Eyprepia Luctifera.* OCH.
Le Deuil. ENC.

Les quatre ailes de cette espèce sont d'un noir deuil de part et d'autre, avec l'angle postérieure des secondes d'un jaune d'ocre.

Le corps est de la couleur des ailes; l'abdomen est d'un jaune fauve, et longé par trois séries de taches noires en dessus.

Les antennes du mâle sont légèrement pectinées, elles sont filiformes chez la femelle, et noires dans les deux sexes.

On trouve cette Écaille en Suisse, dans le mois de juillet.

ÉCAILLE MENDIANTE. CHELONIA MENDICA. GOD.

Bombyx Mendica. LINN. CLERCK. FAB. ESP. HUBN.
Eyprepia Mendica. OCH. — *Arctia Mendica.* LAT.
La Mendiante. ENC.

Toutes les ailes sont d'un gris souris chez le mâle, d'un blanc un peu transparent chez la femelle, avec quelques points noirs épars.

Le corps est grisâtre, avec cinq rangées longitudinales de points noirs sur l'abdomen; les antennes sont grises et pectinées chez le mâle, noires et filiformes chez la femelle.

Cette espèce se trouve aux environs de Paris, dans les mois de mai et juin.

ECAILLE DE LA MENTHE. CHELONIA MENTHASTRI. GOD.

Bombyx Lubricipeda. LINN. SCOP. DE VILL.
Arctia Menthastri. LAT. *Bombyx Menthastri.*
La Phalène Tigre. GEOFF.

Les quatre ailes sont blanches de part et d'autre, avec trente à trente huit points noirs aux premières, et un à six aux secondes; ces points sont ordinairement moins prononcés en dessous qu'en dessus.

Le corps est blanc, avec cinq rangées longitudinales de points noirs, et le dos des cinq anneaux intermédiaires de l'abdomen d'un jaune fauve; le côté externe des antennes est blanc, le côté interne est noirâtre. Elles sont pectinées chez le mâle, presque filiformes chez la femelle.

On trouve cette espèce aux environs de Paris dans le mois de juin.

ECAILLE LUBRICIPÈDE. CHELONIA LUBRICIPEDA. GOD.

Bombyx Lubricipeda. LINN. FAB. ESP. HUBN.

Eyprepia Lubricipeda. OCH. — *Arctia Lubricipeda.* LAT.

La Phalène Lièvre. ENG.

Les quatre ailes sont d'un jaune pâle, tant en dessus qu'en dessous, avec des points noirs; les points des premières ailes sont au nombre de douze ou de quatorze; les points des secondes ailes varient de un à sept, mais il y en a toujours davantage chez la femelle.

Le corslect est d'un jaune pâle; l'abdomen est d'un jaune fauve, avec cinq rangs longitudinaux de points noirs; les antennes sont grises, avec l'extrémité noire.

Cette espèce se trouve aux environs de Paris, dans les mois de mai et de juin.

GENRE BOMBYX.

BOMBYX. LINN.

Les antennes sont entièrement ou presque entièrement pectinées de chaque côté, soit dans les deux sexes, soit au moins dans les mâles; la trompe est à peine sensible, et ne séparant jamais les palpes qui sont à filets toujours disjoints; la cellule discoïdale des ailes inférieures est fermée par une nervure en chevron plus ou moins prononcé et tournant sa convexité du côté du corps; les chenilles ont de quatorze à seize pates; elles vivent des parties extérieures des végétaux; les segmens de leur chrysalide sont non dentelés sur leurs bords.

BOMBYX V NOIR. B. V NIGRUM. FAB. ESP.

Bombyx Nivosa. HUBN. — *Le V noir.* ENG.

Genus Liparis. OCH. BOISD. *Index meth.*

Cette espèce est d'un blanc verdâtre luisant, avec un arc ou un V à l'extrémité de la cellule discoïdale des ailes supérieures; la teinte est verdâtre, et elle est si tendre qu'elle disparait au bout de quelque temps.

Le corps est verdâtre, avec le dos de l'abdomen crété, et les deux premières paires de pates tachetées de noir.

Les antennes sont rougeâtres, avec la tige de couleur blanche; ces antennes sont beaucoup plus larges chez le mâle que chez la femelle.

Ce Bombyx est très commun aux environs de Paris, dans le mois de juin.

BOMBYX CUL BRUN. B. CHRYSORRHEA.

LINN. FAB. SCOP. PETAGN.

Bombyx Auirflua. ESP. — *Arctia Chrysorrhéa.* LAT.

La Phalène blanche à cul brun. GEOFF. ENG.

Liparis Chrysorrhea. OCH.

Les ailes sont d'un blanc luisant en dessus, tantôt sans taches, tantôt avec un ou deux points noirâtres vers le bord interne des supérieures.

La couleur du dessous est la même que celle du dessus, avec la côte des premières ailes ombrée de noirâtre chez le mâle.

Le corps est blanchâtre, avec les quatre anneaux postérieurs du dos d'un brun obscur et la partie anale garnie de poils d'un fauve ferrugineux.

Cette espèce se trouve aux environs de Paris, dans le mois de juillet.

BOMBYX CUL DORÉ. B. AURIFLUA. GOD. LAT. HUBN.

Liparis Auriflua. OCH.

Entièrement d'un blanc brillant, avec le bord antérieur de ses premières ailes arqué; le dessus du corselet est tout blanc, avec la partie anale d'un jaune doré; les barbes des antennes sont grisâtres.

On trouve cette espèce aux environs de Paris, dans le mois de juillet.

BOMBYX MOINE. B. MONACHA. LINN. FAB.

Le Zig-Zag à ventre rouge. ENG. — *Liparis Monacha.* OCH.

Dans les deux sexes, les premières ailes sont d'un blanc grisâtre en dessus, avec des points et quatre lignes transverses en zig-zag, noirs; les points sont au nombre de seize, dont sept sont à la base, un entre les deux lignes antérieures, et huit le long du bord terminal.

Les secondes ailes sont d'un gris pâle cendré en dessus, avec l'extrémité blanchâtre, et divisée transversalement par une bande plus ou moins obscure, derrière laquelle il y a une série de points noirs, placée sur la frange.

Les quatre ailes sont blanchâtres en dessous, avec deux bandes transverses ondulées et des points marginaux d'un brun noirâtre; la côte des premières ailes est jaune, et marquée de trois gros points noirs, successifs.

Le corselet est blanc, avec le front jaunâtre, et trois taches noires, dont la postérieure est en forme de cœur; l'abdomen est de couleur rose, avec la base blanchâtre et les incisions noires.

Les antennes du mâle sont cendrées, avec la tige blanchâtre aux extrémités, et noirâtre dans son milieu.

Les antennes de la femelle sont entièrement noires, sa partie anale se termine par un oviduc de couleur jaunâtre, corné.

Cette espèce se trouve assez communément aux environs de Paris, dans les mois de juillet et d'août.

BOMBYX GONOSTIGMA. B. GONOSTIGMA. LINN. FAB. ESP.

La Soucieuse. ENC. — *Genus Orgya.* OCH. LAT. BOISD. *Index meth.*

Le dessus des premières ailes du mâle est d'un brun obscur, avec trois taches orbiculaires et trois lignes flexeuses transversales d'un brun marron, puis deux lunules blanches, dont l'une au sommet, l'autre à l'angle interne de l'aile; les taches orbiculaires sont cerclées de gris, et la lunule du sommet est précédée d'une double tache oblongue d'un jaune roussâtre.

Les secondes ailes sont d'un noir brun en dessus, avec les poils cendrés à la base; les quatre ailes présentent une frange blanchâtre entrecoupée de noir.

Les premières ailes sont noirâtres en dessous, avec l'extrémité d'un fauve sale, le sommet précédé d'une lunule blanche, et la frange entrecoupée de noirâtre; le dessous des secondes ailes est à peu près semblable au dessus.

Les antennes sont d'un brun obscur, avec la tige un peu plus pâle.

La femelle est dépourvue d'ailes, son corps est très gros, d'un cendré obscur, avec les pattes et les antennes d'un brun jaunâtre.

Cette espèce se trouve aux environs de Paris, dans les mois de juin et de septembre.

BOMBYX DU COUDRIER. B. CORYLI. LINN. FAB. ESP.

Noctua Coryli. HUBN. — *Phalène du Noisetier.* ENG.
Orgya Coryli. OCH. LAT.

Les premières ailes sont d'un brun roux en dessus, depuis le corselet jusqu'au milieu de l'aile, et d'un gris bleuâtre pour le reste; la frange est entrecoupée de gris et de brun.

Les secondes ailes sont d'un gris roussâtre en dessus, avec la frange également entrecoupée de gris et de brun; les quatre ailes présentent en dessous la même nuance que le dessus des secondes ailes.

La tête est grise, ainsi que le corselet, qui est traversé dans sa longueur par trois lignes d'un brun noir; l'abdomen est d'un gris roussâtre.

Le mâle diffère de la femelle en ce que ses antennes sont pectinées, et en ce que chez la femelle elles sont filiformes.

Cette espèce se trouve aux environs de Paris, dans les mois de mai et de juillet.

BOMBYX PUDIBOND. B. PUDIBUNDA. LINN. FAB. ESP.

La Pate Etendue. GEOFF. — *Orgya Pudibunda.* OCH.

Les pemières ailes sont d'un gris blanc en dessus, avec quatre lignes transverses, et une série de points marginaux d'un brun noirâtre,

Les secondes ailes sont blanchâtres en dessus, avec une bande brunâtre, faisant suite à la ligne postérieure des ailes de devant.

Les quatre ailes ont leur dessous de la même couleur que le dessus des inférieures, avec un point central et une bande postérieure, noirâtres.

Le corps est d'un gris blanchâtre, avec les antennes rousses.

Les antennes du mâle sont plus pectinées que celles de la femelle; le dessus de ses premières ailes présente une large bande discoïdale d'atômes obscurs.

On trouve cette espèce aux environs de Paris, dans le mois de mai.

BOMBYX BUCEPHALE. B. BUCEPHALA.

GOD. LINN. FAB. ESP. HUBN.

Sericaria Bucephala. LAT. — *La Lunule.* GEOFF. ENG.
Genus Pygæra. OCH. BOISD. *Index Meth.*

Les ailes inférieures sont légèrement dentées, avec leur dessus d'un gris argenté, un peu moins brillant vers la côte que vers le bord interne; de plus, on aperçoit trois lignes noires, transverses, dont l'antérieure rapprochée de la base; les deux autres doublées de ferrugineux, séparées par un point blanchâtre légèrement teinté de brun; la ligne postérieure se courbe vis-à-vis la sommité, pour entourer une grande tache d'un jaune d'ocre pâle, sur laquelle sont rangés transversalement sept points oblongs d'un brun clair, et dont les antérieurs sont moins foncés et au nombre de quatre; le bord terminal de l'aile est longé par une double ligne ferrugineuse, et liseré de blanc aux échancrures.

Les secondes ailes sont d'un blanc jaunâtre luisant en dessus, avec la frange légèrement entrecoupée de rougeâtre à l'extrémité des six nervures antérieures.

Les quatre ailes sont d'un jaune pâle en desssus, avec le milieu traversé par une raie ferrugineuse, et le bord postérieur semblable au dessus.

L'abdomen est d'un jaune sale, il présente le long de chaque côté une ligne de points noirâtres; les antennes du mâle sont pectinées, celles de la femelle sont filiformes, et d'un brun jaunâtre dans les deux sexes.

Cette espèce se trouve en France, dans les mois de mai et de juin.

BOMBYX ANACHORÈTE. B. ANACHORETA. GOD. FAB. HUBN.

Bombyx Curtula. ESP. — *La Hausse-queue fourchue.* ENG.

Pygæra Anachoreta. OCH.

Les premières ailes sont d'un gris lilas en dessus, avec quatre lignes blanchâtres transverses, dont la postérieure plus claire, occupant une grande tache d'un brun noirâtre placée à l'extrémité de l'aile. Cette tache vers son milieu présente deux points d'un ferrugineux jaunâtre; elle est violâtre postérieurement, et on aperçoit une double série de petits traits noirs. Deplus, l'angle interne est surmonté de deux points noirs, dont le supérieur plus gros.

Les secondes ailes sont d'un gris légèrement obscur en dessous, avec la frange plus pâle.

Les ailes supérieures sont cendrées en dessous, avec un point blanchâtre sur la côte; les ailes inférieures sont blanchâtres en dessous, avec le milieu traversé par une ligne obscure.

Le corps est d'un gris lilas, avec l'extrémité de l'abdomen noire; le corselet est crété, et présente dans son milieu une tache longitudinale d'un brun noirâtre; les antennes sont cendrées avec l'extrémité blanchâtre.

La femelle diffère du mâle en ce que ses antennes sont moins pectinées.

Cette espèce se trouve aux environs de Paris, dans les mois de mai et de juillet.

BOMBYX FEUILLE DU PEUPLIER. B. POPULI FOLIA.

FAB. GOD. HUBN.

Gastropacha Populi folia. OCH.—*La Feuille du peuplier.* ENC.

Genus Lasiocampa. SCHRANK. BOISD. *Index Meth.*

Les quatre ailes sont d'un jaune fauve en dessus, (cette couleur est ordinairement plus foncée dans le mâle que dans la femelle), avec l'extrémité glacée de gris violâtre, et trois lignes transverses, noirâtres.

Le dessous diffère du dessus, en ce qu'il est plus pâle et légèrement teinté de violet.

Le corps, ainsi que toutes ses parties sont de la même couleur que les ailes; le corselet est divisé longitudinalement dans son milieu par une ligne plus ou moins obscure.

On trouve cette espèce aux environs de Paris, dans le mois de juin.

BOMBYX FEUILLE DU CHÊNE. B. QUERCI FOLIA.

GOD. LINN. FAB. ESP. HUBN.

Gastropacha Querci folia. OCH. -- *La Feuille morte.* GEOFF. ENC.

Lasiocampa Querci folia. SCHRANK.

Les ailes dans les deux sexes, sont d'un ferrugineux plus ou moins foncé en dessus, glacées de violâtre à l'extrémité, avec trois lignes noirâtres transverses, dont l'antérieure plus courte aux secondes ailes, et séparée de la suivante sur les premières par un point central également noirâtre.

Ces mêmes ailes sont d'un ferrugineux chatoyant en violet en dessous, avec deux bandes noirâtres, dont la postérieure est souvent moins distincte.

Le corps est de la même couleur que les ailes.

On trouve cette espèce en Europe, dans le mois de juillet.

BOMBYX BUVEUR. B. POTATORIA, GOD. LINN. FAB.
Gastropacha Potatoria. OCH. — *La Buveuse.* ENG.
Lasiocampa Potatoria. SCHRANK

Les ailes du mâle sont d'un brun tanné et légèrement violâtre en dessus, avec une ligne ferrugineuse, descendant obliquement du sommet au milieu du bord interne; les premières ailes ont l'origine de ce même bord et le disque d'un jaune fauve, et elles présentent vers le milieu de la côte deux points blancs, dont l'inférieur plus gros et souillé de jaunâtre, le supérieur manquant quelquefois. De plus, on aperçoit deux lignes obscures, dont l'antérieure placée transversalement près de la base, la postérieure parallèle au bord terminal, bord dont la frange est jaunâtre à toutes les ailes, mais plus distinctement entrecoupée de brun aux supérieures qu'aux inférieures.

Les quatre ailes sont d'un jaune obscur en dessus, avec une ligne ferrugineuse correspondant à celle de la surface opposée; le corps est jaunâtre, avec le devant du corselet plus foncé; la tige des antennes est blanchâtre, avec les barbes d'un brun grisâtre.

La femelle diffère du mâle, en ce que toutes les parties de son corps, ainsi que les deux surfaces de ses quatre ailes, sont d'un jaune paille, et en ce que la tige ferrugineuse du dessus de ses ailes inférieures se dilate plus ou moins en manière de bande. Quelquefois on rencontre des individus qui sont d'un blanc jaunâtre, et d'autres qui sont presque du même ton que les mâles.

Cette espèce se trouve aux environs de Paris, dans les mois de juin et de juillet.

BOMBYX DU TRÈFLE. B. TRIFOLII. GOD. FAB. ESP. HUBN.
Bombyx Trifolii, Bombyx Medicaginis. BORKH.
Le Petit Minime à bande. ENG.
Gastropacha Trifolii, Gastropacha Medicaginis. OCH.

Les ailes dans les deux sexes sont d'un brun pâle en dessus, avec une bande blanchâtre, transverse, postérieure, un peu moins apparente aux secondes ailes qu'aux premières. Vers le milieu des premières ailes, il existe un point blanc, plus gros et plus apparent dans les mâles que dans les femelles.

Le dessous diffère du dessus en ce qu'il est plus pâle.

Le corps est de la même couleur que les ailes; les antennes sont blanchâtres et les barbes d'un brun clair.

Ce Bombyx se trouve aux environs de Paris, dans le mois de juillet.

BOMBYX DU CHÊNE. B. QUERCUS. GOD. LINN. FAB. ESP. HUBN.

Le Minime à bande. GEOFF. — *Gastropacha Quercûs.* OCH.

Les quatre ailes du mâle sont ferrugineuses, avec une bande arquée, ainsi que la bande du bord terminal des inférieures, d'un jaune fauve. Cette bande est un peu plus pâle en dessous qu'en dessus, quelquefois elle se confond dans la frange des secondes ailes; l'extrémité des premières ailes est saupoudrée de grisâtre entre les nervures, et leur dessus offre vers le milieu un point blanc cerclé de noir; le corps en dessus et en dessous est ferrugineux, avec la tige des antennes jaunâtre.

La femelle est ordinairement d'un beau jaune paille, avec une bande plus claire, précédée sur le dessus des premières ailes d'un point blanc, autour duquel il y a un cercle jaunâtre. Tout le corps est entièrement de la couleur des ailes, avec les barbes des antennes ferrugineuses.

On trouve quelquefois des individus femelles qui sont d'un jaune terne ou presque blanchâtre, et chez lesquels la bande transverse est à peine visible. Il en est d'autres qui se rapprochent des mâles par la couleur brune de leurs ailes.

Ce Bombyx est assez commun dans les environs de Paris, au mois de juillet.

BOMBYX DE LA RONCE. B. RUBI. GOD. LINN. FAB. ESP. HUBN.

La Polyphage. ENC. — *Gastropacha Rubi.* OCH.

Les premières ailes du mâle sont d'un brun tanné en dessus, avec deux lignes blanchâtres, transverses, dont l'antérieure faiblement sinuée, la postérieure un peu courbe en arrière: outre cela, il existe une raie flexueuse d'atômes grisâtres; les secondes ailes sont d'un brun tanné en dessus, avec la frange blanchâtre.

Le dessus de la femelle diffère de celui du mâle, par ses ailes supérieures qui sont lavées de gris, et par ses ailes inférieures qui sont un peu plus pâles.

Les quatre ailes du mâle sont entièrement d'un brun jaunâtre, tandis que celles de la femelle sont d'un brun grisâtre.

Le corps dans les deux sexes est de la même couleur que le dessous des ailes supérieures; la tige des antennes est blanchâtre, les barbes sont d'un brun tanné.

Cette espèce se trouve au mois de mai, dans les environs de Paris.

BOMBYX DE L'AUBÉPINE. B. CRATÆGI. GOD. LINN. ESP. HUBN.

Bombyx Mali, Bombyx Avellanæ. FAB.

Bombyx Cratægi, Bombyx Mali. FAB. — *La Queue Fourchue.* ENG.

Gastropacha Cratægi. OCH.

Chez le mâle, les premières ailes sont d'un gris blanc en dessus, d'un gris cendré chez la femelle, et elles sont traversées dans leur milieu par une bande obscure que renferment deux lignes noires, dont l'antérieure est courbe, et la postérieure anguleuse. De plus, on aperçoit vers l'extrémité une ligne brune, transverse, derrière laquelle est une rangée de huit points noirs qui entrecoupent la frange dans toute sa longueur.

Les secondes ailes sont grises en dessous, avec une ligne centrale et le tiers postérieur brunâtres.

Les quatre ailes sont d'un gris plus ou moins clair en dessous, suivant le sexe, avec une ligne brunâtre.

Le corselet est de la même couleur que les ailes supérieures, la couleur de l'abdomen est semblable à celle des inférieures; la tige des antennes est blanchâtre, les barbes sont cendrées.

Ce Bombyx se trouve aux environs de Paris, dans le mois de septembre.

BOMBYX PROCESSIONNAIRE. B. PROCESSIONEA. LINN. FAB. ESP. HUBN.

La Processionnaire. REAUM. — *La Processionnaire du chêne.* ENG.

Gastropacha Processionea. OCH.

Le dessus des ailes supérieures du mâle est d'un gris blanc, avec trois lignes transverses, une liture également transverse près du bout de la côte, et une lunule centrale d'un brun noirâtre; les ailes inférieures sont d'un blanc grisâtre en dessous, et traversé au delà de leur milieu par une raie brune arquée.

Le dessus des quatre ailes est d'un gris cendré pâle chez la femelle; les supérieures présentent à la base une ombre, au milieu une petite lunule, et vers l'extrémité une raie transverse, un peu plus obscure que le fond; la frange des deux sexes est entrecoupée de brun, et le dessous est d'un gris nu.

Le corselet est gris, avec la partie antérieure noirâtre chez le mâle, d'une couleur tannée chez la femelle; l'abdomen est jaunâtre, avec les incisions cendrées; les antennes sont brunâtres, avec la tige jaunâtre.

Se trouve aux environs de Paris, dans le mois de juillet.

BOMBYX LAINEUX. B. LANESTRIS. GOD. LINN. FAB. ESP. HUBN.

La Laineuse du cerisier. ENC. — *Gastropacha Lanestris.* OCH.

Les ailes sont d'un ferrugineux pâle en dessus, avec une ligne blanche transverse, flexueuse aux supérieures, un peu courte et plus large aux inférieures; les premières ailes sont saupoudrées de blanchâtre à l'extrémité; elles présentent deux gros points blancs, dont l'un est à la base, l'autre vers le milieu de la côte; le bord antérieur des secondes ailes est blanc, excepté à son origine.

Le dessous diffère du dessus par l'absence du point de la base des ailes supérieures.

Le corps est de la même couleur que les ailes; la partie supérieure est noire chez la femelle; les antennes sont brunes, avec la tige blanchâtre.

On trouve cette espèce aux environs de Paris, dans les mois de mai et septembre.

BOMBYX CASTRENSE. B. CASTRENSIS. GOD. LINN. FAB. HUBN.

La Livrée. REAUM. GEOFF. ENC. — *Gastropacha Castrensis.* OCH.

Le dessus des ailes supérieures du mâle est tantôt d'un jaune d'ocre, avec trois raies transverses ferrugineuses; tantôt au contraire ferrugineux, avec deux raies transverses et le bord postérieur d'un jaune d'ocre; les ailes inférieures sont d'un ferrugineux sombre en dessus, avec leur milieu traversé par une ligne plus claire; les quatre ailes sont d'un ferrugineux en dessus; le corps est d'un jaune terne, le dessus de l'abdomen et le bout des antennes sont brunâtres.

La femelle de part et d'autre est d'un ferrugineux tendre, avec deux raies courbes d'un jaune d'ocre sur le dessus des ailes supérieures, une ligne pâle sur le dessus des inférieures et sur le dessous des quatre ailes. Tout le corps est de la même couleur que les ailes, avec le dessus des antennes jaunâtre.

La frange est jaunâtre et irrégulièrement entrecoupée de ferrugineux dans les deux sexes.

Cette espèce se trouve aux environs de Paris, dans le mois de juillet.

BOMBYX NEUSTRIEN. B. NEUSTRIA. GOD. LINN. FAB. ESP. HUBN.
La Livrée des prés. DE GÉER. ENC. — *Gastropacha Neustria.* OCH.

Cette espèce est d'un ferrugineux pâle, surtout chez la femelle, avec deux lignes blanchâtres, transverses, un peu arquées sur le milieu des ailes supérieures, et une moins apparente sur le milieu des inférieures; le dessous diffère du dessus par ses ailes supérieures qui n'ont qu'une seule ligne blanche.

Le corps est de la même couleur que les ailes, le devant du corselet est ferrugineux; la tige des antennes est jaunâtre, avec les barbes brunes

Cette espèce présente plusieurs variétés, qui offrent toutes une frange blanche, irrégulièrement entrecoupée de brun.

Cette espèce est assez commune en Europe, on la trouve au commencement du mois de juillet.

BOMBYX GRAND PAON. B. PAVONIA MAJOR. GOD. FAB. HUBN.
Attachus Pavonia major. LAT. ESP.
Saturnia Pyri. BORKH. — *Le grand Paon.* GEOFF. ENC.
Genus Saturnia. SCHRANK. BOISD. *Index Meth.*

Les ailes sont d'un gris plus ou moins nébuleux en dessus, avec l'extrémité d'un brun noirâtre, et terminée par une large bordure d'un brun jaunâtre. Vers le milieu de chaque aile, dans un cercle noir, on voit un œil également de la même couleur, ayant la prunelle transparente, l'iris d'un fauve obscur et embrassé du côté du corps par un arc blanc, lequel est entouré lui-même par un demi cercle d'un rouge pourpre. Ces yeux sont entourés de deux lignes obliques, rougeâtres, dont la postérieure est très anguleuse; l'antérieure en forme d'S aux secondes. De plus, la base supérieure des premières ailes présente une espace noirâtre, un rang transversal de deux ou trois arcs cramoisis et convexes en dehors, dont le supérieur embrasse dans sa convexité un groupe d'atômes rosés et contigus à une petite tache noire, disposée longitudinalement sur la côte, et près de la naissance de la ligne anguleuse.

Le dessous diffère du dessus, en ce qu'il est généralement plus clair, et en ce qu'il n'y a point d'espace noirâtre à la base des supérieures.

Le corps est entièrement brun, avec les anneaux de l'abdomen d'un gris cendré; les antennes sont jaunâtres.

Le mâle diffère de la femelle, par son corps qui est beaucoup moins gros, et par ses antennes qui sont plus pectinées.

Le grand Paon se trouve très communément aux environs de Paris, dans le mois de mai.

BOMBYX MOYEN PAON. B. PAVONIA MEDIA. GOD.

Bombyx Pavonia Media. FAB. — *Attachus Pavonia Média.* ESP.
Le Moyen Paon. ENG. — *Bombyx Spini.* HUBN.
Saturnia Pavonia Media. OCH.

Les deux sexes sont semblables entre eux, les couleurs sont les mêmes, ils ont beaucoup d'affinité avec le grand Paon. Cependant, ils en diffèrent parce qu'ils sont toujours plus petits, d'un brun cendré, avec le milieu des ailes blanchâtres; les taches oculaires sont placées contre l'iris, au lieu d'être avant l'arc blanc; les angles de la ligne en zig-zag de l'extrémité sont plus arrondis et moins brillans; la bordure est mieux coupée par les nervures et plus sinuée à son côté interne; les premières ailes ont la ligne transverse de la base courbe, et leur sommet n'offre qu'un arc cramoisi.

Les antennes, chez le mâle, sont toujours plus larges et moins pointues que celles de la femelle.

Cette espèce paraît au mois de mai, on la trouve en Hongrie, en Autriche et dans le midi de la Russie.

BOMBYX PETIT PAON. B. PAVONIA MINOR. GOD.

Attachus Pavonia Minor. LINN. ESP. — *Bombyx Pavonia Minor.* FAB.
Le petit Paon. GEOFF. — *Le petit Paon de nuit.* ENG.
Saturnia Pavonia Minor. OCH. — *Saturnia Carpini.* BORKH.

Une grande différence existe chez les deux sexes, mais sous le rapport du dessus ils sont semblables

Les antennes du mâle sont larges et d'un brun tanné; les premières ailes sont d'un brun nébuleux en dessus, piquées de rougeâtre dans leur milieu; le dessous est jaunâtre.

Les secondes ailes sont fauves en dessus, d'un rouge vineux en dessous, avec une bordure blanche intérieurement, obscure extérieurement et un œil central semblable à celui qu'on voit dans l'espèce précédente; les premières ailes présentent outre cela, une tache cramoisie, sur laquelle est un chevron blanc; l'œil central est entouré de blanc sur les deux surfaces des ailes supérieures, et seulement sur le dessous des inférieures, et se trouve, comme dans les espèces précédentes, enfermé entre deux lignes obliques; le corps est brunâtre; les anneaux de l'abdomen sont un peu plus clairs en dessus et d'un gris blanchâtre en dessous.

La femelle est d'un gris cendré plus ou moins foncé; elle a beaucoup de ressemblance avec le Pavonia Media, mais elle en diffère par ses antennes qui sont plus étroites et dont tous les articles sont dentés de chaque côté; par ses ailes supérieures dont le côté interne de la bordure est à peine sinué; par la ligne oblique de sa base qui est brisée, et par la ligne anguleuse de leur extrémité qui aboutit toujours vis-à-vis du milieu de l'aile des inférieures; les anneaux de l'abdomen sont ordinairement un peu plus blanchâtres.

La bordure des secondes ailes est lavée de rouge dans les mâles, et quelquefois dans les femelles.

Cette espèce se trouve aux environs de Paris, dans le mois d'avril.

BOMBYX TAU. B. TAU. GOD.

Attachus Tau. LINN. ESP. — *La Hachette.* ENG.

Genus Aglaia. OCH. BOISD. *Index Meth.*

Les ailes sont d'un jaune fauve en dessus, plus foncé chez le mâle que chez la femelle; l'œil des premières ailes est moins chatoyant que celui des secondes, il est entouré de deux bandelettes d'un jaune plus intense que le fond. On aperçoit entre cet œil et le bord postérieur, une ligne noire, courbe, toujours plus large aux ailes inférieures qu'aux supérieures, et derrière laquelle sont des atômes obscurs.

Le dessous des premières ailes dans les deux sexes, diffère du dessus, en ce que le sommet présente une tache blanchâtre presque en forme de hache, et en ce que la ligne de l'extrémité est convertie en une ligne grisâtre.

Les secondes ailes sont d'un gris brunâtre en dessus, plus claires au sommet, ainsi qu'à l'origine des bords antérieurs et internes, avec deux lignes blanchâtres, parallèles au bord postérieur, et une bande ferrugineuse, au centre de laquelle il y a une tache blanche qui n'est que la répétition de la prunelle de l'œil du dessus.

Le dessus du corps est de la même couleur que les ailes ; le dessous est grisâtre, avec les bords des anneaux blancs; les antennes sont ferrugineuses, larges et pectinées dans le mâle, à peine dentées dans la femelle.

On trouve quelquefois des femelles qui sont d'un jaune obscur, d'autres, au contraire, qui sont comme étoilées, et d'un jaune tirant sur le gris, surtout à la base et au sommet des ailes supérieures.

Le Tau se trouve aux environs de Paris, dans les mois d'avril et mai.

BOMBYX VERSICOLORE. B. VERSICOLORA.

GOD. LINN. FAB. HUEB.

Le Versicolore. ENC. — *Genus Endromis.* OCH. BOISD. *Index Meth.*

Le dessus des premières ailes du mâle est ferrugineux, avec deux lignes noirâtres, centrales, dont l'antérieure courbe est bordée de blanc à son côté interne, la postérieure anguleuse est bordée de la même couleur à son côté externe ; l'espace qui sépare ces deux lignes est lavé de blanc par place, et l'on aperçoit un croissant noirâtre situé à l'extrémité de la cellule discoïdale.

Les secondes ailes sont d'un jaune brun en dessus, traversées dans leur milieu par une ligne noirâtre en forme d'S ; le dessous diffère du dessus, en ce qu'il est généralement plus pâle, en ce que les deux lignes transverses et le croissant des ailes inférieures sont noirs, et en ce que le bord antérieur est blanchâtre.

Le corps est d'un jaune brun, velu, avec le devant du corselet et le bord des épaulettes blancs ; les antennes sont noires.

La femelle diffère du mâle par ses ailes supérieures qui sont d'un ferrugineux terne, par les inférieures qui sont d'un blanc sale, et par le dessus de son abdomen qui est d'un gris cendré.

Le Versicolore se trouve aux environs de Paris, dans les mois de mars et d'avril.

GENRE ZEUZÈRE.

ZEUZERA. LAT.

Cossus. OCH. FAB.

Les antennes chez les femelles sont sétacées, simples, cotonneuses à la base; chez le mâle elles sont pectinées dans leur moitié inférieure.

Les ailes sont en toit dans le repos; la cellule discoïdale des inférieures est fermée transversalement en arrière par une nervure ondée, et divisée longitudinalement par un rameau fourchu qui descend de la base au bord postérieur.

La partie anale des femelles laisse sortir une tarière longue, cornée, tubulaire, servant de conduit aux œufs pour les introduire dans le bois.

Leurs chenilles sont lignivores; elle vivent dans l'intérieur du marronier d'Inde, du pommier, du poirier, etc.

Leurs chrysalides ont, sur chaque anneau de l'abdomen, un double rang d'épines, inclinées en arrière.

ZEUZÈRE DU MARRONIER. ZEUZERA OESCULI. GOD. FAB. OCH.
Noctua OEsculi. LINN. — *Bombyx OEsculi.* ESP. — *La Coquette.* ENG.

Les ailes sont toutes blanches, avec une multitude de points d'un noir bleu aux supérieures, et de petits points noirâtres aux inférieures.

Le corps est blanc, avec les anneaux de l'abdomen et les points sur le thorax, d'un noir bleu.

La femelle diffère du mâle par ses antennes qui sont simples, et par sa partie postérieure qui est terminée par une tarière jaunâtre.

Ce Lépidoptère se trouve aux environs de Paris, dans le mois de juillet; il se trouve quelquefois dans nos jardins publics, comme le Luxembourg, le Jardin-des-Plantes, etc.

GENRE HÉPIALE.

HEPIALUS. GOD. FAB.
Hepialus. OCH. — *Bombyx.* HUBN.

Les antennes sont moniliformes ou grenues, beaucoup plus courtes que le corselet; les palpes inférieurs sont très petits et fort poilus: la trompe est nulle ou imperceptible; les ailes sont longues, étroites, lancéolées ou elliptiques, et toujours en toit dans le repos; la cellule discoïdale des inférieures est fermée transversalement par un rameau fourchu qui descend de la base au bord postérieur.

Leurs chenilles vivent sous la terre, et se nourrissent des racines de différentes plantes : en général, elles ont le corps glabre, muni de seize pates ; leur bouche est armée de deux fortes machoires, avec lesquelles elles coupent les racines ; leurs métamorphoses ont lieu dans des coques qu'elles se construisent avec des molécules de terre, et qu'elles tapissent intérieurement d'un réseau de soie très serré et peu épais ; leurs chrysalides sont cylindriques, un peu convexes du côté du dos, avec l'enveloppe des ailes courbes ; les anneaux de l'abdomen sont garnis d'une double rangée de dents aiguës, et inclinées vers la partie anale.

Les Hépiales sont des lépidoptères qui voltigent ordinairement le soir.

HÉPIALE HECTA. HEPIALUS HECTUS. GOD. FAB. OCH.

Noctua Hecta. LINN. — *Bombyx Hecta.* HUBN.

La Pate en masse et l'Hépatique. ENG.

Le dessus des ailes antérieures du mâle est d'un brun roussâtre clair, avec deux bandes obliques, et une rangée terminale de petits points d'un blanc jaunâtre argenté ; le dessus des ailes inférieures et le dessous des quatre ailes sont d'un brun obscur, avec la frange du bord postérieur entrecoupée de noirâtre.

La femelle diffère du mâle par ses ailes antérieures qui sont d'un brun ferrugineux, avec des taches cendrées, dont la plus extérieure disposée transversalement en face du sommet ; les autres, formant vers le milieu de la surface, deux bandes obliques.

Cette Hépiale se trouve aux environs de Paris, dans le mois de juin.

GENRE PLATYPTÉRIX.

PLATYPTÉRIX. LASP. LAT. OCH.

Drepana. SCHRANK. — *Phalœna.* LINN. FAB. — *Bombyx.* WIEN. ILLIG.

Les palpes inférieurs sont très petits et presque côniques, la trompe est courte et presque nulle ; les antennes sont peu allongées, pectinées dans le mâle, ciliées chez la femelle ; les ailes sont ordinairement grandes et presque horizontales dans le repos ; les supérieures recouvrent alors très peu les inférieures ; le sommet des premières ailes est courbe, ou en forme de faucille; la tête est petite et le corps plus ou moins grêle.

Leurs chenilles ne sont pas arpenteuses, elles présentent quatorze pates, le dernier anneau en étant privé, et se terminant en une queue relevée, simple et tronquée; ordinairement ces chenilles sont rares; leur tête est grosse, aplatie verticalement et échancrée dans le haut, leur dos présente des tubercules dont la forme et la position varient suivant chaque espèce.

Leur chrysalide est contenue dans un cocon à demi transparent; ce cocon est attaché aux parois de la feuille par des fils de soie, il est ouvert par le bout opposé à celui par lequel le papillon doit sortir; leur chrysalide est plus ou moins allongée, couverte d'une poussière bleuâtre.

PLATYPTÉRIX FAUCILLE. P. FALCULA. OCH.

Bombyx Falcula. SCH. — *Bombyx Falcula.* HUBN.

Phalæna Falcatoria. LINN. FAB. — *Phalène Faucille.* DE GÉER.

La Faucille. ENG.

Le dessus des quatre ailes est d'un jaune feuille-morte, plus ou moins clair, avec cinq lignes brunes arquées sur chacune d'elles; les ailes antérieures sont d'un noir bleuâtre à l'angle supérieur, et traversées obliquement depuis cet angle jusqu'au bord interne, par une raie ferrugineuse plus épaisse que les lignes ondulées, et leur disque est marqué d'une tache et de deux points de couleur brune.

Le dessous des quatre ailes est semblable au dessus, à l'exception qu'il n'y a pas d'ombre à l'angle supérieur.

Tout le corps est entièrement de la couleur des ailes.

Cette espèce se trouve aux environs de Paris.

PLATYPTÉRIX HAMEÇON. P. HAMULA. OCH. LASP.

Drepana Hamula. SCH. — *Bombyx Hamula.* HUBN.

Phalœna Falcata. FAB. — *La Serpette et la Faucille.* DE VILL.

La Hameçon. ENG.

L'angle supérieur des premières ailes est aigu et en faucille; le dessus des quatre ailes est d'un fauve plus ou moins vif, traversé de chaque côté par deux lignes jaunes, entre lesquelles on aperçoit deux points d'un noir bleuâtre; mais il arrive souvent que ces points sont a peine marqués sur les ailes supérieures ; les inférieures ne présentent aussi quelquefois qu'une seule ligne jaune.

Les quatre ailes sont d'un jaune fauve uni en dessus, elles ne présentent aucune tache.

Tout le corps est de la même couleur que les ailes.

La femelle diffère du mâle en ce qu'elle est beaucoup plus grande, d'un fauve pâle, et marquée ordinairement de trois lignes jaunes sur les ailes supérieures et sur les inférieures.

Cette espèce se rencontre aux environs de Paris.

BOMBYX QUEUE FOURCHUE. B. FURCULA. GOD. LIN. CLERCK.

Bombyx, Bicuspis, Bifida, Fascimula, Furcula. HUBN.

La petite queue fourchue. ENG.

Genus Dicranura. LAT. BOISD. *Index Meth.*

Les premières ailes sont d'un gris perle en dessus, avec des points noirs à la base et le long du bord terminal ; les points de la base sont suivis d'une bande cendrée, sinuée en arrière, et bordée de chaque côté par une ligne noire, qui est bordée de jaune orangé ; les points du bord sont précédés de deux lignes noirâtres, flexueuses, dont la postérieure tachée de jaune, et adhérant extérieurement à une petite bande cendrée qui fait face au sommet. Outre cela, on aperçoit dans le milieu de la surface, un trait noir transverse, et deux points blancs plus ou moins distincts.

Les secondes ailes sont d'un blanc grisâtre en dessus, avec un arc central brun, une bande postérieure légèrement obscure, et des points marginaux noirs.

Le dessous des quatre ailes est de la même couleur que celles du dessus.

Le thorax est noirâtre, avec un collier d'un gris cendré, et deux lignes transverses orangées ; l'abdomen est gris, avec le bord des anneaux blancs ; la tige des antennes est blanche, avec les barbes brunes.

La femelle a beaucoup de ressemblance avec le mâle.

Cette espèce se trouve aux environs de Paris, dans les mois de mai et de juillet.

BOMBYX CHAMEAU. B. CAMELINA. GOD. LINN. DE VILL. HUBN.

La Crête de coq. GEOFF. — *Genus Notodonta.* OCH. BOISD. *Ind. Meth.*

Les ailes antérieures sont dentées ; le dessus de chaque sexe est tantôt d'un jaune d'ocre sale, tantôt d'un brun feuille-morte terre, avec une raie longitudinale à la base, et deux bandes obliques vers l'extrémité, d'un ferrugineux obscur.

Les ailes inférieures sont d'un jaune grisâtre, avec une bande plus claire, que partage inégalement une tache anale noirâtre, sablée de bleu. De plus, le bord postérieur est lavé de brun.

Les quatre ailes sont d'un jaune pâle en dessus, avec l'extrémité des supérieures légèrement roussâtre.

Le corps est grisâtre, avec une crête sur le thorax, d'un ferrugineux obscur ; les antennes sont d'un brun tanné. Quelquefois il arrive que la bande postérieure du dessus des ailes antérieures s'étend jusqu'aux dentelures du bord.

Cette espèce se trouve communément aux environs de Paris, dans le mois de juillet.

BOMBYX DROMADAIRE. B. DROMEDARIUS.
GOD. LINN. ESP. HUBN.

Le Chameau. ENG. — *Notodonta Dromedarius.* OCH.

Les premières ailes sont d'un brun cendré en dessus, avec la base d'un jaune roussâtre ; on aperçoit, vers le milieu de la surface, une lunule brune, bordée de blanchâtre, suivie d'une rangée de taches de même couleur, dont l'antérieure plus grande, appuyée sur la côte ; les autres, en forme de petits traits longitudinaux, sont placées sur les nervures. De plus, on remarque au bord postérieur une ligne ferrugineuse, sinuée.

Les secondes ailes sont d'un gris cendré en dessus, plus ou moins foncée, suivant le sexe, avec une bande blanchâtre, transverse, et la partie postérieure brunâtre.

Les quatre ailes sont d'un gris pâle en dessus, avec une ligne blanchâtre, commune ; les ailes inférieures présentent une lunule centrale de couleur brune.

Le corps est grisâtre, avec les épaulettes d'un brun obscur, et le milieu du thorax lavé de ferrugineux ; les antennes du mâle sont d'un brun jaunâtre, celle de la femelle d'un brun grisâtre.

Cette espèce se trouve assez communément aux environs de Paris, dans les mois de juin et d'août.

BOMBYX ZIC-ZAC. B. ZIC-ZAC. GOD. LINN. FAB. HUBN.

Le Bois Veiné. GEOFF. ENC. — *Notodonta Zic-Zac.* OCH.

Les ailes antérieures sont d'un jaune chamois plus ou moins obscur en dessus, avec quatre lignes ferrugineuses, transverses, dont les deux antérieures, ondulées, avoisinent la base; les deux postérieures courbes, plus larges, et suivies d'une ligne noire qui longe tout le bord terminal; le milieu de la tête présente un espace blanchâtre, marqué d'un point brun, et derrière lequel on aperçoit un croissant noir; l'intervalle qui existe entre ce croissant de l'avant dernière ligne ferrugineuse est taché de brun noirâtre, et a, chez la femelle, presque la forme d'un œil; la dent du bord interne est noire, coupée par un trait jaunâtre que surmonte une raie ferrugineuse.

Les ailes inférieures sont d'un blanc lavé de brunâtre en dessus, avec une bande transverse plus claire au delà du milieu de la surface, et une liture noire à l'angle de la partie postérieure.

Les quatre ailes sont d'un gris plus ou moins brun en dessous, avec un arc central noirâtre, et une bande transverse blanchâtre. On aperçoit vis-à-vis le sommet des premières ailes une ombre ferrugineuse.

Le corps est d'un gris obscur, avec le milieu du corselet et la base de l'abdomen roussâtres; les antennes sont d'un brun tirant sur le jaune.

Cette espèce se trouve aux environs de Paris, dans les mois de juillet et d'août.

BOMBYX CHAONIEN. B. CHAONIA. GOD. HUBN.

Bombyx Roboris. ESP. — *Noctua Roboris.* FAB.

La Demi-Lune noire. ENC. — *Notodonta Chaonia.* OCH.

Les ailes antérieures sont d'un gris cendré en dessus, avec deux lignes blanches transverses, entre lesquelles il y a une bande blanche, également transverse, dont le milieu présente un croissant noir qui tourne sa convexité du côté du corps. Ces ailes sont blanchâtres à leur base, avec deux points noirâtres. De plus, la frange du bord postérieur est entrecoupée de blanc et de brun.

Les ailes inférieures sont d'un gris légèrement obscur en desssus, avec deux bandes transverses blanchâtres, dont la postérieure terminale est la plus large; la frange est semblable à celle des ailes antérieures.

Les quatre ailes sont d'un gris pâle en dessous, avec une bande transverse et les nervures, brunâtres.

Le corselet est de la couleur des ailes antérieures, avec le devant blanc et un collier noir; l'abdomen est d'un gris jaunâtre; les antennes du mâle sont brunâtres; celles de la femelle grisâtres.

Cette espèce se trouve aux environs de Paris, dans les mois d'août et de mai.

BOMBYX DODONÉEN. B. DODONÆA. GOD. HUBN.

Bombyx Ilicis. FAB. — *Bombyx Trimacula.* ESP. DE VILL.

La Triple Tache. ENG. — *Notodonta Dodonæa.* OCH.

Les ailes antérieures sont d'un gris obscur en dessus, avec deux lignes et une bande blanche, transversales; la ligne antérieure est voisine de la base et courbée en arrière; la ligne postérieure est flexueuse, et placée à peu de distance du côté externe de la bande; l'extrémité présente en outre une éclaircie vis-à-vis le sommet, et la frange du bord postérieure est entrecoupée de blanc et de brun.

Les ailes inférieures sont d'un gris légèrement obscur en dessus, avec une ligne transverse plus claire sur le milieu; la frange du bord postérieur est de la couleur des ailes antérieures.

Les quatre ailes sont d'un gris pâle luisant en dessous, avec une ligne transverse brunâtre sur le milieu.

Le corselet est d'un gris sombre, entremêlé de blanchâtre, avec tout le dessus de l'abdomen d'un gris jaunâtre. Dans les deux sexes, les antennes sont brunâtres.

Cette espèce se trouve aux environs de Paris, dans le mois de mai.

BOMBYX DICTÆOIDE. B. DICTÆOIDES. GOD. ESP. HUBN.

La Porcelaine. ENG. — *Bombyx Gnoma.* FAB.

Notodonta Dictæoides. OCH.

Cette espèce a beaucoup de ressemblance avec le Bombyx Dictæa; il en diffère cependant par ses ailes supérieures, qui ont toujours leur milieu plus gris, et par le trait de l'angle de la partie postérieure qui est plus blanc, un peu plus large et en forme de tache triangulaire; les secondes ailes sont plutôt grises que blanches, et la liture noirâtre de leur angle interne, présente un petit carré blanchâtre, au lieu d'offrir un croissant renversé.

Le corselet est entièrement cendré, le dessus de l'abdomen avec les cinq anneaux, sont roussâtres; les antennes sont de couleur grise, principalement chez la femelle.

Cette espèce se trouve aux environs de Paris, dans le mois de juillet.

BOMBYX TIMIDE. B. TREMULA. HUBN. GOD.

La Timide. ENG. — *Bombyx Trepida.* FAB. ESP.
Notodonta Trepida. OCH.

Les ailes antérieures sont d'un gris obscur en dessus, avec deux lignes flexueuses vers la base, un croissant au milieu de la surface, deux traits longitudinaux vis à-vis du sommet et deux rangées de petites taches le long du bord terminal; le reste du bord interne est noirâtre et entouré de brun; les taches extérieures du bord terminal sont brunâtres : celles qui les précèdent sont en forme de points oblongs, mais la deuxième et la troisième, à compter d'en haut, suivent la direction des nervures. De plus, la région du bord interne est sablée de jaunâtre, et on aperçoit, sur le milieu, une éclaircie blanchâtre, qui est suivie d'un double cordon transversal de petits points pareillement blanchâtres.

Les ailes inférieures sont d'un gris pâle en dessus, avec le bord antérieur parsemé d'atômes obscurs; le bord interne garni de poils jaunâtres, et le bord postérieur longé par une ligne brune, qui précède immédiatement la frange.

Le dessous des quatre ailes diffère du dessus, en ce que leur base est d'un jaune d'ocre très pâle.

Le corps est d'un gris obscur, mélangé de jaunâtre, avec le derrière du corselet noir, et le dessus des deux anneaux antérieurs de l'abdomen, d'un ferrugineux plus ou moins obscur. Dans les deux sexes, les antennes sont d'un brun jaunâtre.

Cette espèce se trouve aux environs de Paris, dans le mois de juin.

BOMBYX TORTUE. B. TESTUDO. GOD.

Bombyx Limacodes. ESP. — *Tortrix Testudinana.* ENG.
La Tortue. ENG. — *Genus Limacodes.* LAT. BOISD. *Ind. Meth.*

Les premières ailes sont d'un jaune fauve en dessus, avec trois lignes noirâtres, dont les deux externes plus longues et convergeant sur la côte au bord d'en haut, l'intermédiaire se liant à l'extérieure, de manière à former un Y renversé. De plus, l'angle interne est un peu plus pâle que le fond de l'aile.

Les quatre ailes sont entièrement jaunes en dessus, à l'exception du disque des supérieures qui est noirâtre dans les mâles.

Les secondes ailes sont d'un brun noirâtre en dessus, avec l'angle de la partie anale fauve.

Chez la femelle, le corps est entièrement jaune ; chez le mâle, il est d'un brun obscur, avec les deux extrémités et les antennes jaunes.

Le mâle diffère encore de la femelle, par sa couleur qui est toujours plus foncée.

Cette espèce se trouve aux environs de Paris, dans le mois de juin.

GENRE NOCTUELLE.

NOCTUA. LINN. FAB.

Un crin constant à l'origine du bord antérieur des secondes ailes; antennes étant le plus ordinairement dentées; trompe étant très en spirale; palpes étant très comprimés ; ailes étant horizontales ou en toit ; corps étant plus squammeux que laineux ; corselet et abdomen étant souvent crêtés ; abdomen étant cônique; chenilles ayant de seize à douze pates.

Le dernier article des palpes est plus court que le précédent, squammeux; la cellule discoïdale des secondes ailes est fermée par une nervure en chevron plus ou moins prononcée, et tournant sa convexité du côté du corps.

NOCTUELLE OCTOGÈNE. NOCTUA OCTOGENA. ESP.

Noctua Octogesima. HUBN. — *Noctua Or.* BORKH.

Tethea Octogesima. OCH. — *L'Octogesime.* ENG.

Genus Cymatophora. TREITSCH. BOISD. *Ind. Meth.*

Les ailes supérieures de cette espèce sont d'un gris nuancé de violet en dessus, principalement vers la base et vers la côte. Chaque aile est traversée dans son milieu par une bande d'un blanc jaunâtre; bordées de deux côtés par une double ligne d'un brun noir, et sur laquelle on remarque une tache qui est quelquefois d'un blanc bleuâtre, quelquefois d'un jaune soufre, avec trois points noirs ; le reste de l'aile est coupé transversalement par deux raies onduleuses, l'une de couleur brune, l'autre de couleur blanchâtre : celle-ci se termine en une tache triangulaire à l'angle extérieur, avec un trait noir, oblique ; la frange est grise et entrecoupée de brun ; le dessus des ailes antérieures est d'un gris obscur, traversé dans son milieu par une bande d'un blanc jaunâtre ; la frange est unie et de même couleur.

Les quatre ailes sont blanchâtres en dessous, avec plusieurs lignes grisâtres à peine marquées ; les supérieures sont lavées de grisâtre à la partie antérieure, avec une tache blanche à l'angle extérieur, qui correspond à celle du dessus.

La tête et le corselet sont couverts de poils moitié bruns et moitié gris ; le corselet est séparé de cette partie, par une ligne noire, qui est d'un gris roux, bordée de violet vers la partie antérieure, avec une tache blanche dans le milieu ; l'abdomen est grisâtre.

Les antennes de la femelle sont blanches en dessus, d'un jaune fauve en dessous. Celles du mâle sont fauves et beaucoup plus grosses.

Cette espèce se trouve aux environs de Paris, dans les mois d'avril et mai.

NOCTUELLE OR. NOCTUA OR. ESP. DUP.

Tethea Or. OCH. — *La Double Bande brune.* ENG.
Noctuelle Or. OLIV. — *Cymatophora Or.* FAB. HUBN.

Les premières ailes sont d'un gris cendré en dessus, légèrement saupoudrées de verdâtre, avec deux bandes transverses sinueuses, noires et plus ou moins marquées, suivant les individus. Entre ces deux bandes, on remarque une tache d'un blanc bleuâtre ; le reste de l'aile est traversé par une ligne de points sagittés, terminée par un trait noir oblique, avec une tache triangulaire d'un blanc bleuâtre à l'angle extérieur ; la frange est unie.

Les secondes ailes sont d'un gris foncé en dessus, avec une raie transverse, plus pâle, dans le milieu.

Les quatre ailes sont d'un gris jaunâtre en dessous, avec plusieurs doubles lignes grises, et une tache blanche à l'angle extérieur des ailes supérieures, qui correspond à celle du dessus ; la tête et la partie antérieure du corselet sont recouvertes par des poils moitié gris, moitié noirs ; l'abdomen est d'un gris foncé dans la femelle ; les antennes sont filiformes et aplaties, avec leur dessus blanc et le dessous fauve. Dans le mâle, les antennes sont beaucoup plus grosses, cylindriques et entièrement fauves.

Cette espèce se trouve, en septembre et en octobre, aux environs de Paris.

NOCTUELLE FLAVICORNE. NOCTUA FLAVICORNIS.

LINN. FAB. HUBN. ESP.

Tethea Flavicornis. OCH.

Phalène deux taches couleur de soufre. — *La Flavicorne.* ENG.

Cymatophora Flavicornis. HUBN. TREITSCH.

Le dessus des ailes supérieures est d'un gris cendré, légèrement saupoudré de verdâtre ou de jaunâtre, suivant les individus, à partir de la base; les deux tiers de chaque aile, sont coupés transversalement par six lignes noires, plus ou moins marquées: la première, c'est-à-dire celle qui part du corselet, est isolée et forme un angle dans le milieu de sa longueur; les trois suivantes sont courbes, parallèles et très rapprochées; les deux dernières, sont également très rapprochées, et divergent avec les précédentes. On remarque une tache d'un jaune soufre, arrondie et légèrement bordée de noir à la partie la plus large de cette divergence; le reste de l'aile présente une bande d'un gris fauve, dentée, et qui longe le bord terminal; la frange est blanchâtre, entrecoupée de brun.

Le dessus des ailes inférieures est d'un gris obscur, avec une bande d'un gris plus foncé au bord terminal; deux lignes parallèles également grises et légèrement flexueuses se font remarquer; la frange, comme celle des ailes supérieures, est entrecoupée de brun.

Les quatre ailes sont d'un blanc jaunâtre en dessous, avec trois lignes, arquées, de couleur grise.

La tête et le corselet sont moitié noirs et moitié gris; l'abdomen est entièrement gris.

Les antennes sont fauves, avec la base blanche dans les deux sexes; elles sont filiformes, aplaties chez la femelle, cylindriques et très grosses chez le mâle.

Cette espèce se trouve aux environs de Paris, dans les mois de mai et d'avril.

NOCTUELLE DOUBLE OMEGA. NOCTUA CÆRULEOCEPHALA. LINN.

Bombyx Cærulcocephala. LINN. FAB. ESP.

Le Double Omega. GEOFF. ENC. — *Bombyx Tête Bleue.* OLIV.

Genus Episema. OCH. TREITSCH. BOISD. *Ind. Meth.*

Le dessus des ailes supérieures est de couleur agate brune, avec une bande d'un gris bleuâtre, s'élargissant dans le haut, et bordée des deux côtés par une double ligne noire. On aperçoit sur cette bande une grande tache jaunâtre irrégulière, qui s'étend depuis la côte jusqu'au milieu de l'aile.

Les ailes inférieures sont d'un gris cendré en dessus, avec un point noir dans le milieu et une tache de couleur noire à l'angle anal.

Les ailes supérieures sont d'un brun obscur en dessous, celui des inférieures est grisâtre, avec le même point et la même tache qu'en dessus.

Le corselet est velu, d'un gris bleuâtre; sa partie antérieure est d'un brun ferrugineux et séparée du cercle par une double ligne noire; la tête et les antennes sont de couleur grise.

Cette espèce se trouve, en octobre, dans les environs de Paris.

NOCTUELLE LIÈVRE. NOCTUA LEPORINA. DUP. HUBN. ESP.

Noctua Bradyporina. HUBN. — *Le Flocon de laine.* ENC.

Bombyx Lièvre. OLIV. — *Genus Acronycta.* OCH. BOISD. *Ind. Meth.*

Le dessus des premières ailes est d'un blanc légèrement roussâtre, saupoudré de gris, avec plusieurs taches noires assez éloignées les unes des autres et en forme de chevron; la frange est blanchâtre, entrecoupée par des lignes noires.

Les secondes ailes sont d'un blanc pur en dessus. Cependant, elles présentent quelquefois des petits points noirâtres, principalement vers le bord terminal.

Les quatre ailes sont d'un blanc uniforme en dessous, avec quelques taches en dessus sur les supérieures; une ligne arquée et un point central gris sur les inférieures.

La tête et le corselet sont blanchâtres; l'abdomen est d'un blanc luisant.

Le dessus des antennes est blanc, avec le dessous noir. Elles sont filiformes dans les deux sexes.

Cette espèce se trouve aux environs de Paris, dans les mois de mai et d'août.

NOCTUELLE DE L'ÉRABLE. NOCTUA ACERIS. DUP. LINN. HUBN.
L'Omicron Ardoisé. ENG.—*Acronycta Aceris.* OCH.

Les premières ailes sont d'un gris blanchâtre en dessus, avec deux taches et deux lignes ondées, noirâtres ; la frange est grisâtre, entrecoupée de noirâtre.

Les secondes ailes sont d'un blanc sale en dessus, ainsi que la frange, avec les nervures et le liseré plus ou moins marqués en gris roussâtre.

Les quatre ailes sont blanchâtres en dessous, avec toutes les nervures marquées de gris.

La tête et le corselet sont grisâtres ; l'abdomen est d'un gris roussâtre.

Les antennes sont grisâtres et filiformes dans les deux sexes.

Cette espèce se trouve communément aux environs de Paris, dans le mois de juin.

NOCTUELLE MÉGACÉPHALE. NOCTUA MEGACEPHALA.
DUP. FAB. HUBN.
Phalène Grosse Tête. DE GÉER. — *La Grosse Tête.* ENG.
Acronycta Megacephala. OCH.

Les ailes supérieures sont d'un gris clair en dessus, quelquefois elles sont lavées de rose quand il y a peu de temps que les individus sont éclos ; les ailes inférieures sont d'un blanc sale en dessus, avec leur bord marginal et leurs nervures noirâtres.

Les quatre ailes sont blanchâtres en dessous, avec les nervures légèrement grisâtres.

La tête et le corselet sont d'une couleur grise foncée ; l'abdomen est d'un gris plus clair.

Les antennes sont grises, filiformes dans les deux sexes.

Cette espèce se trouve aux environs de Paris, dans les mois de mai et d'août.

NOCTUELLE DE LA PATIENCE. NOCTUA RUMICIS.
DUP. FAB. WIEN. ESP.
La Cendrée noirâtre. ENG. — *Noctuelle de la Patience.* OLIV.
Acronycta Rumicis. OCH.

Le dessus des ailes supérieures est d'un gris noirâtre marbré ;

plusieurs lignes noires, dont les unes ondées, les autres dentées le traversent; deux lignes de couleur noire se distinguent à peine du fond sur lequel on en remarque deux autres blanchâtres, une sur chaque aile, placées vers le bord inférieur; la frange est grisâtre, festonnée et entrecoupée de noir.

Le dessus des ailes inférieures est d'un gris jaunâtre, avec le bord marginal lavé de noirâtre, et la frange entrecoupée de grisâtre.

Le dessous des quatre ailes est de la même couleur que le dessus des ailes inférieures, avec un point obscur dans le milieu de chacune d'elles.

La tête et le corselet sont grisâtres; l'abdomen est d'un gris jaunâtre.

Les antennes sont grises, filiformes dans les deux sexes.

Cette espèce se trouve communément aux environs de Paris, dans les mois de mai et de juillet.

NOCTUELLE RUNIQUE. NOCTUA RUNICA. DUP. FAB. HUBN.

Le Runique. ENG.—*Genus Diphtera,* OCH. TREITSCH. BOISD. *Ind. Meth.*

Le dessus des ailes supérieures est d'un brun vert, marqué d'un grand nombre de traits noirs de différentes formes, et dont quelques-uns sont bordés de blanc.

Le dessus des ailes inférieures est d'un gris noirâtre, avec l'extrémité traversée par deux lignes blanchâtres; la frange est blanche, entrecoupée de gris, et séparée du bord marginal par un liseré noir interrompu.

Les ailes supérieures sont d'un gris noirâtre en dessous, avec leur extrémité blanche et festonnée en noir.

Les ailes inférieures sont blanchâtres en desssus, avec leur extrémité également festonnée en noir.

La tête et le corselet sont verts; le lobe supérieur est bordé par deux croissans noirs, surmontés d'une ligne blanche; les lobes latéraux sont bordés de noir du côté de l'attache des ailes, et l'intervalle qui les sépare est marqué de quatre points noirs; l'abdomen est grisâtre; les antennes sont filiformes, et leurs articles sont alternativement noirs et blancs.

Quelquefois on trouve des variétés dont les ailes supérieures sont plus ou moins noirâtres, et dont les traits noirs sont plus ou moins marqués.

On trouve cette espèce dans les mois de juillet et de septembre.

NOCTUELLE ORION. NOCTUA ORION. DUP.

Noctua Aprilina. FAB. HUBN. — *L'Avrilière.* ENG.

Diphtera Orion. OCH.

Le fond des ailes supérieures est d'un brun vert tirant sur le bleu en dessus, avec la côte et deux raies longitudinales qui partent de la base, d'un blanc légèrement rosé dans les individus nouvellement sortis de leur éclosion; la frange, entrecoupée de noir et de blanc, est séparée du bord terminal par une rangée de points noirs triangulaires, accolés à un pareil nombre de points blancs. Trois de ces points, le troisième, le quatrième et septième, en partant de l'angle supérieur, sont accompagnés, du côté interne, d'une tache triangulaire noire. Vient ensuite une raie noire transverse, formant deux angles très prononcés. On aperçoit une autre raie noire également transverse, qui est placée à peu de distance du corselet. On remarque, entre ces deux raies, plusieurs traits noirs.

Les ailes inférieures sont d'un gris foncé en dessus, avec la frange entrecoupée de noir et de blanc, et une tache blanche rayée de noir à l'angle anal.

Les ailes supérieures sont d'un blanc jaunâtre en dessous, teintées de noirâtre vers l'extrémité, avec la côte marquée de trois taches noires et de deux taches blanches; les ailes inférieures sont également d'un blanc jaunâtre en dessous, avec un point noir sur le milieu, et leur bord marginal longé par une bande et une ligne onduleuse d'un gris foncé.

La tête est verte; le lobe supérieur du corselet est noir; les trois autres sont verts et bordés de noir.

L'abdomen est gris, avec une crête noire sur chaque anneau; les antennes sont filiformes, noires, saupoudrées de blanc.

Cette espèce se rencontre en Suisse et en Allemagne; on la trouve aussi aux environs de Paris, dans le mois de juin.

L'espèce qui est représentée à la *planche* 71, sous le nom d'Aprilina, n'est qu'une variété de l'Orion.

NOCTUELLE CHLOÉ. ESP. DUP.

Noctua Algæ. FAB. — *La Chloé.* ENG.

Genus Bryophila. TREITSCH. BOISD. *Index Meth.*

Le dessus des ailes supérieures est d'un vert noirâtre, avec deux bandes transverses, d'un brun vert; l'une près de la base, et l'autre près du bord terminal; la première à son côté externe, est bordée de blanc, marquée de plusieurs points noirs; la seconde est un peu plus étroite, elle est interrompue dans son milieu, par une teinte d'un vert plus foncé, et marquée à ses deux extrémités, de quelques points blancs; la frange est jaunâtre et entrecoupée de brun.

Les ailes inférieures sont d'un gris jaunâtre en dessus, avec la marge lavée de noir, et la frange entrecoupée de brun.

Les quatre ailes sont du même gris en dessous, avec deux raies transverses noirâtres sur les supérieures, un point central et une ligne arquée de la même couleur sur les inférieures.

La tête et le corselet sont mélangés de vert et de noir; l'abdomen est grisâtre; les antennes sont filiformes, et noirâtres dans les deux sexes.

Cette espèce se trouve assez communément aux environs de Paris, dans le mois de juillet.

NOCTUELLE BAIGNÉE. NOCTUA SUFFOSA. DUP. FAB. HUBN.
Bombyx Spinula. ESP. — *Agrotis Suffusa.* OCH.
L'Epineuse. ENG. — *Genus Noctua.* BOISD. *Index Meth.*

Les ailes supérieures du mâle sont d'un gris-bois en dessus, avec deux doubles lignes noires transverses, renfermant deux taches et un anneau noirs. On aperçoit, vers le milieu du bord postérieur de l'aile, une aréole obscure que précèdent deux traits noirs longitudinaux.

Les ailes supérieures de la femelle présentent en dessus les mêmes caractères, à l'exception que le brun de la côte, descend jusqu'au bord interne, de manière à ne laisser qu'une bande grise transversale avant l'aréole noirâtre de l'extrémité.

Les ailes inférieures sont d'un gris bleuâtre chatoyant en dessus, avec la base des nervures noirâtres, et le bord postérieur plus ou moins obscur, suivant le sexe.

Les premières ailes, chez le mâle, comme chez la femelle, sont grisâtres en dessous, avec le disque un peu plus obscur; les secondes ailes sont d'un blanc bleuâtre en dessous, avec la côte sablée de gris; le corselet est brunâtre, avec un collier noir; l'abdomen est cendré; les antennes sont obscures, chez le mâle elles sont pectinées; chez la femelle elles sont filiformes.

Cette Noctuelle se trouve aux environs de Paris, dans les mois de juillet et d'août.

NOCTUELLE MOISSONNEUSE. NOCTUA SEGETUM. HUBN. BOISD.

Agrotis Segetum. OCH. — *La Moissonneuse.* ENG.

Les ailes supérieures du mâle sont d'un gris plus ou moins foncé, avec deux taches médiaires obscures et un chevron noir, enfermé entre deux lignes flexueuses, noirâtres; le limbe postérieur est noirâtre et coupé transversalement à son côté interne par une ligne sinuée, grisâtre. Ces ailes présentent ces mêmes caractères chez la femelle; mais elles sont entièrement d'un brun noirâtre, avec la frange rougeâtre, et les deux lignes transverses du milieu bordées par une couleur blanchâtre.

Dans les deux sexes, les ailes inférieures sont blanches de part et d'autre, avec la base des nervures et une ligne marginale noirâtres; le bord postérieur et le bord interne de la femelle sont ordinairement bordés de brun.

Le corselet est de la même couleur que les premières ailes, avec un simple collier noir; l'abdomen est d'un gris plus ou moins clair, avec le devant de la tête légèrement rougeâtre; les antennes chez le mâle sont pectinées; chez la femelle elles sont filiformes.

Cette espèce se trouve communément aux environs de Paris, dans le mois de juin.

NOCTUELLE EXCLAMATION. NOCTUA EXCLAMATIONIS. LINN. HUBN. BOISD.

Bombyx Exclamationis. ESP. — *Agrotis Exclamationis.* OCH. *La Double Tache.* GEOFF.

Les premières ailes sont d'un gris plus ou moins foncé en dessus, avec trois taches discoïdales, dont les deux supérieures d'un brun noirâtre; l'inférieure très noire, étroite et en forme de cheville. Ces taches sont quelquefois renfermées entre deux lignes noires transverses. De plus, l'extrémité de l'aile est toujours plus obscure que le reste de la surface, et coupée d'un bord à l'autre par une ligne blanchâtre, en zig-zag.

Les secondes ailes du mâle sont blanches en desssus, avec une ligne noirâtre le long du bord postérieur. Elles sont d'un gris bleuâtre dans la femelle, avec l'extrémité un peu plus obscure.

Les ailes antérieures sont presque grises en dessous; les ailes du dessous des postérieures sont semblables au dessus; mais elles en diffèrent par le milieu qui présente une petite tache noirâtre.

Le corps est de la même couleur que les premières ailes, avec un collier noir; les antennes sont grises, légèrement pectinées chez le mâle, filiformes chez la femelle.

Cette espèce se trouve dans les mois de juin et de juillet.

NOCTUELLE ORBONE. NOCTUA ORBONA. FAB. DUP.

Noctua Comes. HUBN. — *Noctua Subsequa.* ESP.

La Suivante. ENG. — *Genus Triphæna.* OCH. TREITSCH. BOISD. *Ind. Meth.*

Les premières ailes sont d'un brun feuill-emorte en dessus, lavées de verdâtre au bord antérieur, avec quatre lignes transverses maculaires, et rapprochées deux à deux. On aperçoit entre ces lignes deux anneaux gris, dont l'antérieur est ovale et oblique; le postérieur réniforme et souillé de noirâtre à sa partie inférieure. De plus, il existe vers l'extrémité une ligne grisâtre, transverse, doublée intérieurement de ferrugineux, et l'on remarque entre le bord postérieur une série de points noirs, plus ou moins prononcés.

Les secondes ailes sont d'un jaune fauve en dessus, avec une lunule centrale, et une bande postérieure noires.

Les ailes supérieures sont d'un jaune pâle en dessous, avec le pourtour extérieur rougeâtre, et une grande tache noire au delà du milieu; les ailes inférieures diffèrent de celles du dessous, en ce qu'elles ont le bord d'en haut largement lavé de rougeâtre.

La tête et le corselet sont de la même couleur que les ailes supérieures; l'abdomen est d'un gris incarnat, avec la base plus pâle; les antennes sont filiformes, leur dessus est grisâtre, leur dessous est ferrugineux.

Cette espèce se trouve communément aux environs de Paris, dans le mois de juin.

NOCTUELLE SUIVANTE. NOCTUA SUBSEQUA. DUP. HUBN.

Triphæna Subsequa. OCH.

Cette espèce ne diffère de l'Orbone, que parce que ses ailes supérieures sont sensiblement plus étroites et toujours marquées, en face du sommet, de deux points noirs, semblables à ceux que l'on voit dans l'espèce suivante.

Cette espèce se trouve dans l'est de la France, dans le mois de juin.

NOCTUELLE PRONUBE. NOCTUA PRONUBA. GOD. ESP. HUBN
Triphæna Pronuba. OCH.

Chez cette espèce, la couleur du dessus des premières ailes varie beaucoup, quelque soit même le sexe : tantôt le dessus est ferrugineux, tantôt d'un brun feuille-morte clair, tantôt d'un brun jaune, plus ou moins foncé de gris bleuâtre ou de gris jaunâtre. On aperçoit vers le milieu de la surface, deux taches, dont l'antérieure ronde et le plus souvent de couleur grise; la postérieure réniforme, obscure, bordée de gris à son extrémité inférieure. On voit ensuite une ligne grisâtre, transverse, immédiatement précédée de deux points qui avoisinent le bord antérieur de l'aile.

Les secondes ailes sont toujours d'un jaune fauve en dessus, avec une bande noire, sinuée, médiocrement large, placée un peu avant le bord postérieur, lequel est, ainsi que la frange, du même jaune que le fond de l'aile.

Les ailes supérieures sont d'un jaune fauve en dessus, avec le milieu noirâtre et le sommet un peu vineux; le dessus des ailes inférieures ne diffère qu'en ce qu'il a tout le bord postérieur d'en haut rougeâtre.

Le corselet est de la couleur des ailes supérieures, avec la partie antérieure plus claire; l'abdomen est d'un fauve plus ou moins sale, avec la base grisâtre; les antennes sont filiformes, brunes, avec la partie inférieure jaunâtre.

Cette espèce se trouve aux environs de Paris, dans les mois de juin et juillet.

NOCTUELLE GRIS DE LIN. NOCTUA LINOGRISEA. GOD. FAB. ESP.
Triphæna Linogrisea. OCH. — *La Lignée.* ENG.

Vers la côte, les premières ailes sont d'un gris blanchâtre en dessus, d'un gris rougeâtre vers le bord interne, avec l'extrémité ferrugineuse. Sur le milieu de la surface, on aperçoit trois anneaux noirs, dont l'extérieur réniforme, l'intermédiaire rond et plus petit, l'intérieur allongé et ouvert par en bas. Viennent ensuite deux lignes noirâtres, transverses, puis une ligne jaunâtre, également transverse. Enfin, une ligne noire en feston, qui longe tout le bord postérieur.

Les secondes ailes sont d'un jaune fauve en dessus, avec une bande noire placée avant la frange, qui est jaune et qui a la moitié supérieure mouchetée de noir.

Les premières ailes sont noirâtres en dessous, avec les bords antérieur et interne jaunâtres; le bord postérieur rougeâtre et chargé d'une ligne noire en feston.

Le dessous des secondes ailes diffère du dessus, en ce qu'il est plus pâle et lavé de rougeâtre antérieurement.

Le corselet est grisâtre, avec la partie antérieure d'un gris jaunâtre, marquée d'une double ligne ferrugineuse; l'abdomen est jaunâtre, avec la partie postérieure d'un gris rougeâtre; les antennes sont brunes.

On trouve cette espèce en Autriche et en Italie, on la trouve aussi dans le midi de la France, dans les mois de juin et de juillet.

NOCTUELLE JANTHINE. NOCTUA JANTHINA. GOD. FAB. HUBN.

Triphæna Janthina. OCH. — *Noctuelle Janthine.* OLIV.

La Phalène brune à tache jaune aux ailes inférieures. GEOFF.

Le Casque. ENC.

Les premières ailes sont d'un brun noirâtre en dessus, teintées de violet à la base et vers l'extrémité, avec deux taches grisâtres sur le milieu, et un espace ferrugineux, marqué de trois points et d'une liture blanchâtres à la partie postérieure de la côte.

Les secondes ailes sont noires en dessous, avec le disque et tout le bord postérieur orangés.

Les ailes supérieures sont briquetées en dessous, avec le milieu noir; les ailes inférieures sont jaunes, avec le bord antérieur briqueté et une large bande noire postérieure qui ne couvre pas le sommet.

Le corselet est d'un brun noirâtre, avec le devant d'un vert pistache, et bordé par une ligne blanchâtre; le dessus de l'abdomen est gris; le dessous est rougeâtre.

Les antennes sont brunes, filiformes dans les deux sexes.

Cette espèce se trouve dans le midi de la France et aux environs de Paris, dans les mois de juin et juillet.

NOCTUELLE FRANGE. NOCTUA FIMBRIA. GOD. LINN. HUBN.

Triphæna Fimbria. OCH. — *La Frangée.* ENC.

Les premières ailes sont d'un gris incarnat en dessus, avec quatre lignes transverses et deux anneaux blanchâtres; la ligne antérieure est beaucoup plus courte que les autres; les deux lignes du milieu embrassent, indépendamment des taches annulaires, une bande toujours plus intense que le fond, qui se retrécit à mesure qu'elle approche du bord interne de l'aile; la côte présente en outre, immédiatement avant la ligne postérieure, un espace du même ton que cette bande, et sur lequel il y a une petite tache noire, surmontée de deux points blancs; les lignes sont aussi bordées d'une couleur semblable à celle de la bande.

Les secondes ailes sont d'un jaune orangé en dessus, avec une bande très noire et très large, ne couvrant cependant pas le bord postérieur.

Les ailes supérieures sont d'un jaune pâle en dessus, avec le milieu plus ou moins noir, et l'extrémité blanchâtre.

Le dessous des secondes ailes diffère du dessus, en ce que le sommet est blanchâtre.

Le corselet est de la couleur des premières ailes, le dessus de l'abdomen est de la même couleur que les ailes inférieures, et le dessous est d'un gris blanc.

Les antennes sont brunes, filiformes, avec la base blanchâtre.

Cette espèce habite l'Italie, l'Allemagne et la France, on la trouve dans les mois de juin et juillet.

NOCTUELLE DU SALSIFIS. NOCTUA TRAGOPOGONIS.

DUP. FAB. ESP. HUBN.

Noctuelle du Tragopogon. OLIV. OCH. — *La Triponctuée.* ENC.
Genus Amphipyra. OCH. TREITSCH. BOISD. *Index Meth.*

Les premières ailes sont d'un brun luisant en dessus, et présentent dans leur milieu trois petites taches. De plus, vers l'extrémité de la côte, on aperçoit trois petits points blanchâtres.

Les secondes ailes sont d'un gris livide en dessus, avec un léger reflet rougeâtre.

Les quatre ailes sont d'un gris pâle luisant en dessous, avec un point obscur sur le disque.

Le corps est noirâtre, avec des poils d'un gris rougeâtre à la base de l'abdomen.

Cette espèce se trouve aux environs de Paris, dans le mois de juillet.

NOCTUELLE MAURE. NOCTUA MAURA. GOD.

Mormo Maura. OCH. — *Genus Mania.* TREITSCH. BOISD. *Index Meth.*

Les premières ailes sont d'un gris obscur en dessus, vers la base, et sur la côte jusqu'au delà du milieu, avec des mouchetures noirâtres, puis deux bandes flexueuses, dont l'antérieure est divisée longitudinalement près de son côté interne, par une ligne noirâtre. De plus, on aperçoit le long du bord terminal une ligne grise à feston et bordée de noir.

Les secondes ailes sont noirâtres en dessus, avec deux bandes grises, transverses, dont l'antérieure linéaire et un peu courbée inférieurement ; la postérieure marginale et chargée d'une ligne ondulée noirâtre.

Les quatre ailes sont d'un noir pâle luisant en dessous, avec une ligne transverse et l'extrémité blanchâtres.

Cette ligne est précédée d'une liture centrale noire, et l'on aperçoit avant la frange une série de petites lunules noirâtres.

Le corps est grisâtre, avec trois brosses dorsales plus foncées ; le dessus des antennes est grisâtre, avec le dessous brun, et filiformes dans les deux sexes.

La femelle diffère du mâle, en ce qu'elle est moins colorée.

Cette Noctuelle habite toute la France, on la trouve aux environs de Paris, dans le mois de juillet.

NOCTUELLE LEUCOPHEÉ. NOCTUA LEUCOPHÆA. DUP. HUBN. BORKK.

Hadena Leucophæa. BORKH. TREITSCH. — *Bombyx Fulminea.* FAB.

La Coureuse. ENG. — *Genus Heliophobus.* BOISD. *Index Meth.*

Les ailes supérieures sont d'un gris rougeâtre pâle ; leur milieu est traversé par une large bande trapezoïde, de couleur bistrée, longée de chaque côté par une ligne de la même couleur, et sur laquelle les nervures et les deux taches se dessinent en clair. Cette bande présente en outre plusieurs taches d'un brun noir ; le bord terminal est occupé par une bande couleur bistre, profondément dentée, et contre la quelle viennent s'appuyer plusieurs petites taches d'un brun noir ; la frange est également dentée.

Les ailes inférieures sont en dessus du même gris que le fond des ailes supérieures, avec les nervures brunes et un petit croissant obscur dans le milieu.

Les quatre ailes sont d'un gris roussâtre en dessous, avec une ligne arquée et un point central brun sur chaque aile.

La tête est d'un gris roussâtre; le corselet est du même gris, traversé à sa partie supérieure par plusieurs lignes brunes; l'abdomen est grisâtre; les antennes du mâle sont pectinées et roussâtres, celles de la femelle sont grises et filiformes.

La femelle diffère du mâle, en ce qu'elle est ordinairement d'une teinte plus pâle.

Cette espèce se trouve aux environs de Paris, dans le mois de mai.

NOCTUELLE CAPSULAIRE. NOCTUA CAPSINCOLA.

DUP. HUBN. ESP.

La Capsulaire. ENG. — *Genus Hadena.* OCH. BOISD. *Index Meth.*

Les premières ailes sont d'un gris nuancé de jaunâtre en dessus, avec les deux taches ordinaires et la ligne du bord terminal blanchâtres.

Le dessus des secondes ailes est d'un gris pâle, un peu plus foncé postérieurement qu'antérieurement.

Les quatre ailes sont d'un gris pâle en dessous, avec un point obscur dans le milieu de chacune d'elles.

La tête est d'un gris jaunâtre; l'abdomen est d'un gris pâle; les antennes sont grises et filiformes.

Cette espèce se trouve aux environs de Paris, dans les mois de juin et septembre.

NOCTUELLE CONTIGUE. NOCTUA CONTIGUA. DUP. HUBN. FAB.

Noctua Spartii. BORKH. — *Noctua Ariæ.* ESP.

La Tache Rousse. ENG. — *Noctuelle Contigue.* OLIV.

Hadena Contigua. OCH.

Les premières ailes sont d'un gris jaunâtre, nuancées de brun en dessus, avec deux taches d'un jaune fauve, placées l'une à la base et l'autre au milieu de l'aile.

Les secondes ailes sont d'un gris jaunâtre obscur en dessus, avec les nervures légèrement marquées de brun.

Les quatre ailes sont d'un gris pâle en dessous, teintées de rougeâtre et pointillées de brun à leurs bords supérieurs, avec un petit croissant noirâtre au centre des inférieures.

La tête et le corselet sont d'un gris bleuâtre, mélangé de brun; l'abdomen est d'un gris jaunâtre; les antennes sont grises et filiformes.

Cette espèce se trouve aux environs de Paris, dans les mois de mai et juin.

NOCTUELLE PLÉBÉIENNE. NOCTUA PLEBEJA. DUP. HUBN.

Noctua Nebulosa. GOTZE. — *Noctua Polymita.* FAB.

La Brodée. ENG. — *Genus Polia.* BOISD. *Index Meth.*

Le dessus des ailes supérieures est d'un gris plus ou moins nébuleux, traversé par plusieurs raies d'un brun foncé. On aperçoit aussi quatre ou cinq taches sagittées d'un brun noir, dont une est beaucoup plus grande à l'angle anal; la frange est entrecoupée de brun noir, et séparée du bord terminal par une ligne de petits croissans noirs.

Le dessus des ailes inférieures est d'un gris brun sans aucuns points, ni sans aucunes taches, avec les nervures un peu plus foncées et la frange blanchâtre.

Les quatre ailes sont d'un gris brun en dessus, avec leur extrémité terminée par une bande blanchâtre. On remarque sur les inférieures un point central et une ligne arquée noirâtres.

La tête et le corselet sont d'un gris blanc; l'abdomen est d'un gris brun, il est lisse chez la femelle, tandis que chez le mâle il est crêté en noir sur les cinq premiers anneaux; les antennes dans les deux sexes sont grises et filiformes.

NOCTUELLE CYTHÉRÉE. NOCTUA CYTHEREA. GOD.

Noctua Texta. ESP. — *Noctua Connexa.* HUBN.

Polia Texta. OCH.

Les premières ailes sont d'un brun obscur en dessus, avec deux lignes blanches, transverses, doublées de noir, entre lesquelles il y a deux anneaux et un croissant noirâtre allongé. On aperçoit derrière la ligne postérieure six à sept traits noirs, coupés transversalement par une raie flexueuse gaisâtre, et allant aboutir à une ligne noire en feston, qui termine l'aile. De plus, on remarque à la base une liture blanche, transversale, et vers le bout de la côte trois à quatre petits points blanchâtres.

Les secondes ailes sont d'un jaune-paille en dessus, avec une bande noirâtre, placée avant la frange qui a l'extrémité jaunâtre.

Les ailes supérieures sont obscures et sans taches en dessous; les ailes inférieures sont semblables à celles du dessus, mais un peu plus pâles.

Le corselet est d'un brun obscur, avec la partie antérieure grisâtre; l'abdomen est jaunâtre.

Cette espèce se trouve aux environs de Paris, dans le mois de juillet.

NOCTUELLE DE L'ARROCHE. NOCTUA ATRIPLICIS.

ESP. FAB. HUBN. DUP.

Le Volant Doré. GEOFF. — *Noctuelle de l'Arroche.* OLIV.
Polia Atriplicis. OCH.

Le dessus des premières ailes est d'un brun chatoyant violet, avec la base et les deux taches ordinaires d'un vert brillant, de même qu'une bande sinueuse, longeant le bord terminal, et dont le côté externe est bordé par une ligne jaunâtre. De plus, on aperçoit une tache oblongue d'un blanc jaunâtre, placée sous la réniforme; la frange est d'un brun violet, légèrement dentelée, coupée par des lignes jaunâtres, et traversée dans sa longueur par une double rangée de croissans noirs.

Le dessus des secondes ailes est d'un brun noirâtre, avec la frange jaunâtre et légèrement sinuée.

Les premières ailes sont d'un gris noirâtre en dessus; celui des secondes ailes est blanchâtre, avec une large bande noirâtre; la tête et le corselet sont verts; l'abdomen est d'un gris noirâtre; les antennes sont grises et filiformes.

Cette espèce se trouve aux environs, de Paris dans les mois de mai et de juin.

NOCTUELLE BASILAIRE. NOCTUA BASILINEA. DUP. FAB. ESP.

La Douteuse. ENG. — *Genus Mamestra.* TREITSCH. OCH.-BOISD. *Ind. Meth.*

Le dessus des premières ailes est d'un gris ferrugineux, avec leur milieu d'une teinte plus foncée; les taches ordinaires sont jaunâtres. Elles sont placées entre deux raies transverses, d'une teinte plus claire que le fond de l'aile, et bordées de brun des deux côtés ; une troisième raie de la même couleur, longe le bord terminal, qui est séparé de la frange par une ligne de points noirs. De plus, on aperçoit une ligne noire horizontale qui part du corselet, et qui se termine à peu de distance de la première des trois raies.

Les secondes ailes sont d'un gris obscur, avec la frange jaunâtre.

Le dessous de toutes les ailes présente la même couleur que le dessus, mais d'une teinte plus claire, avec un point central brun vers les inférieures,

La tête et le corselet sont d'un gris ferrugineux ; l'abdomen est d'un gris pâle, surtout à sa partie antérieure.

Les antennes sont d'un gris ferrugineux et filiformes dans les deux sexes.

Cette espèce est assez commune aux environs de Paris, dans le mois de mai.

NOCTUELLE DU CHOU. NOCTUA BRASSICÆ. DUP. LINN. FAB.

L'Omicron Nébuleux. GEOFF. — *La Brassicaire.* ENG.
Noctuelle du Chou. OLIV. — *Mamestra Brassicæ.* OCH.

Le dessus des quatre ailes est d'un brun nuancé plus ou moins de jaunâtre, suivant les individus, avec leur frange d'un gris pâle ; la tache réniforme est entièrement blanche.

Le dessous des ailes est d'un gris jaunâtre, teinté de noirâtre sur les bords, avec une tache discoïdale entourée de jaunâtre sur chacune d'elles.

La tête et le corselet sont d'un brun noir ; l'abdomen est d'un gris plus ou moins noirâtre, avec son extrémité roussâtre ; les antennes sont d'un gris noirâtre et filiformes.

Cette espèce se trouve aux environs de Paris, dans les mois de mai et juin.

NOCTUELLE DE L'ANSÉRINE. NOCTUA CHENOPODII. DUP. FAB. HUBN.

Noctua, Verna, Saucia. ESP. — *La Triste.* ENG.
Noctuelle de l'Ansérine. OLIV. — *Mamestra Chenopodii.* OCH.

Le dessus des premières ailes est d'un gris cendré, avec trois lignes transverses bordées de noirâtre. Deux de ces trois lignes sont ondées, et la troisième qui longe le bord terminal, décrit un M dans son milieu; la tache réniforme est d'un noir bleuâtre à ses deux extrémités.

L'orbiculaire est marquée par un cercle noir très fin, avec une petite tache obscure au dessous; le bord terminal de la frange, qui est d'un gris jaunâtre et entrecoupé de brun, est séparé par une ligne de points noirs triangulaires.

Les secondes ailes sont d'un gris pâle, avec leur extrémité bordée par une large bande noirâtre; les nervures sont noirâtres; la frange est blanchâtre.

Les quatre ailes sont blanchâtres en dessous, avec deux raies grises, transverses, et à peine marquées sur chacune d'elles. En outre, les premières ailes présentent une tache obscure en croissant, et les secondes un point central noirâtre.

La tête et le corselet sont d'un gris cendré, comme les ailes supérieures; l'abdomen est d'un gris pâle; les antennes sont grises et filiformes.

On trouve cette espèce aux environs de Paris, dans les mois de mai et d'août.

NOCTUELLE POTAGÈRE. NOCTUA OLERACEA.

DUP. FAB. ESP. HUBN.

Noctua Spineciæ. BORKH. — *Ld Potagère.* ENG.
Mamestra Oleracea. OCH. TREITSCH.

Le dessus des ailes supérieures est d'un brun ferrugineux, avec la tache réniforme couleur de rouille et l'orbiculaire marquée par un cercle blanc. On aperçoit sous cette dernière tache, une troisième qui est noirâtre. Une ligne blanche, ayant la forme d'un M dans son milieu, longe une partie du bord terminal; la frange présente la même couleur que les ailes.

En dessous, les ailes inférieures sont d'un gris jaunâtre, avec leur extrémité obscure et un point noirâtre dans le milieu.

Les quatre ailes sont en dessous du même gris que le dessus des ailes inférieures, avec leurs bords ferrugineux et un point noirâtre qui correspond à celui du dessus sur les inférieures.

La tête et le corselet sont d'un brun ferrugineux; l'abdomen est d'un gris jaunâtre; les antennes sont grises et filiformes.

La femelle diffère du mâle, en ce que chez elle, les deux taches ordinaires sont grises et entourées de blanc.

Cette espèce est assez commune dans toute l'Europe, elle se trouve aux environs de Paris, dans les mois de mai, juin et août.

NOCTUELLE BATIS. NOCTUA BATIS. LINN. FAB. ILLIG.

La Batis. ENG.—*Genus Thyatyra.* OCH. TREITSCH. BOISD. *Ind. Meth.*

Les ailes supérieures sont d'un vert brun ou olive, elles présentent chacune cinq grandes taches irrégulières plus ou moins arrondies, d'un rose tendre, et dont le milieu est lavé de brun. Outre ces cinq taches, on en remarque encore une qui est placée au dessus de celle de l'angle anal, et qui se confond avec la frange qui est verdâtre et entrecoupée de brun.

Le dessus des ailes inférieures est d'un gris obscur, avec la base, une raie transverse au milieu et la frange jaunâtres.

Les quatre ailes sont d'un gris jaunâtre en dessous; l'on aperçoit sur les inférieures des éclaircies qui correspondent aux cinq taches du dessus.

La tête est d'un gris verdâtre, la partie antérieure et les épaulettes sont bordées d'une double ligne brune, et la partie postérieure est lavée de rose; l'abdomen est d'un gris jaunâtre; les antennes sont filiformes dans les deux sexes; leur couleur est d'un gris verdâtre.

Cette jolie Noctuelle se trouve en Suisse, dans le mois de juin.

GENRE GONOPTÈRE.

GONOPTERA. LAT.

Calpe. TREITSCH.

Les palpes sont très longs et se rapprochent par le haut; les deux premiers articles sont très épais, et ne se distinguent pas l'un de l'autre; le dernier est très grêle et est presque aussi long que les deux autres ensemble; les antennes du mâle sont pectinées; chez la femelle elles sont ciliées; le milieu de l'avant-corselet est relevé en crête et est aigu; l'abdomen dans toute sa longueur est d'égale largueur et aplati dans les deux sexes; le bord terminal des ailes supérieures est toujours anguleux et denté.

Les chenilles sont glabres, allongées, pourvues de seize pattes, dont quatre trop courtes pour servir à la progression.

La Chrysalide est piriforme et son extrémité postérieure est armée d'une seule pointe.

GONOPTÈRE DÉCOUPURE. GONOPTERA LIBATRIX. DUP. LAT.

Calyptra Libatrix. OCH. — *Calpe Libatrix.* TREITSCH.
Noctua Libatrix. HUBN. — *La Découpure.* ENG.

Le dessus des ailes supérieures est d'un gris rougeâtre, plus ou moins sablé de brun, suivant les individus, avec une tache d'un jaune orangé et sablée de rouge, laquelle part de la base et se bifurque. Cette tache est marquée de deux points blancs, d'un gris pur, dont un placé au centre de l'aile et l'autre entre le corselet. En outre, les ailes sont traversées par deux raies blanches, dont une est double, c'est-à-dire séparée en deux par une ligne brune. On aperçoit une autre ligne, mais à peine marquée; le bord est fortement découpé et terminé par une frange très courte, d'un rouge brun.

Le dessus des ailes inférieures est d'un gris brun obscur, s'éclaircissant un peu vers l'origine.

En dessous, les quatre ailes sont d'un gris violâtre plus foncé sur les bords ; les supérieures dans leur milieu sont traversées par une ligne brune qui correspond à la double raie blanchâtre du dessus ; les inférieures sont tiquetées de noir ; la tête et le corselet sont d'un jaune orangé, mêlé de brun rouge ; l'abdomen est de la couleur des ailes inférieures ; les antennes sont brunes.

Cette Gonoptère est très commune dans toute l'Europe, elle se trouve dans les mois de juin et de septembre.

NOCTUELLE COMMA. NOCTUA COMMA. DUP. LINN. FAB.

Noctua Turbida. HUBN. — *Noctua Pallens.* ESP.
Le Comma blanc. ENG. — *Genus Leucania.* BOISD. *Index Meth.*

Le dessus des premières ailes est d'un gris jaunâtre, avec les nervures blanchâtres et une ombre brune qui s'étend longitudinalement de la base à l'angle supérieur de chaque aile, et sur le milieu de laquelle on aperçoit une ligne blanche sans crochet; à l'extrémité de l'aile on remarque une bande brune coupée par les nervures, avec une série de petits points noirs placés entre ces dernières; la frange est grise et séparée du bord terminal par un double liseré gris.

Le dessus des secondes ailes est d'un gris blanchâtre, avec leur extrémité lavée de brun et les nervures brunes.

Les quatre ailes sont blanchâtres en dessous, avec leur extrémité bordée par une ligne de petits points noirs. On aperçoit sur le milieu des ailes inférieures une autre ligne de pareils points qui le traverse.

La tête et le corselet sont d'un gris jaunâtre, avec la partie antérieure coupée par trois lignes brunes ; l'abdomen est d'un gris blanchâtre ; les antennes dans les deux sexes sont brunes et filiformes.

On trouve cette espèce dans le Nord de la France, dans les mois de juin et de juillet.

NOCTUELLE DE LA MANETTE. NOCTUA TYPHÆ

DUP. HUBN. ESP.

La Manette. ENC. — *Genus Nonagria*. OCH. TREITSCH. BOISD. *Ind. Meth.*

Les premières ailes sont tantôt d'un gris jaunâtre ou roussâtre, mais le plus souvent d'un brun ferrugineux en dessus ; les nervures sont blanches, avec deux rangées transverses de points noirs. On aperçoit encore d'autres points noirs répandus çà et là et sur les nervures, et trois ou quatre points jaunâtres vers la côte ; la frange est de la même couleur que le fond des ailes, et elle est coupée par des petites lignes blanches qui correspondent aux nervures.

Les secondes ailes sont de couleur paille en dessus, avec une bordure brune et la frange jaunâtre.

Le dessous des quatre ailes diffère du dessus, en ce qu'il est finement sablé de noirâtre sur les bords, avec un point obscur au milieu de chaque ailes.

Le corps est de la même nuance que les ailes, ainsi que les antennes, qui chez le mâle sont ciliées et filiformes dans la femelle.

Cette espèce se trouve aux environs de Paris, dans le mois d'août.

GENRE XANTHIE.

XANTHIA. BOISD. *Index Meth.*

Xantia et Gortyna. TREITSCH.

Les palpes sont avancés et divergents ; les deux premiers articles sont larges et comprimés latéralement, et le dernier est très court et de forme cônique ; les antennes sont très longues, légèrement ciliées dans le mâle et filiformes dans la femelle.

Le thorax présente une crête simple, et plus ou moins saillante entre les deux épaulettes ; l'extrémité des premières ailes est coupée presque carrément; l'abdomen est aplati chez le mâle, et plus ou moins cylindrique chez la femelle.

Les chenilles sont glabres, à seize pates, et d'égale grosseur dans leur longueur; elles présentent des couleurs tendres, avec la tête d'un jaune fauve, et ayant la plupart des raies obliques sur chaque anneau. Elles vivent toutes sur les arbres et s'y tiennent cachées, pendant leur croissance, entre deux feuilles qu'elles assujétissent l'une sur l'autre par des liens de soie; les unes s'y changent en chrysalide, dans un léger tissu; les autres descendent de l'arbre pour subir cette transformation dans la terre, ou plutôt à sa superficie, entre des pierres et des feuilles sèches, et entourent leurs coques de détritus qui les environnent; leur chrysalide est piriforme, d'un brun jaunâtre, et armée d'une seule pointe à son extrémité postérieure.

Les Xanthies ne volent que le soir, et se tiennent appliquées contre le tronc des arbres pendant le jour.

XANTHIE SAFRANÉE, XANTHIA CROCEAGO. DUP. OCH. TREITSCH. *Noctua Croceago.* FAB. HUBN. BORKH. — *Noctua Fulvago.* ESP. *La Safranée.* ENG.

Les premières ailes sont d'un jaune fauve très vif en dessus. Chacune de ces ailes est traversée par trois lignes brunes, placées à peu près à égale distance; les deux premières lignes partent du corselet, et forment chacune un angle aigu; la troisième est parallèle au bord terminal, et est légèrement sinueuse. On aperçoit entre cette dernière et celle du milieu une rangée de points bruns; les deux taches ordinaires sont d'un jaune un peu plus clair que le fond. Quand les individus sont bien frais, la frange ne se distingue pas du reste de l'aile.

Le dessus des ailes inférieures est rougeâtre, avec un point central et une ligne transverse d'un brun ferrugineux.

En dessous, toutes les ailes sont de la même couleur que le dessus des ailes inférieures, excepté que leurs bords sont sablés de ferrugineux.

Le corselet et les antennes présentent la même couleur que le dessus des premières ailes; l'abdomen est de la même teinte que le dessus des secondes ailes.

Cette espèce se trouve aux environs de Paris, dans le mois d'octobre.

XANTHIE CIRÉE. XANTHIA CERAGO. DUP. OCH. TREITSCH.

Noctua Cerago. FAB. HUBN.—*Noctua Flavescens.* ESP. BORKH. SCHRANK.
Noctua Crocea. DE VILL. —*Noctuelle Cirée.* OLIV.

Les ailes supérieures sont d'un jaune serin en dessus, avec sept lignes transverses, ondulées et couleur de rouille, sur chacune d'elles. Ces lignes sont quelquefois très marquées et quelquefois presque effacées. Elles sont accompagnées de trois taches de la même couleur et d'un point blanc cerné de brun ferrugineux. La frange est entièrement bordée de ferrugineux.

Les ailes inférieures sont d'un blanc sale en dessus. Les quatre ailes sont aussi de cette couleur en dessous, mais lavées de jaune sur leur bord.

La tête et le corselet sont de la même couleur que le dessus des premières ailes; l'abdomen présente la même teinte que le dessus des secondes ailes.

On trouve cette Xanthie aux environs de Paris, dans les mois de septembre et d'octobre.

XANTHIE CENDRÉE. XANTHIA GILVAGO. DUP. OCH. TREITSCH.

Noctua Gilvago. FAB. ESP. HUBN. —*Noctua Ocellaris.* BORKH.
La Sulphurée. ENG.

Les ailes inférieures sont d'un jaune pâle en dessus, avec le bord interne grisâtre; ce dessus présente plusieurs lignes, plusieurs taches et plusieurs points d'un noir-bleuâtre, disposés de la manière suivante : trois lignes transverses ondées et interrompues, placées sur une bande d'un fauve plus vif que le reste de l'aile, dont elle occupe le milieu; deux autres lignes ondées et quelques points près de la base ; et enfin, trois rangées de points entre la bande précipitée et l'extrémité de l'aile; en dessous, les quatre ailes sont du même jaune, avec leur bord longé par deux lignes ondulées et à peu près marquées.

Les antennes, la tête et le corselet sont jaunâtres; l'abdomen est de la même couleur que les ailes inférieures.

Cette espèce présente plusieurs variétés différant toutes par la couleur et par les lignes qui sont plus ou moins marquées.

On trouve cette espèce aux environs de Paris, dans les mois de septembre et d'octobre.

NOCTUELLE NACARAT. NOCTUA DIFFINIS. DUP. LINN. FAB.

Le Nacarat. GEOFF. ENG. OLIV.

Genus Cosmia. OCH. TREITSCH. BOISD. *Index Meth.*

Le dessus des premières ailes est d'un rouge-brun vif, avec deux points noirs à l'angle extérieur et quatre taches d'un blanc pur à la côte, dont les deux du milieu sont plus grandes que les autres.

Le dessus des secondes ailes est d'un brun foncé, s'éclaircissant un peu vers le haut, avec la frange fauve.

Les premières ailes sont rougeâtres en dessous, sur le bord, et d'un gris noirâtre dans le milieu, avec deux taches blanches correspondant à celles de dessus.

Les secondes ailes sont d'un fauve pâle en dessous, sablées de rouge sur les bords, avec une ligne brune arquée sur le milieu de chacune d'elles.

La tête et le corselet sont d'un rouge brun, l'abdomen est d'un gris rougeâtre avec sa partie postérieure fauve. Les antennes sont filiformes, d'un rouge brun.

La femelle diffère du mâle en ce que les premières ailes sont d'une couleur moins vive, et en ce que les lignes qui les traversent sont blanchâtres au lieu d'être roses.

Cette espèce se trouve aux environs de Paris, dans le mois de juillet.

NOCTUELLE CONSPICILLAIRE. NOCTUA. CONSPICILLARIS DUP.

La Conspicillaire. ENG.— *Genus Xylina.* TREITSCH. BOISD. *Ind. Meth.*

Le dessus des ailes supérieures est d'un gris blanchâtre, et comme roussi à sa base, à son bord interne et à son bord terminal, avec les nervures noires, et une grande tache d'un noir roux qui couvre presque entièrement l'aile, à l'exception du bord interne. Cette tache s'étend le long de la côte, depuis la base jusqu'au bord terminal, où elle est coupée diagonalement par une raie blanche qui descend de l'angle extérieur. La frange est de couleur brune, dentée et entrecoupée de gris noirâtre.

Le dessus des ailes inférieures est d'un blanc sale, avec les nervures brunes.

Les ailes supérieures sont d'un gris clair en dessous, avec une raie noire transverse sur chacune d'elles.

Les ailes inférieures sont d'un blanc luisant en dessous, avec une série arquée de points noirs, et un autre point noir central assis sur chacune d'elles.

La tête est blanchâtre, avec le corselet qui est crêté, et le collier bordé de noir. Le dessus de l'abdomen est d'un gris blanchâtre, le dessous est rougeâtre; les antennes sont grisâtres, filiformes dans les deux sexes.

Cette noctuelle présente une variété qui diffère de la première en ce que la tache noire est remplacée par une teinte d'un gris roux, ce qui laisse voir la réniforme et l'orbiculaire.

On trouve cette espèce aux environs de Paris, dans les mois de mars et d'avril.

NOCTUELLE PUTRIDE. NOCTUA PUTRIX. DUP. FAB ESP. SCHRANK.
Noctua Lignosa. HUBN. — *La Putride.* ENG
Xylina Putrix. OCH. TREITSCH.

Le dessus des ailes supérieures est d'un fauve blanchâtre, strié de roux entre les nervures, avec la partie antérieure ombrée de de brun noirâtre. On aperçoit à l'extrémité de l'aile deux taches de cette dernière couleur, l'une placée à l'angle anal, et l'autre plus haut, allant se réunir à la partie ombrée : les deux taches ordinaires sont d'un noir bleuâtre, entourées chacune d'un cercle roux. Outre cela, chaque aile est traversée par une double rangée de points noirs placés entre la réniforme et le bord terminal, qui est séparé lui-même par une troisième rangée de points semblables ; la frange est blanchâtre et coupée par du brun.

Le dessus des ailes inférieures est d'un blanc roussâtre, avec la frange de la même couleur, et le limbe bordé par des points bruns.

Les ailes supérieures sont d'un brun noirâtre en dessous; celui des inférieures est d'un blanc roussâtre, avec une ligne arquée et un point central noirâtres, sur chacune d'elles.

La tête est jaunâtre, avec la partie antérieure du corselet qui est bordée de roux; l'abdomen est roussâtre; les antennes sont brunes et filiformes.

Cette espèce se trouve en France, dans le mois de juin.

NOCTUELLE RURALE. NOCTUA RUREA. DUP. FAB. BORKH.
Noctua Putrix. HUBN. — *La Bigarrée.* ENG.
Xylina Rurea. OCH. TREITSCH.

Le dessus des ailes supérieures est d'un jaune roussâtre pâle, avec le bord interne blanchâtre, et trois taches d'un brun ferrugineux. On aperçoit entre ces trois taches une double série transverse de petits points noirs, placés également sur les nervures; la tache réniforme se remarque assez bien; l'orbiculaire de forme allongée, est à peine visible. On voit une ligne d'un brun ferrugineux près du corselet; la frange est d'un brun ferrugineux, dentée et entrecoupée de jaune roux.

Le dessus des ailes inférieures est d'un jaune roussâtre, avec la frange jaunâtre.

Les quatre ailes sont jaunâtres en dessous, avec les côtés et les bords lavés de rougeâtre; les supérieures présentent un croissant noirâtre, qui correspond à la tache réniforme du dessus.

La tête et le corselet sont d'un roux foncé; l'abdomen est rougeâtre, avec une crête noire sur les trois premiers anneaux; les antennes sont rousses et filiformes.

On trouve cette espèce aux environs de Paris, dans les mois de mai et de juin.

NOCTUELLE POLYODON. NOCTUA POLYODON. DUP. LINN.

Noctua Radicea. FAB. HUBN. — *La Monoglyphe.* ENG.
Noctuelle Radicée. OLIV. — *Xylina Polyodon.* OCH. TREITSCH.

Le dessus des ailes supérieures est d'un brun roux, traversé par trois raies dentées, d'une teinte un peu plus pâle. Les deux taches ordinaires sont placées entre la raie intermédiaire et celle de la base; leurs contours sont dessinés d'un brun noir; la réniforme est régulière; l'orbiculaire est très allongée dans le sens horizontal; outre cela, on remarque trois lignes noires placées dans la direction des nervures. La frange est dentée et séparée du bord terminal par une ligne festonnée, d'un brun noir.

Le dessus des ailes inférieures est de la même couleur, mais d'une teinte plus claire que les supérieures, avec leur extrémité lavée de brun noirâtre, et la frange plus pâle.

Les quatre ailes sont d'un brun roux en dessous comme en dessus, mais un peu plus clair au milieu que sur les bords, avec une lunule centrale, grise et à peine marquée sur chacune d'elles.

La tête et le corps présentent la même couleur que les ailes; les contours de la partie antérieure du corselet sont dessinés par des lignes d'un brun noir; chez le mâle, l'abdomen est crêté, chez la femelle, il est lisse et terminé dans les deux sexes par des faisceaux de poils qui divergent plus chez le premier que chez la seconde; leurs antennes sont brunes et filiformes.

Cette espèce se trouve dans les mois de juin et juillet, aux environs de Paris.

NOCTULLE DE LA LINAIRE. NOCTUA LINARIÆ.

DUP. ESP. HUBN. BORKH.

La Linariette. ENG. — *Noctuelle de la Linaire.* OLIV.
Xylina Linariæ. OCH. TREITSCH.

Le dessus des ailes supérieures est d'un gris cendré, avec les deux taches ordinaires petites, blanches et bordées de noir.

Le milieu de chaque aile est traversé, dans sa partie inférieure, par deux doubles arcs noirs, opposés l'un à l'autre par le côté convexe; la frange est large, blanche et entrecoupée de gris cendré.

Le dessus des ailes inférieures est d'un blanc sale, avec une large bordure noirâtre, surmontée d'une ligne de la même couleur; la frange est blanche.

Les ailes supérieures sont d'un gris cendré en dessous; celui des inférieures est de la même couleur que le dessus.

La tête est d'un gris cendré; le corselet est de la même couleur, à l'exception de sa partie antérieure, qui est bordée d'une double ligne noirâtre; l'abdomen est de la même couleur, avec les poils des côtés et l'extrémité d'un gris plus pâle; les antennes sont grisâtres et filiformes; le mâle diffère de la femelle en ce que la bande noirâtre qui borde les inférieures est plus large chez elle que chez le mâle.

Cette espèce se trouve aux environs de Paris, dans les mois de mai et septembre.

NOCTUELLE INCARNAT. NOCTUA DELPHINII. DUP. FAB. HUBN.

L'Incarnat. GEOFF. ENG. OLIV. — *Xylina Dephinii.* OCH. TREITSCH.

Le fond du dessus des ailes supérieures est d'un beau rose; chacune d'elles est traversée par deux raies d'un ton plus clair, et bordée de chaque côté par une ligne d'un violet noir; la plus grande de ces raies est sinueuse et longée extérieurement par une bande d'un rose noirâtre; la plus petite forme trois angles obtus, et l'espace qui existe entre elle et le corselet est taché de violet; l'intervalle qui sépare les deux raies est plus clair antérieurement qu'inférieurement, et on aperçoit sur cette partie claire une tache irrégulière d'un violet foncé, et d'où descend une ligne de la même couleur; la frange est d'un gris jaunâtre, séparée du limbe par un liseré qui est quelquefois noirâtre, quelquefois carmin.

En dessus, les ailes inférieures sont blanches à leur naissance, plus ou moins lavées de noirâtre à leur partie inférieure, avec le limbe rose et la frange d'un gris jaunâtre.

Les quatre ailes sont roses en dessous, avec une large bande et un croissant noirâtres sur chacune d'elles.

La tête et le corselet sont d'un gris verdâtre; l'abdomen est d'un gris plus ou moins jaunâtre, teinté de roux sur les côtés; les antennes sont verdâtres et filiformes.

Le mâle diffère de la femelle en ce que les trois premiers anneaux sont crêtés et lisses chez la femelle.

On trouve cette espèce aux environs de Paris, dans le mois de mai.

GENRE CUCULLIE.

CUCULLIA. OCH TREITSCH. DUP.

Le dernier article de leurs palpes est très court, tronqué et presque nu; les antennes sont filiformes dans les deux sexes; cependant celles du mâle paraissent crenelées au dessous, depuis la base jusqu'à la moitié de leur longueur; les deux sexes diffèrent entre eux, en ce que les antennes de la femelle sont plus minces que celles du mâle, et en ce que son abdomen se termine en pointe au lieu d'être bifurqué.

Les Cucullies ont beaucoup de ressemblance entre elles, aucune n'est remarquable par la couleur de ses ailes; la plupart varient du gris roussâtre au gris bleuâtre, avec des stries longitudinales.

Les chenilles ont seize pates et sont entièrement glabres; elles présentent des couleurs unies et assez brillantes; elles sont tellement lisses, qu'elles s'échappent facilement des doigts quand on les prend; aucune d'elles ne vit sur les arbres, elles préfèrent presque toutes les fleurs aux feuilles des plantes dont elles se nourrissent; pour se chrysalider, elles s'enfoncent dans la terre et ne deviennent à l'état parfait qu'au bout de huit ou neuf mois; la chrysalide est contenue dans une coque solide, de forme sphérique et ressemblant assez, extérieurement, à une petite motte de terre.

Les Cucullies ne volent que le soir, et se tiennent appliquées pendant le jour contre les tiges des plantes ou les troncs des arbres.

CUCULLE DU GNAPHALIUM. CUCULLIA GNAPHALII. TREITSCH.
Noctua Gnaphalii. HUBN.

Le dessus des ailes supérieures est d'un gris blanchâtre, avec la moitié de leur largeur, à partir de la côte, lavée de brun, le bord interne noir et les nervures marquées par des lignes noirâtres interrompues. On remarque sur la partie brune de l'aile deux taches ordinaires très bien marquées en gris blanc et séparées par du noir. Près du corselet, l'aile est traversée par une double ligne brune formant deux grands chevrons. A l'angle postérieure, on voit une tache brune coupée par une ligne noire et terminée du côté du bord interne par un croissant entre deux lignes brunes. On remarque aussi une seconde tache brune, placée près de l'angle supérieur. L'extrémité de la côte est marquée de trois points blancs; la frange est entrecoupée de blanc et séparée du bord terminal par une ligne noire, interrompue par les nervures.

Les ailes inférieures sont noirâtres en dessus, avec leur centre plus clair et la frange grise; les quatre ailes sont d'un gris chauve en dessous, à l'exception du centre des inférieures, qui est blanchâtre, avec un point noirâtre au milieu.

La tête est grisâtre, le capuchon est blanchâtre; l'abdomen est d'un gris brun, avec les poils de son extrémité blanchâtres.

Cette espèce se trouve aux environs de Paris, dans le mois de juin.

CUCULLIE DE L'ABSINTHE. CUCULLIA ABSINTHII.
DUP. OCH. TREITSCH.
Noctua Absinthii. HUBN. FAB. BORKH.
Noctuelle de l'Absinthe. OLIV.

Le dessus des ailes est d'un blanc bleuâtre, ombré de gris brun sur les bords et sur le milieu, avec deux séries longitudinales de points noirs; l'aile du côté de la base est traversée par une raie angulaire blanchâtre et bordée de noir des deux côtés. La côte, dans toute sa longueur, est ponctuée de noir et de blanc. On remarque près de l'angle postérieur une tache noire accompagnée d'un petit chevron de la même couleur. L'aile est traversée depuis cette tache à l'angle supérieur par une raie grise, interrompue par les nervures. La frange est d'un gris roux, séparée du bord terminal par une rangée de points noirs très marqués.

Le dessus des secondes ailes est d'un roussâtre pâle, avec leur partie inférieure ombrée de noirâtre, un point gris au centre et la frange blanche. Les quatre ailes sont d'un gris brun en dessous, à l'exception du centre des inférieures qui est jaunâtre.

La tête, les antennes et le corselet sont d'un blanc bleuâtre; l'abdomen est d'un gris jaunâtre.

Cette espèce se trouve très rarement en France, elle est assez commune en Allemagne; on la prend dans les mois de juin et d'août.

CUCULLIE OMBRAGEUSE. CUCULLIA UMBRATICA.

DUP. OCH. TREITSCH.

Noctua Umbratica HUBN. FAB. BORKH. — *L'Ombrageuse.* ENG.

Le dessus des ailes supérieures est d'un gris bleuâtre, avec le centre un peu roussâtre; des stries blanches placées entre les nervures, qui sont finement marquées en noir, et dont quelques unes sont plus ou moins apparentes que les autres, enfin deux raies transverses d'un gris foncé et formant plusieurs angles. La frange est d'un gris bleuâtre, elle est partagée en deux dans sa longueur par une ligne d'un gris plus foncé et séparée du bord terminal par un liseré noir, interrompu par les nervures.

Le dessus des ailes inférieures est tantôt d'un gris sale et tantôt d'un gris brun, avec les nervures noirâtres et la franche blanche.

Le dessus des quatre ailes diffère du dessous en ce qu'il n'y a aucune apparence ni de ligne, ni d'ondulations sur les supérieures, et en ce que les nervures sont à peine marquées sur les inférieures.

La tête et le corselet sont d'un gris bleuâtre; le capuchon est rayé transversalement par quatre lignes, dont une, près du cou, est noire et les trois autres de couleur grise; le dessus des antennes est blanchâtre, le dessous est d'un gris roux.

Cette espèce se trouve aux environs de Paris, dans les mois de mai et de juillet.

GENRE CHRYSOPTÈRE.

CHRYSOPTERA. LAT.

Plusia. TREITSCH.

Les palpes sont très longs, recourbés au dessus de la tête, et la dépassant beaucoup; les antennes, dans les deux sexes, sont filiformes; le corselet présente à la base deux faisceaux de poils, relevés en forme de houppe; les angles supérieur et postérieur des premières ailes sont très aigus et un peu courbes.

L'abdomen est crêté sur les trois ou quatre premiers anneaux.

Les chenilles présentent douze pates, leur tête est petite; les trois premiers anneaux sont plus grêles que les autres, et ceux-ci sont surmontés d'élévations anguleuses.

La chrysalide, dont l'enveloppe de la trompe, des pates et des ailes, se prolonge en une gaîne adhérente à l'abdomen.

CHRYSOPTÈRE MONNOIE. CHRYSOPTERA MONETA. DUP.

Plusia Moneta. OCH. — *Noctuelle Monnoie.* OLIV.

Les ailes antérieures sont sablées d'or sur un fond jaunâtre en dessus, avec une tache d'argent au centre de chacune d'elles. De plus, elles sont traversées par deux lignes ondées de couleur brune, dont une près de la base, et l'autre du côté opposé. La frange est d'un jaune satiné.

Les ailes inférieures sont d'un brun fauve en dessus, avec la frange jaunâtre; les quatre ailes sont d'un fauve clair en dessous.

La tête et le corselet sont jaunâtres. L'abdomen est d'un beau fauve. Les antennes sont de la même couleur que l'abdomen.

Cette espèce se trouve dans les mois de juin et de septembre.

GENRE PLUSIE.

PLUSIA. OCH. TREITSCH. LAT.

Les palpes sont courbés au dessus de la tête et ne la dépassent pas. Les antennes sont filiformes dans les deux sexes.

Le corselet présente à sa base deux faisceaux de poils en forme de houppe. Les deux angles des premières ailes sont aigus et courts.

L'abdomen est crêté sur ses trois ou quatre premiers anneaux.

Les chenilles présentent douze pates, ce qui les oblige à marcher le dos arqué comme les Arpenteuses ; leur corps est ordinairement parsemé de poils rares et courts; la tête est petite, et les trois premiers anneaux sont plus grêles que les autres. Ces chenilles se rencontrent généralement sur toutes sortes de plantes herbacées, principalement sur celles qui croissent dans les endroits humides et marécageux.

Leur chrysalide est presque toujours ovale, avec le dos noirâtre, l'enveloppe de la trompe, des pates et des ailes, se prolonge en une forme de gaîne, qui est adhérente à l'abdomen. Cette chrysalide est toujours renfermée dans une coque de soie blanche, d'un tissu mou et demi-transparent.

PLUSIE DE LA FÉTUQUE. PLUSIA FESTUCÆ. DUP.

Noctua Festucœ. ILLIG. LINN. FAB. — *La Riche.* ENG.

Le dessus des ailes supérieures est d'un brun-rougeâtre sablé d'or le long de la côte et près de la base, à l'angle supérieur et au bord interne, avec trois taches d'argent sur chacune d'elles, dont deux en forme de larme, au milieu, et la troisième, presque linéaire, près de l'angle supérieur; de plus, elles sont traversées par quatre raies d'un brun foncé. La frange est verdâtre et séparée du bord terminal par une ligne noirâtre, longée par une autre ligne d'un brun rougeâtre.

Le dessus des ailes inférieures est d'un gris-jaunâtre, avec la frange rougeâtre.

Les quatre ailes sont sablées de brun et d'un rouge fauve en dessous, avec une raie transverse ondulée et une lunule centrale, noirâtres, sur les inférieures.

Les antennes et la tête sont d'un orangé vif, ainsi que la partie antérieure et le milieu du corselet; le dessus de l'abdomen est d'un fauve pâle, le dessous est rougeâtre, avec une crête orangée, sur chacun des trois ou quatre premiers anneaux.

Se trouve aux environs de Paris, dans les mois de juin et d'août.

PLUSIE CHRYSIDE. PLUSIA CHRYSITIS. DUP. OCH. TREITSCH.

Noctua Chrysitis. LINN. FAB. — *Le Vert doré.* ENG.

Le dessus des ailes est d'un doré très brillant, traversé dans son milieu par une bande brune à reflets violâtres, s'élargissant dans sa partie supérieure, et sur laquelle on aperçoit à peine les deux taches ordinaires ; la frange est du même brun que la bande du milieu, couleur qui se change en jaunâtre, en se rapprochant de celle du fond.

Le dessus des ailes inférieures est d'un gris noirâtre en dessus, avec la frange jaunâtre.

Les premières ailes sont également d'un gris noirâtre en dessous, avec la côte et le bord terminal jaunâtres ; celui des secondes ailes est jaunâtre, avec une ligne ondulée transverse, et un point central, bruns.

La tête et les antennes sont d'un jaune fauve, ainsi que la partie antérieure du corselet. L'abdomen est d'un gris noirâtre, avec une crête rousse sur chacun des trois premiers anneaux.

On rencontre cette espèce dans toute l'Europe ; elle se trouve aux environs de Paris, dans les mois de juin et d'août.

PLUSIE IOTA. PLUSIA IOTA. DUP. OCH. TREITSCH.

Plusia Percontationis. OCH. — *Noctua Iota.* LINN.
Noctua Interrogationis. ESP. — *Phalæna Iota.* ROSSI.
Noctua Protea. CRAMER.

Les ailes supérieures sont nuancées de brun violet en dessus, avec des reflets satinés. On aperçoit un petit signe qui représente un V et un point d'or pâle ; la frange est rougeâtre et légèrement dentelée.

Les ailes inférieures sont d'un fauve pâle en dessus, y compris la frange, avec une large bande marginale noirâtre, surmontée de deux raies parallèles de la même couleur.

Les quatre ailes sont d'un fauve pâle en dessous, avec trois raies et un point central bruns, sur chacune d'elles.

La tête et le corselet sont d'un fauve vif, ainsi que les antennes ; l'abdomen est d'un fauve pâle.

L'espèce qui est représentée au dessous n'est qu'une variété.

Se trouve communément dans le nord de la France, dans les mois de juin et d'août.

NOCTUELLE ALCHIMISTE. NOCTUA ALCHIMISTA. GOD. HUBN.

Noctua Leucomelas. ESP. — *L'alchimiste* GEOFF. ENC.
Genus Catephia. OCH. TREITSCH. BOISD. *Index Meth.*

Les ailes antérieures sont d'un noir grisâtre, avec cinq lignes transverses plus noires, dont l'antérieure basiliaire est en forme de sigma ; les trois intermédiaires irrégulièrement anguleuses ; la postérieure marginale est en feston; la ligne postérieure est précédée d'une bande blanche plus ou moins brunâtre. De plus, on aperçoit trois annelets d'un noir foncé.

Les ailes postérieures sont d'un noir luisant en dessus, avec une grande tache basiliaire et la frange d'un blanc vif satiné.

Les ailes antérieures sont d'un brun noirâtre en dessous, avec l'extrémité blanchâtre, et longée par une ligne sinueuse, correspondant à celle de dessus.

Le dessous des secondes ailes diffère du dessus, en ce qu'il est moins foncé, et en ce que la tache blanche de la base, présente une lunule noire.

Le corps est noirâtre, avec six brosses dorsales, dont la première et la quatrième plus grandes et plus foncées.

Le mâle diffère de la femelle, en ce que ses antennes sont ciliées, en ce que son abdomen est moins gros, et ses ailes moins dentelées.

L'Alchimiste se trouve aux environs de Paris dans le mois de mai.

NOCTUELLE DU FRÊNE. NOCTUA FRAXINI. GOD. LINN. ESP.

La Likenée bleue. GEOFF.

Genus Catocala. OCH. TREITSCH. BOISD. *Index Meth.*

Les premières ailes sont d'un gris cendré en dessus, avec trois lignes noirâtres transverses, dont l'antérieure double; la pénultième plus flexueuse, bordée de jaunâtre en arrière; le milieu de la surface présente, sur un fond obscur, une tache jaunâtre que surmonte un croissant plus petit, également jaunâtre, et on aperçoit, le long du bord postérieur une série de lunules noires, tournant leur convexité du côté du corps. De plus, on remarque à la base un liture noirâtre ayant la forme d'un sigma.

Les secondes ailes sont noires en dessus, avec le milieu traversé par une bande d'un bleu pâle, le bord postérieur blanchâtre est longé par une ligne noire en feston, qui se combine jusque sur les ailes de devant. Les quatre ailes sont d'un bleu blanchâtre en dessous, avec trois bandes noires transverses aux supérieures, avec deux et un point basiliaire aux inférieures.

Le corselet est tout gris, avec un double collier, et le pourtour de épaulettes, noirâtres; l'abdomen est noir en dessus, blanc en dessous, avec les incisions bleuâtres.

Le mâle diffère de la femelle, en ce que son corps est bien moins gros, et ses antennes sont légèrement ciliées au côté interne.

On trouve cette espèce aux environs de Paris, dans le mois d'août.

NOCTUELLE MARIÉE. NOCTUA NUPTA. GOD. LINN. ESP.

Noctua Concubina. HUBN. — *Catocala Nupta.* OCH.

Les premières ailes sont d'un gris cendré en dessus, entremêlées de parties plus claires, avec trois lignes noirâtres transverses, dont l'antérieure double, l'intermédiaire anguleuse, bordée de jaunâtre en arrière, avec l'angle saillant du côté interne, la postérieure à peine apparente. On aperçoit sur leur milieu deux taches orbiculaires, dont la supérieure noirâtre est surchargée d'un anneau jaunâtre; l'inférieure jaunâtre est souillée de brun dans son milieu; le bord terminal est précédé d'une série transverse de points noirs; on remarque sur la frange, qui est de la même couleur que les parties claires de la surface, deux lignes noirâtres en feston. De plus, on aperçoit un signe un peu obscur qui est placé à la base.

Les secondes ailes sont d'un rouge carmin en dessus, avec deux bandes noires transverses, dont l'intérieure courbe dans son milieu; la postérieure beaucoup plus large bordée, par une frange blanche.

Les premières ailes sont d'un noir chatoyant en bleu en dessous, avec trois bandes blanches; le sommet et la frange sont d'un gris blanchâtre, et sur chaque dent on aperçoit un arc noirâtre.

Le dessous des secondes ailes diffère du dessus en ce qu'il présente du blanc vers la côte, surtout entre les deux bandes noires.

Le dessus du corps est cendré, le dessous est blanchâtre; les antennes sont entièrement grises.

Cet espèce se trouve aux environs de Paris, dans le mois de juin.

NOCTUELLE FIANCÉE. NOCTUA SPONSA. GOD. LINN.

Noctua Promissa. FAB. ESP. — *La Likenée rouge.* GEOFF.

Catocala Sponsa. OCH.

Les premières ailes sont d'un gris plus ou moins obscur en dessus, avec trois lignes noires anguleuses, bordées de blanchâtre sur un de leurs côtés; le milieu de la côte présente trois espaces blanchâtres, et le bord terminal de l'aile est longé par une ligne noire crenelée, dans les creux extérieurs de laquelle il y a un point blanc.

Les secondes ailes sont d'un rouge cramoisi en dessus, avec deux bandes noires transverses, dont l'antérieure anguleuse, la postérieure sinuée, plus large et terminée par une frange blanchâtre sur toutes les dents de laquelle il y a une lunule noirâtre en dehors.

Les premières ailes sont d'un noir bleuâtre en dessous, grisâtres à la base ainsi qu'au sommet, avec deux bandes transverses et les bords de la frange blancs.

Le dessous des secondes ailes diffère du dessus en ce que la bande antérieure adhère par son côté interne à un croissant noir discoïdal, et en ce que son côté externe est éclairé de blanc dans sa partie supérieure.

Le corps est cendré de part et d'autre, mélangé de blanchâtre à la partie antérieure et traversé par deux lignes noires, dont la postérieure est doublée de jaunâtre en arrière.

Cette espèce présente quelques variétés assez remarquables.

Le *Sponsa* se trouve aux environs de Paris, dans le mois de juillet.

NOCTUELLE PROMISE. NOCTUA PROMISSA. GOD. *Var.*

Catocala Promissa. OCH.

Les deux premières ailes sont d'un gris obscur en dessus, avec une tache double sur le disque, et quelques petites éclaircies roussâtres placées entre les deux lignes anguleuses postérieures.

Les secondes ailes sont d'un cramoisi vif en dessus, présentant une bande noire antérieure plus large et plus anguleuse, ayant la forme d'un 3 très prononcé et à peu près de la même longueur dans les deux sexes; les quatre ailes présentent le même dessin sur un fond d'un brun noirâtre.

Le mâle diffère de la femelle en ce que l'espace blanchâtre du milieu de la côte des premières ailes descend en manière de bande jusqu'au bord interne de ces ailes.

Cette espèce se trouve dans les mois de juin et de juillet.

NOCTUELLE TIRRHÆA. NOCTUA TIRRHÆA. GOD. FAB. CRAM.

Noctua Vesta. ESP. — *Noctua Auricularis.* HUBN.

Genus Ophiusa. OCH. TREITSCH. BOISD. *Index Meth.*

Les ailes antérieures sont d'un vert olivâtre pâle en dessus, avec deux taches rougeâtres, dont l'antérieure réniforme ; la postérieure orbiculaire est placée sur la côte. Ensuite vient une bande terminale rougeâtre, ayant le côté interne sinué et marqué en face du sommet de deux à trois points noirs, bordés en arrière par un chevron bleuâtre. De la tache qui est placée sur la côte, il part une ligne brunâtre, ondulée, plus ou moins apparente, et qui va aboutir au bord interne.

Les ailes inférieures sont d'un jaune fauve en dessus, avec une bande noire, n'atteignant ni la sommité ni l'angle de la partie anale.

Les quatre ailes sont d'un jaune fauve en dessous, sans taches ordinairement aux secondes ailes, avec une bande noire courte et transverse, vis-à-vis du bord postérieur des premières.

Le corselet est olivâtre, avec l'abdomen d'un jaune fauve. Le dessus des antennes est noirâtre, avec le dessous brun.

Quelquefois on rencontre des individus dont le dessus des ailes est d'un gris tirant plutôt sur l'incarnat que sur le verdâtre. Il en est d'autres dont la bande rougeâtre de ces ailes ne couvre pas entièrement l'extrémité; quelquefois la bande noire des secondes ailes est remplacée par une simple tache.

Cette espèce se trouve dans le midi de la France, en mai et juillet.

NOCTUELLE MONOGRAMME. NOCTUA MONOGRAMMA. GOD. HUBN.

Genus Euclidia. OCH. TREITSCH. BOISD.

Les ailes antérieures sont d'un brun plus ou moins olivâtre en dessus, avec la base et une ligne oblique postérieure d'un jaune verdâtre pâle. De plus, il existe sur le disque deux petites taches blanches dont l'antérieure lunulée, la postérieure dilatée, marquée de deux points noirâtres; le milieu de la tache lunulée est quelquefois saupoudré de jaunâtre. Les ailes inférieures sont d'un jaune fauve en dessus, avec la base d'un noir brun.

Les quatre ailes sont d'un jaune fauve en dessous, avec des atômes noirâtres au milieu et vers l'extrémité des supérieures. La frange de ces dernières est incarnat entrecoupée de noir, avec la frange des inférieures jaunâtre; le corps et jaunâtre et le corselet d'un brun olivâtre; les antennes sont brunâtres et filiformes chez les deux sexes.

Cette espèce se trouve dans le midi de la France.

NOCTUELLE PARTHENIAS. NOCTUA PARTHENIAS. DUP. ESP. HUBN.

L'Intruse. ENG. — *Noctuelle Parthénie.* OLIV.

Genus Brephos. OCH. TREITSCH. BOISD.

Les ailes antérieures sont d'un brun obscur en dessus, saupoudrées de grisâtre, avec le milieu de la surface plus ou moins teinté de ferrugineux, et marqué de deux raies blanches qui sappuient transversalement sur la côte.

Les ailes inférieures sont fauves en dessus, avec une grande tache triangulaire et une bande terminale d'un noir brun; la tache triangulaire qui longe environ les trois quarts de l'aile, adhère par la base à une ligne noire sinuée qui atteint souvent le milieu du bord extérieur. Le milieu du côté interne de la bande terminale est plus ou moins dilaté.

Les ailes antérieures sont fauves en dessous, avec une liture noire transversale, placée au milieu du bord d'en haut, entre deux taches blanches.

Le dessous des ailes antérieures diffère du dessus, en ce qu'il est plus ou moins nuancé de blanchâtre à sa partie postérieure; en dessus comme en dessous, leur frange est entrecoupée de brun.

Le corps est d'un brun obscur; les antennes chez le mâle sont ciliées, chez la femelle elles sont filiformes.

Cette espèce se trouve aux environs de Paris, dans le mois de mai.

GENRE FIDONIE.

FIDONIA. TREITSCH. DUP.

Geometra. LINN. — *Phalæna.* GEOFF.

Les antennes sont pectinées dans les mâles et simples dans les femelles; le bord terminal de leurs ailes est simple et entier; le corselet est étroit et squammeux; les quatre ailes sont parsemées d'atômes de points plus ou moins gros, et forment souvent par leur réunion des raies plus ou moins distinctes; les palpes sont plus ou moins courts et garnis de longs poils; la trompe est plus ou moins courte et quelquefois nulle. Les antennes, dans les mâles des principales espèces, sont très plumeuses.

Les chenilles ont un corps cylindrique et allongé; leur tête est ronde; les unes se changent en chrysalide dans la terre, sans former de coque, et les autres à sa superficie, dans un léger tissu.

FIDONIE PLUMET. FIDONIA PLUMISTARIA. DUP. TREITSCH.

Geometra Plumistaria. BORKH. — *Phalène à Plumet. Encyclop.*

Le dessus des premières ailes du mâle sont d'un jaune pâle, avec quatre bandes transverses de points noirs, entre lesquelles sont épars d'autres points noirs plus petits; la frange est noire et précédée d'une rangée de petites taches carrées, d'un jaune souci. Ces mêmes ailes sont d'un jaune souci en dessous, avec une série de petits points noirs à leur extrémité, et plusieurs taches également noires, le long de la côte.

Le dessus des secondes ailes est d'un jaune souci, traversé au milieu par une raie noire arquée, et plus bas par une rangée de points noirs également arqués. De plus, leur base est parsemée de points noirs de diverses grosseurs; leur frange est également noire. Ces mêmes ailes sont d'un jaunepâle en dessous, avec un grand nombre de points noirs, dont plusieurs correspondent à ceux du dessus.

La tête est noire, avec un point jaune entre les deux yeux; le corselet est noir, ainsi que l'abdomen, qui présente trois taches jaunes sur le bord de chaque anneau; les antennes sont très plumeuses, avec leur tête blanche et leur barbules noires.

La femelle diffère du mâle, par ses couleurs qui sont moins vives.

Cette Fidonie est assez commune dans le midi de la France, elle se trouve dans les mois de mars et de septembre.

GENRE TEIGNE.

TINEA. LINN. FAB.

Les palpes inférieurs sont très apparens, relevés, mais ne dépassant pas ou presque pas le front, cylindriques; la trompe est très courte, formée de deux petits filets membraneux et disjoints; la tête est huppée; les ailes sont inclinées.

TINEA CONCHELLA.

Les premières ailes sont ferrugineuses en dessus, avec une large raie blanche sur leur milieu, qui est traversé par deux raies d'un ferrugineux foncé; on aperçoit à leur sommité une raie noire précédée de quelques points de même couleur; la frange est entre-mêlée de gris et de blanc. Lessecondes ailes sont entièrement grises en dessus, avec la frange blanchâtre. Le dessus des premières ailes est grisâtre, avec la sommité jaunâtre. Le dessous des secondes ailes est d'un gris blanchâtre, avec la frange blanche.

La tête et le corselet sont entièrement blancs, avec les épaulettes ferrugineuses; l'abdomen est gris, avec la partie postérieure jaunâtre; les antennes sont filiformes, de couleur grisâtre.

Cette espèce se trouve dans le nord de la France.

FIN.

ERRATA.

Pages.	Lignes.	
10	30	*au lieu de :* les chenilles sont dépourvues de tentacules, *lisez :* les chenilles sont pourvues de tentacules et ont sur le dos, etc.
13	6	God, *lisez :* Dup.
14	6	proprement dit, *lisez :* proprement dits.
16	29	le Gazée, *lisez :* le Gazé.
20	2	noirâtre, *lisez :* noirâtres.
20	22	dix, *lisez :* six.
21	3	celles, *lisez :* celui.
22	23	Coliade, *lisez :* Colias.
24	7	soie, *lisez :* raie.
41	28	Bord., *lisez :* Fab.
47	7	disposées, *lisez :* disposés.
55	17	très commun, *lisez :* très commune.
56	13	ponctué, *lisez :* ponctués.
61	11	de, *lisez :* d'un.
69	25	Pilasellæ, *lisez :* Pilosellæ.
76	7	bluâtre, *lisez :* bleuâtre.
85	1	gorce, *lisez :* gorge.
85	17	Ertnis, *lisez :* Erinis.
87	2	papilo, *lisez :* papilio.
107	2	Neri, *lisez :* Nerii.
137	7	différèrent, *lisez :* différent.
158	32	traversé, *lisez :* traversées.
159	31	d'un ferrugineux, *lisez :* ferrugineuses.
207	15	l'intérieure, *lisez :* l'antérieure.

Planches.

45......... de l'Euphorbe, *lisez :* Nicæa.
66......... Genre Noctua, *lisez :* Bombyx.
67......... *Idem.* *Idem.*
68......... Nocturia, *lisez :* Noctua.

TABLE DES MATIÈRES.

FIN DE LA TABLE DES MATIÈRES.

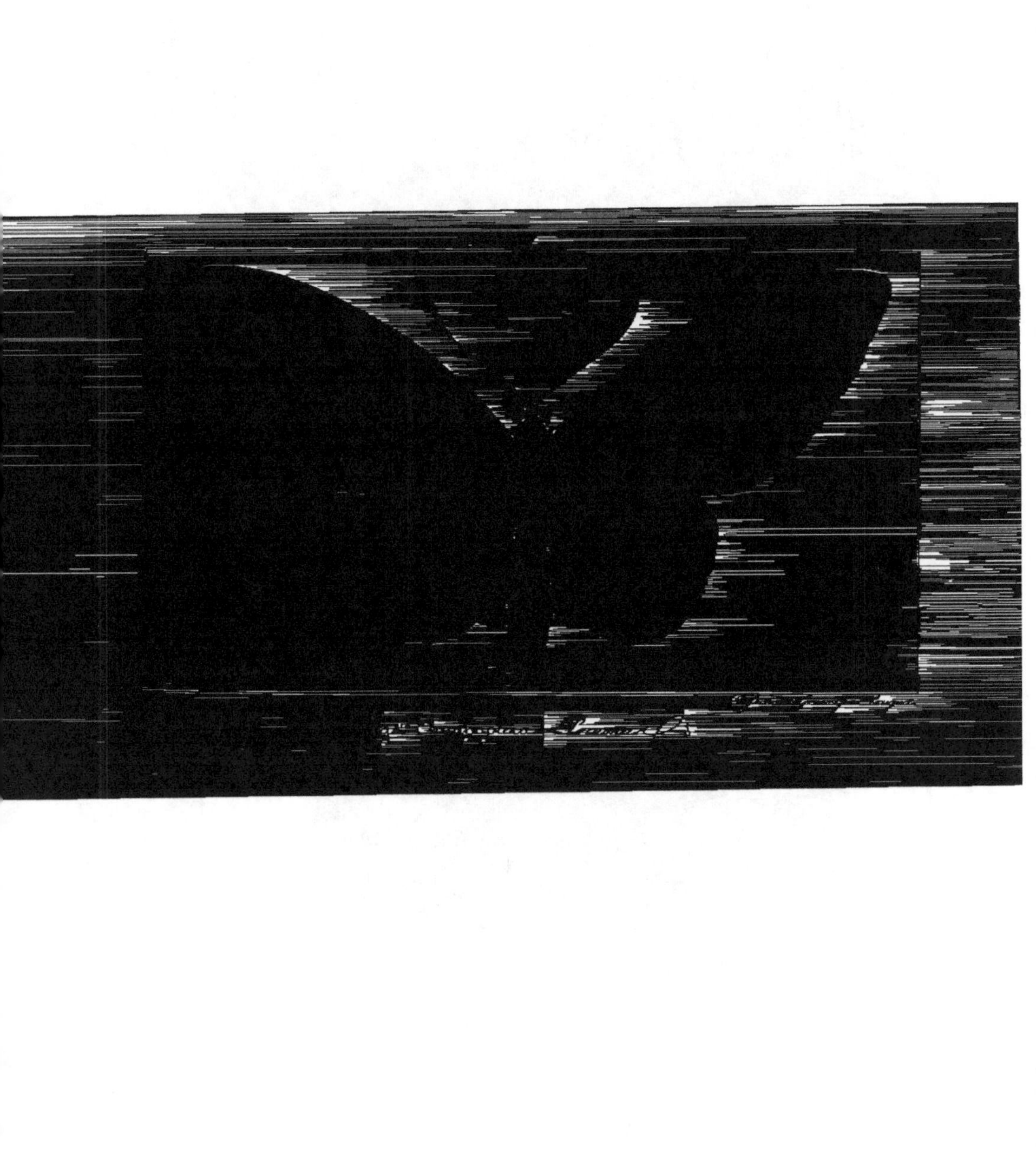

Ornithoptera
Papilio.
Amphrisius. ♂
Polycaon

3.
g^re Papilio. | Ulysses.

9me Papilio | Ciguaras ♂
| Hector ♀

Crépusculaires

( ) genre Sphinx { Phénix. S. Celerio. / De l'Euphorbe. S. Nicæa. / Petit Pourceau. S. Porcellus.

Diurnes

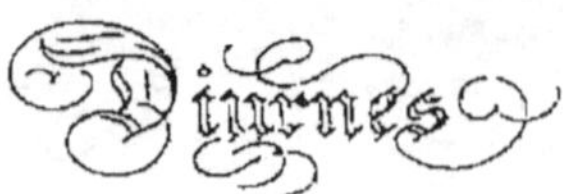

1

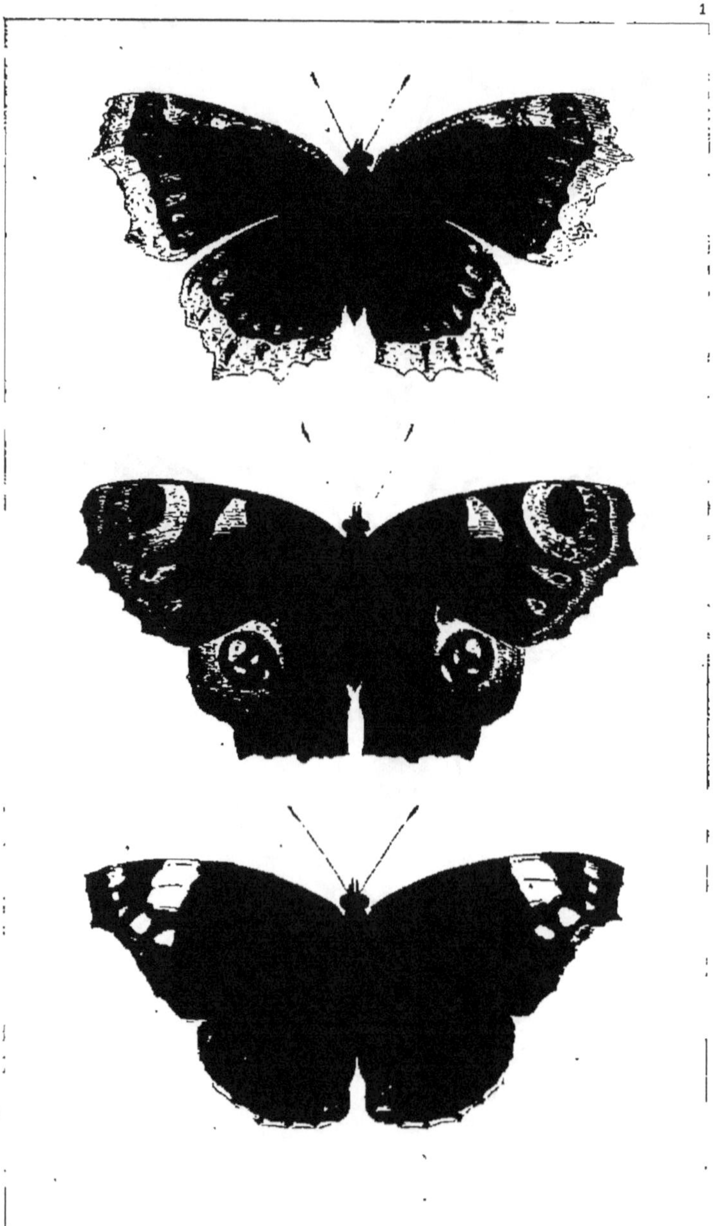

A. Noël Pinx. Pauquet Dir.

( ) genre Vanesse

Morio. V. Antiopa.
Paon de jour. V. Io.
Vulcain V. Atalanta

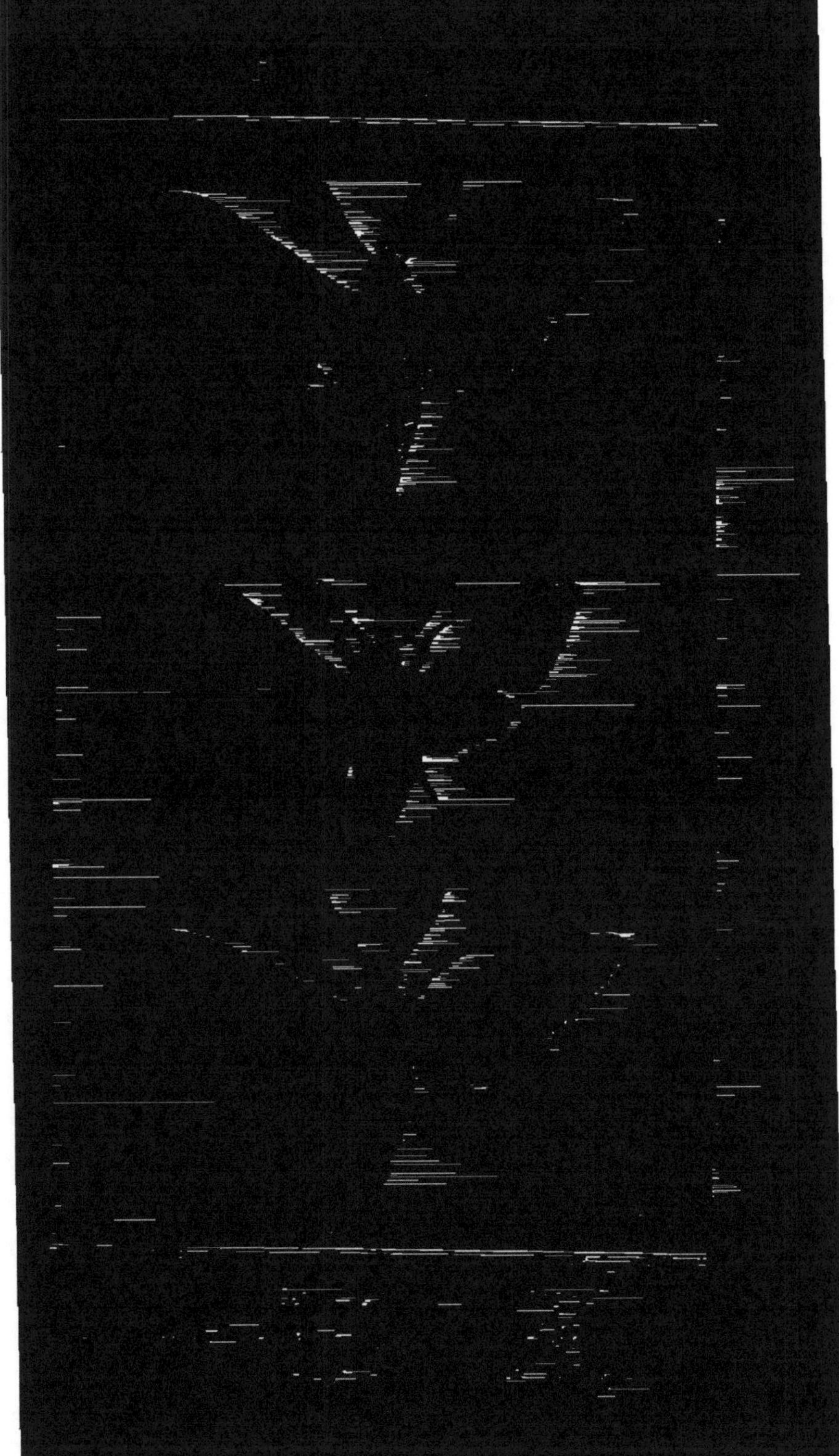

Crépusculaires.

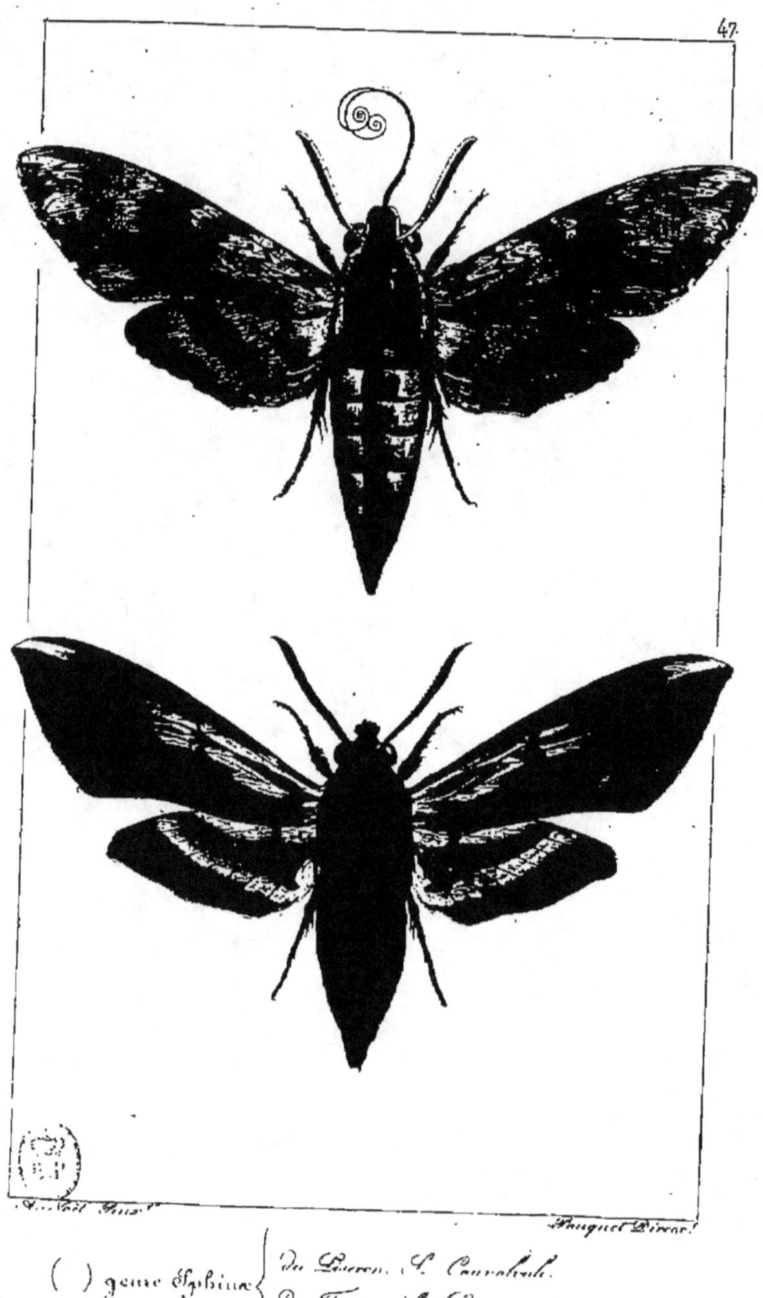

Pauquet Direx.

( ) genre Sphinx { du Liseron S. Convolvuli. / du Troëne S. Ligustri.

Gravé par Pellie

Crépusculaires.

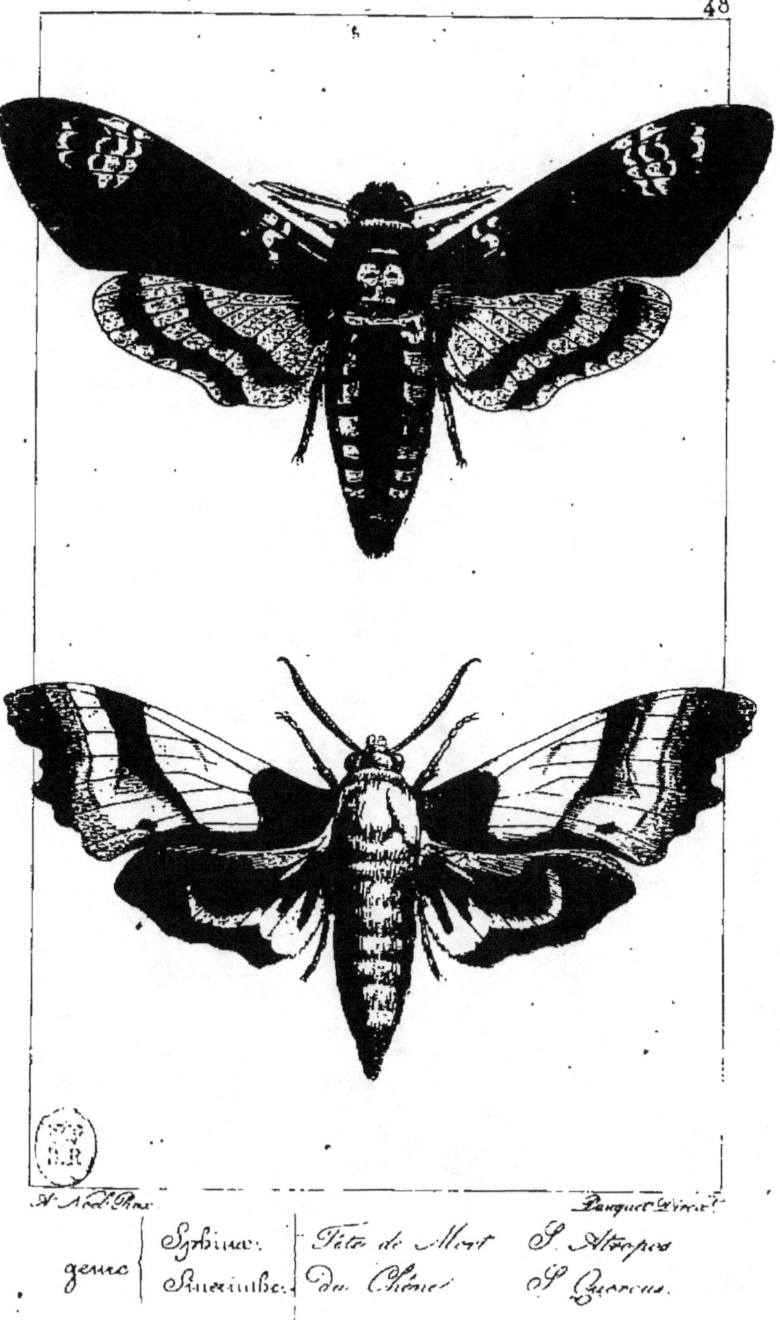

A. Noel Pinx. — Pauquet Direx.

genre { Sphinx. | Tête de Mort — S. Atropos
Smerinthe. | du Chêne — S. Quercus.

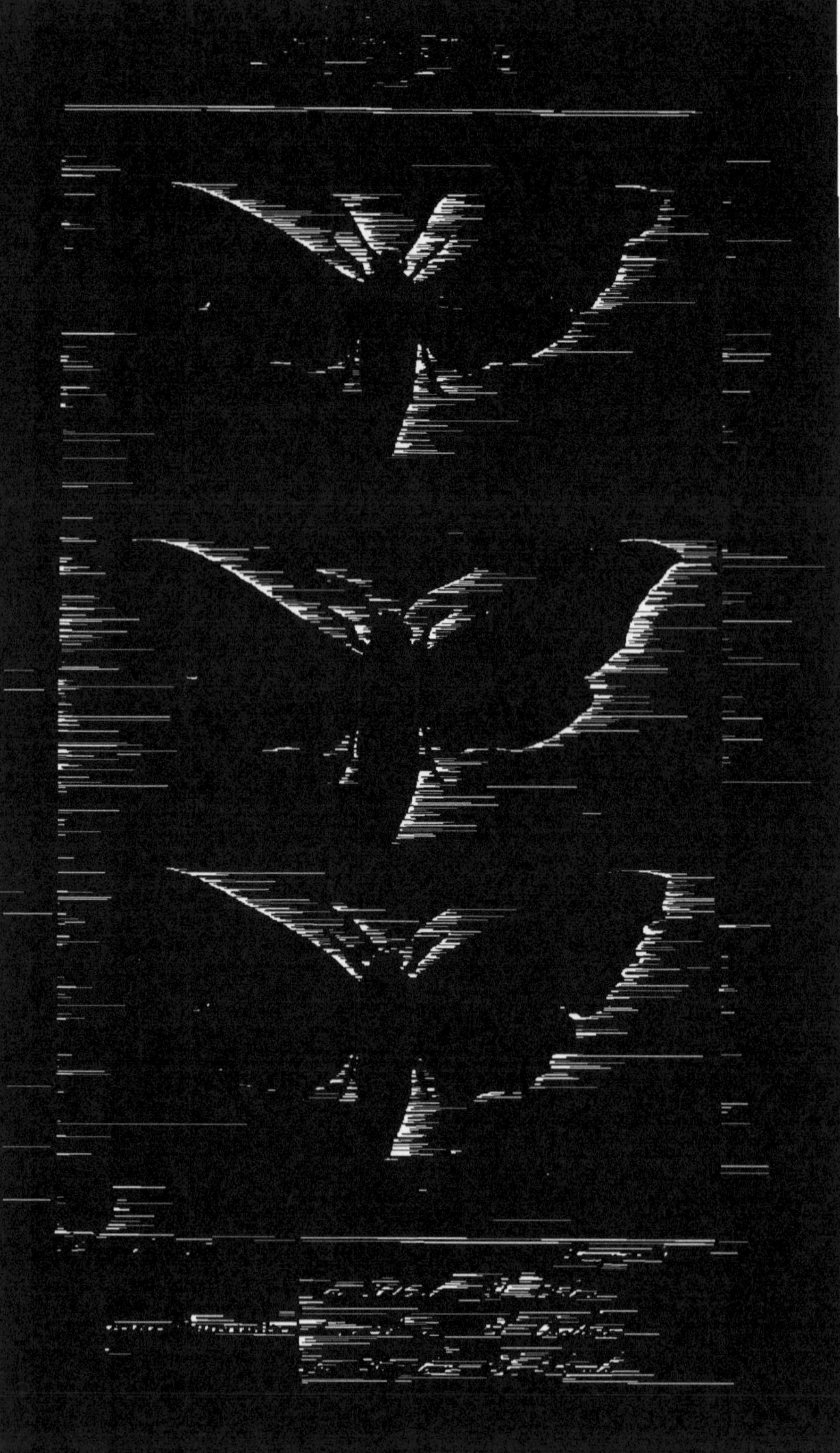

Crépusculaires.

Noël Pinx.t — Pauquet Direx.

( ) genre Zygène. { Minos. Scabiosæ. Punctum. Sarpedon. Exulans.

Z. Meliloti.
Z. Trifolii.
Z. Lonicera.
Z. Filipendulæ.
Z. Transalpina.

BIBLIOTHEQUE ROYALE

Crepusculaires.

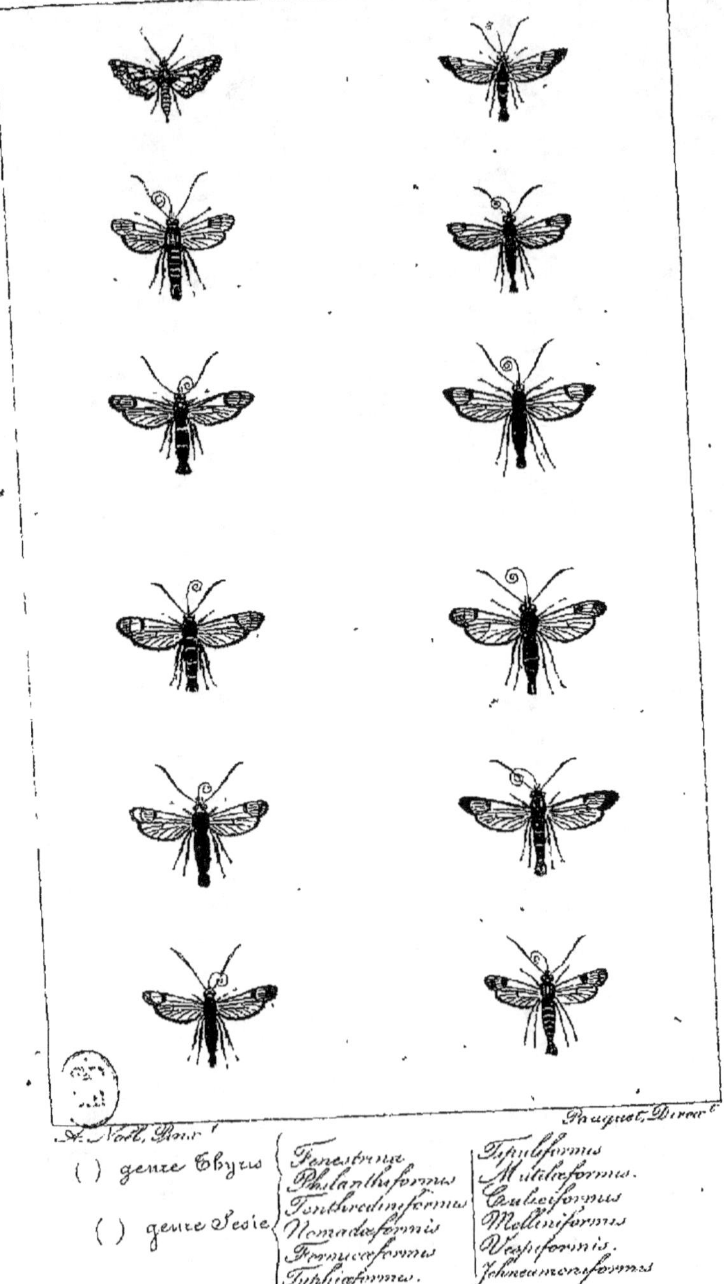

( ) genre Thyris { Fenestrina

( ) genre Sesie { Philanthiformis, Tenthrediniformis, Nomadaeformis, Formicaeformis, Typhiaeformis. Tipuliformis, Mutillaeformis. Culiciformis, Melliniformis, Vespiformis. Ichneumoniformis

Crépusculaires.

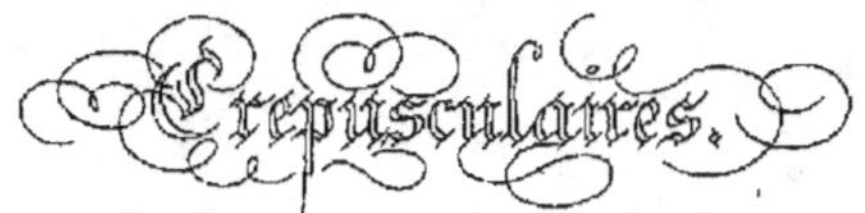

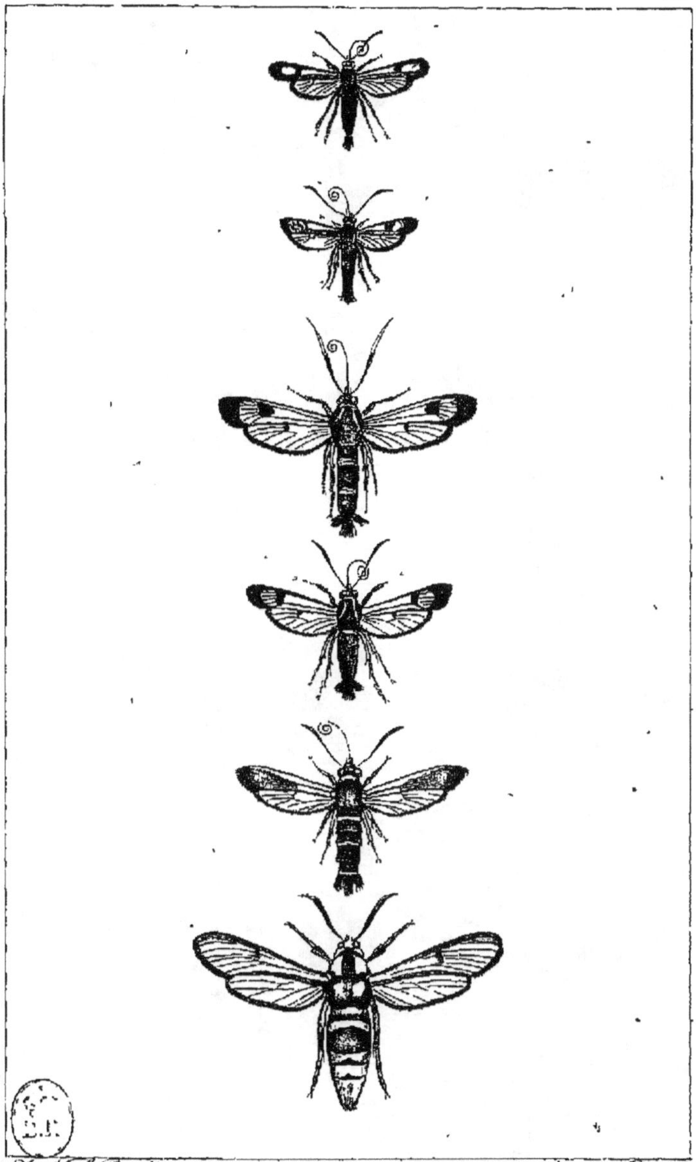

A. Noel, Pinx.t Pauquet, Direx.t

( ) genre Sésie { Chalcidiformis. L.
Chrysidiformis. L.
Scoliaeformis. L.
Sphegiformis. L.
Asiliformis. L.
Apiformis. L.

Lithosie
Callimorphe
Lithosie
Callimorphe
Pulchella
Complana
Callimorpha
Lithosie

genre
Plantaginis
Purpurea

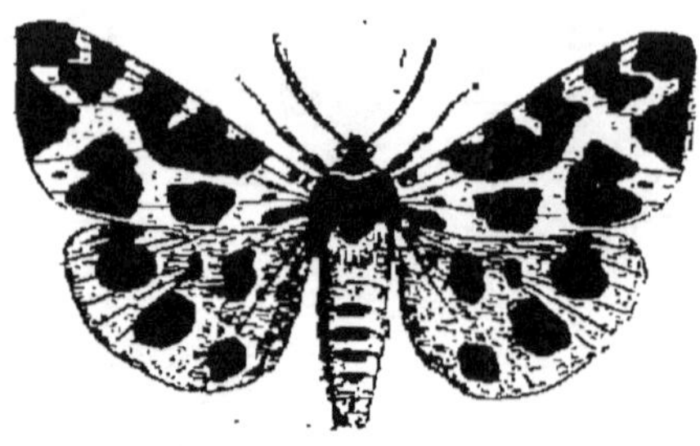

( ) genre Chelonia	Fasciée.	Fasciata.
	Martre.	Caja.
	Hébé.	Hebe.

A. Noël Pinxt — Bouquet Direxit

( ) genre Chelonia {

Civique.	Civica.
Fermière.	Villica.
Fuligineuse.	Fuliginosa ♂
Mendiante.	Mendica

Nocturnes

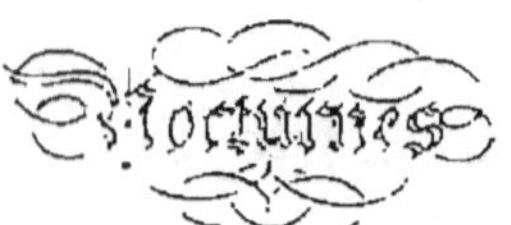

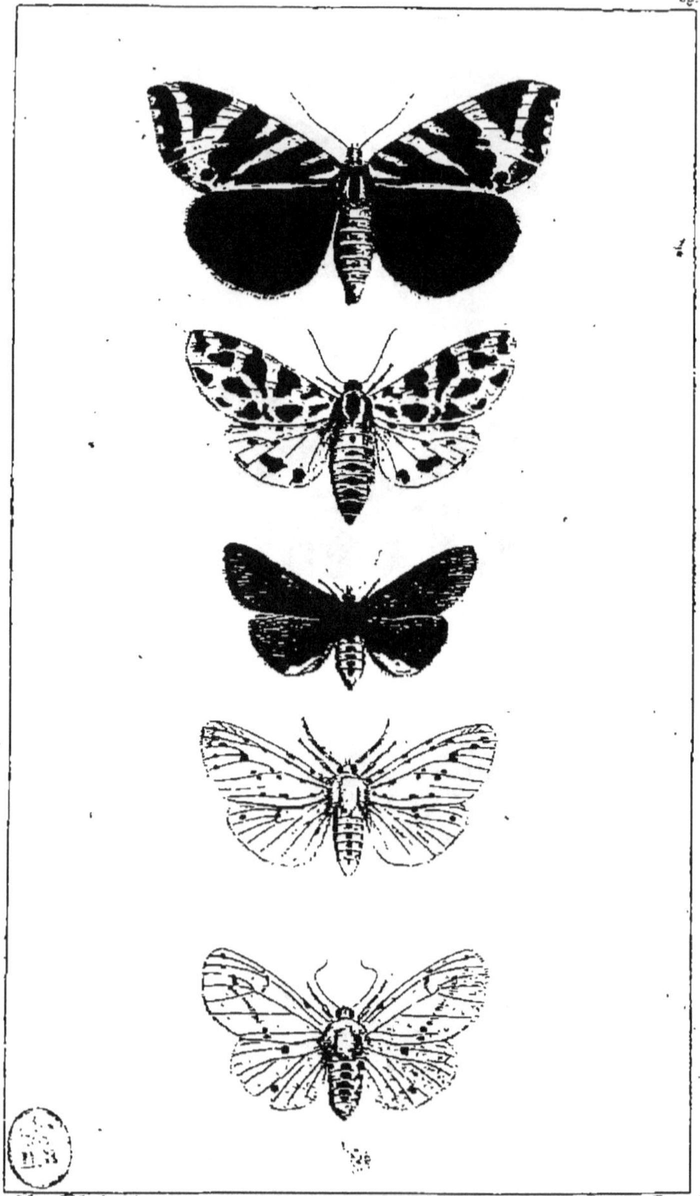

L. Noël Pinx.! Pauquet Direx.!

Callimorphe	Chinée.	Hera.	
	Pudique.	Pudica.	♀
genre Chelonia	Deuil.	Luctifera.	♂
	Mentie.	Menthastri.	♂
	Lubricipède.	Lubricipeda.	♀

Nocturnes

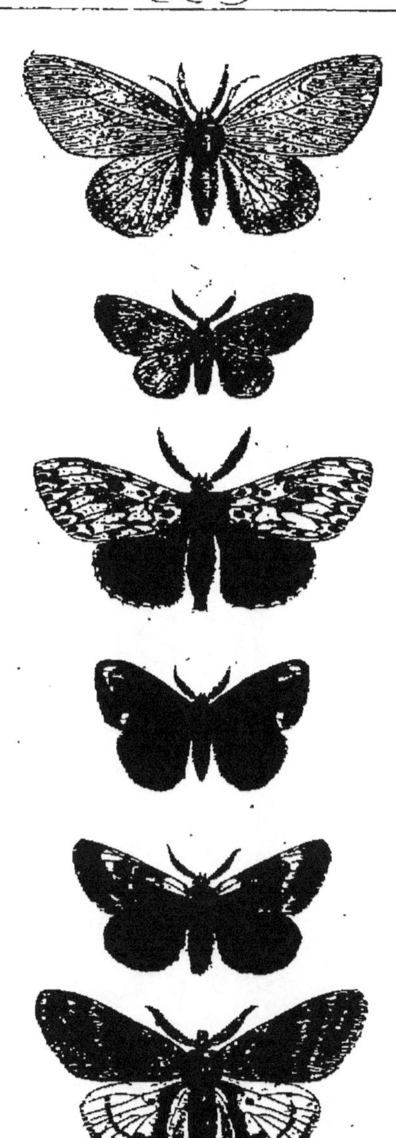

P. Noel. Pinx. — Panquet. Direx.

( ) genre Bombyx

Vr. Nigrum.	Vr. Noir.
Chrysorrhea.	
Monacha.	Moine.
Gonostigma.	Soucieux.
Coryli.	du Coudrier.
Pudibunda.	Pate étendue.

BIBLIOTHEQUE ROYALE

A. Noël, Pinx. — Pauquet Direx.

( ) genre Bombyx.

Bucephala.	Bucéphale.
Populifolia.	Feuille de Peuplier.
Quercifolia.	Feuille morte ou de Chêne.

Imprimé par Tolleau

F. Noël Pinx. — *Pasquet Direx.*

( ) genre Bombyx { Trifolii. — du Trèfle.
Quercus. — du Chêne.
Rubi. — de la Ronce.
Cratægi. — de l'Aubépine.

A. Noël, Pinxt — Pauquet Direxit

( ) genre Bombyx

Carpini. pavonia. minor. ♂
Idem. petit Paon. ♀
Fau

Nocturnes

65

A. Noël Pinxt. — Pauquet Direxit.

9.xe Bombyx | Grand Paon | Pavonia major.

Diurnes.

3.

A. Noël Del.   Bouquet Direx.

( ) genre Vanesse

Belle dame.	V. Cardui.
V. Blanc.	V. V. Album.
Triangle	V. Triangulum.

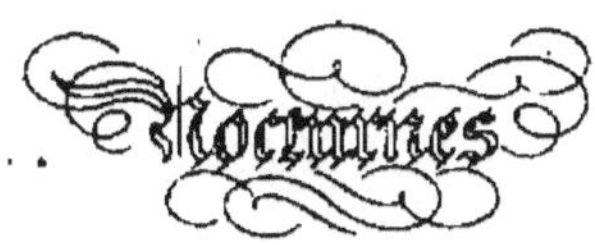

Nocturnes

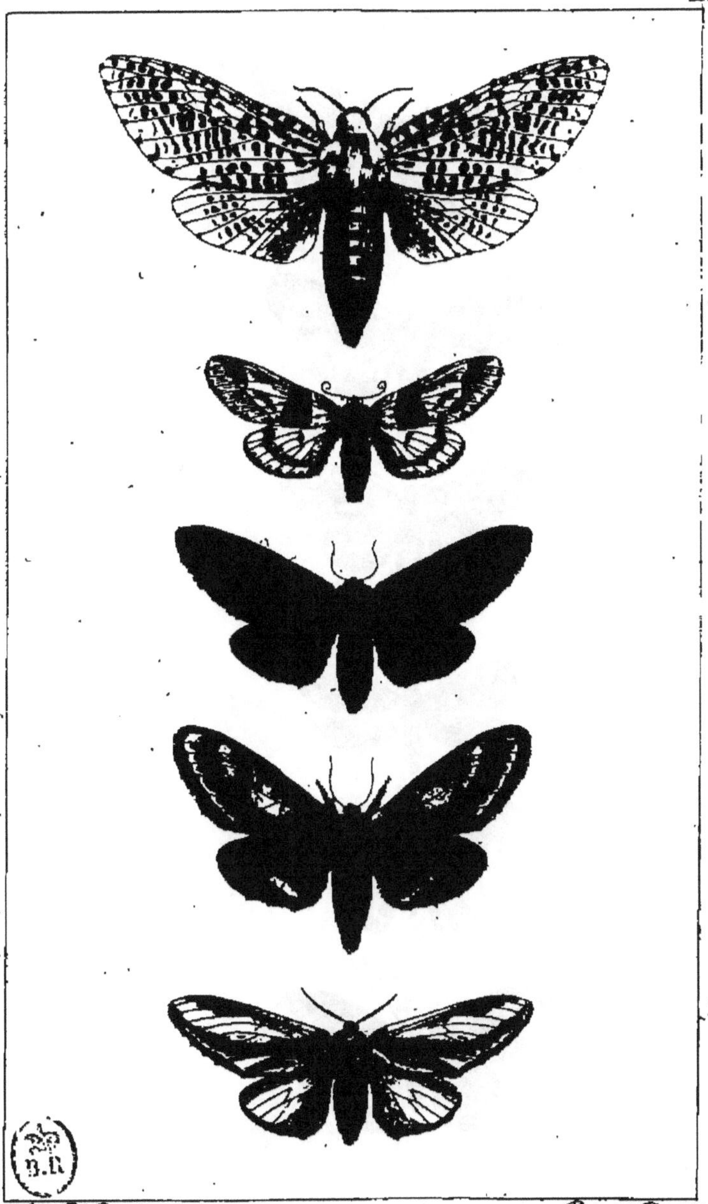

A. Noël Pinx.t — Pauquet Direx.t

Cossus	Æsculi		Zeuzère du Marronnier.
	Furcula		Fourchue
	Dromedarius	id.	Dromadaire.
g.re Noctua	Ziczac	id.	Ziczac
	Dictæoides	id.	

67.

A. Noel Pinxit. — Pauquet Direxit.

Noctua { Camelina. / Chaonia. / Dodonaea.

9.te Hepialus { Hectus.

Platypterix { Falcula. / Hamula.

Nocturnes

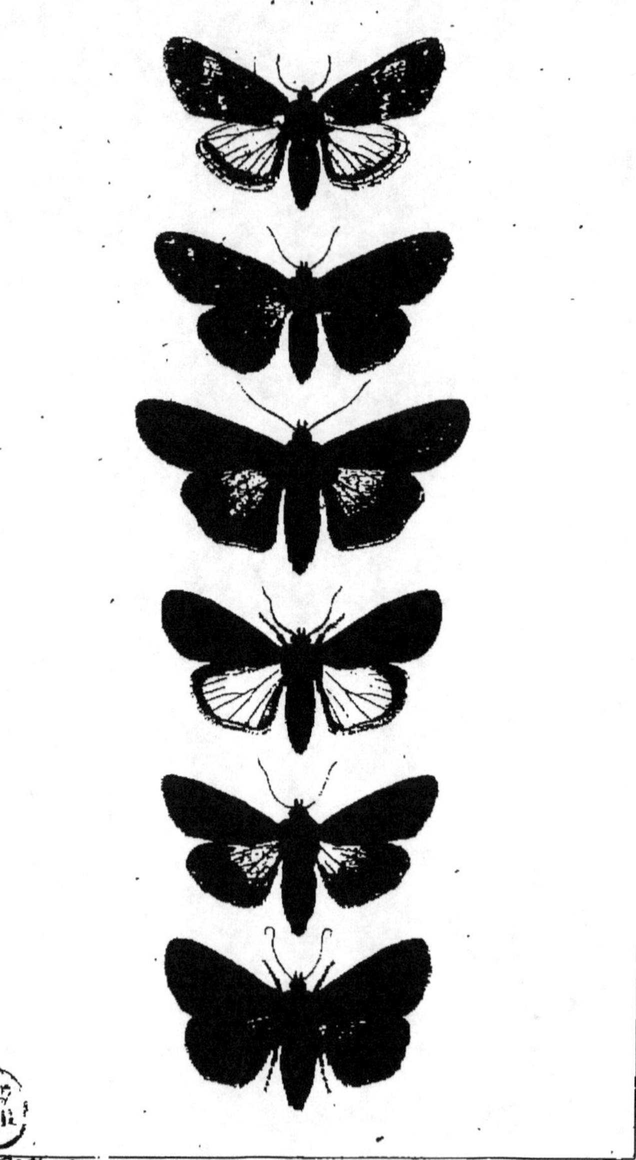

( ) genre | Noctux. | Megacephala. Rumicis. Suffusa. Segetum. Exclamationis. Tragopogonis.

Nocturnes
(—) genre Noctua

genre
Polia

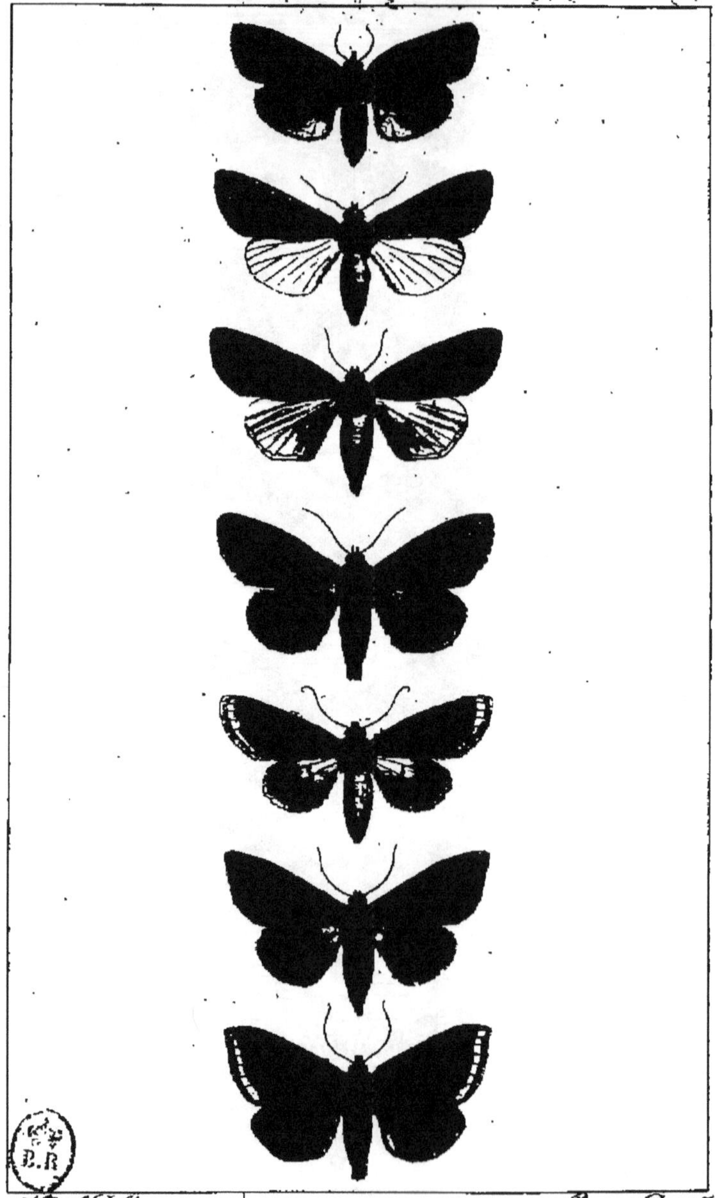

A. Noël, Del.t — Pauquet, Direx.t

( ) genre.
- Xanthia: Croceago. Cerago. Gilvago.
- Noctua: Rurea. Delphinii.
- Plusia: Festucae. Chrysitis.

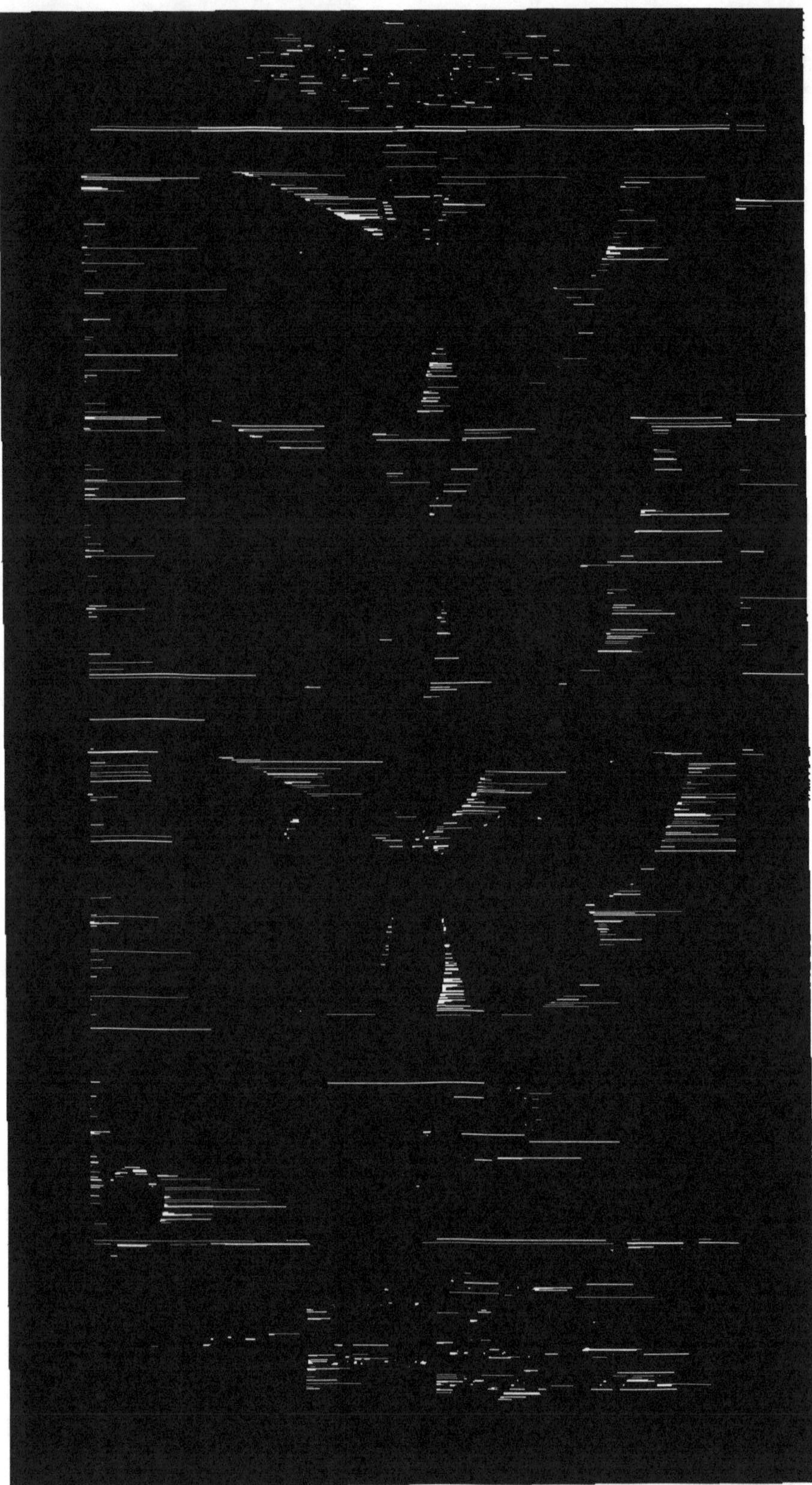

A. Noël Del.t — Panckoucke Direx.

( ) genre Noctua { Fraxini. N. du frêne. / Nupta. N. mariée / Sponsa. N. fiancée

Diurnes.

6

A. Noël Pinx.t — Pauquet Sc.t

( ) genre Vanesse	Carte géographique fauve. V.e levana
	Carte géographique brune. V.e Prorsa
( ) genre Libythée	Libythée échancré. L. Celtis

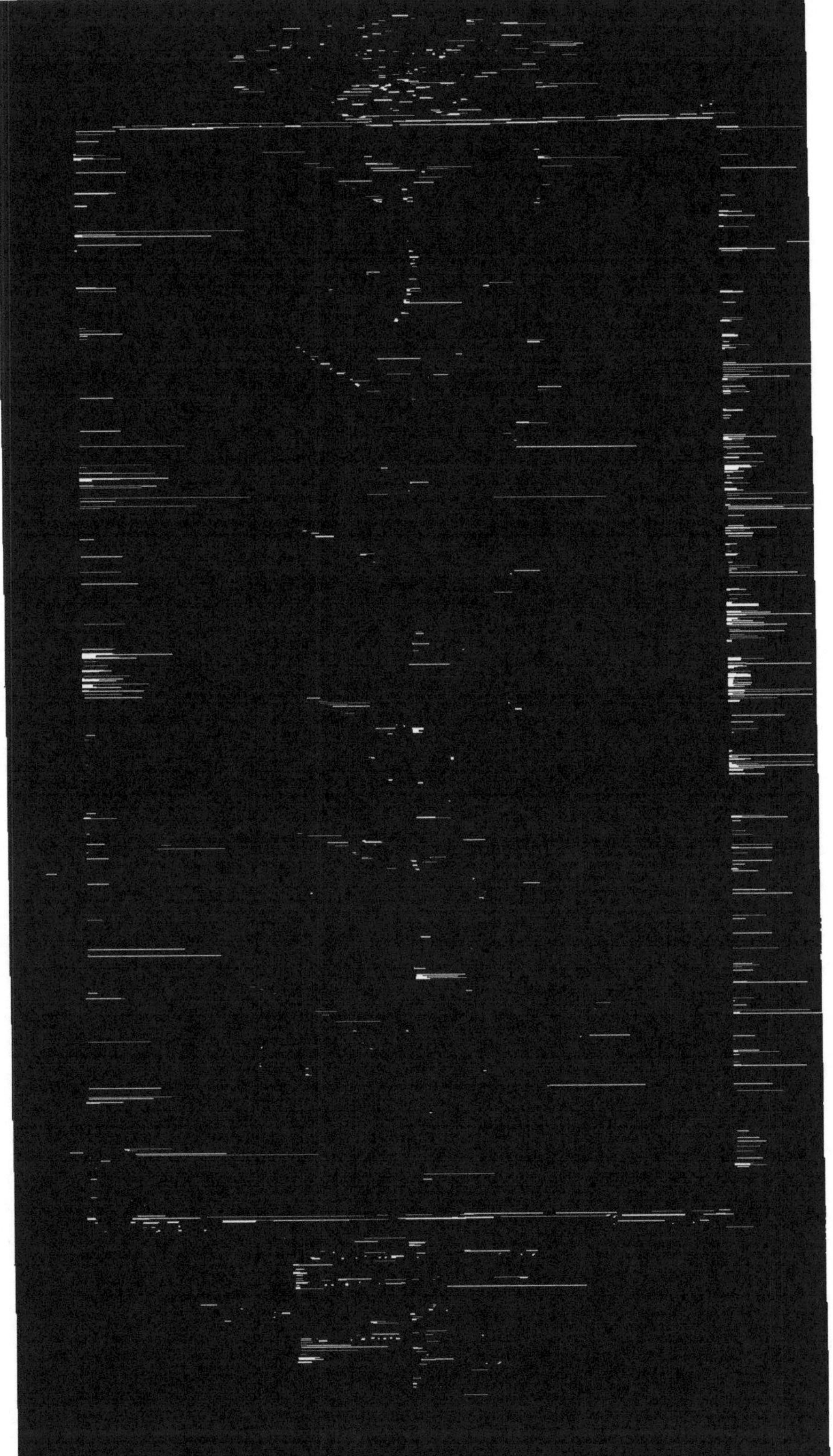

A. Noël Del.t

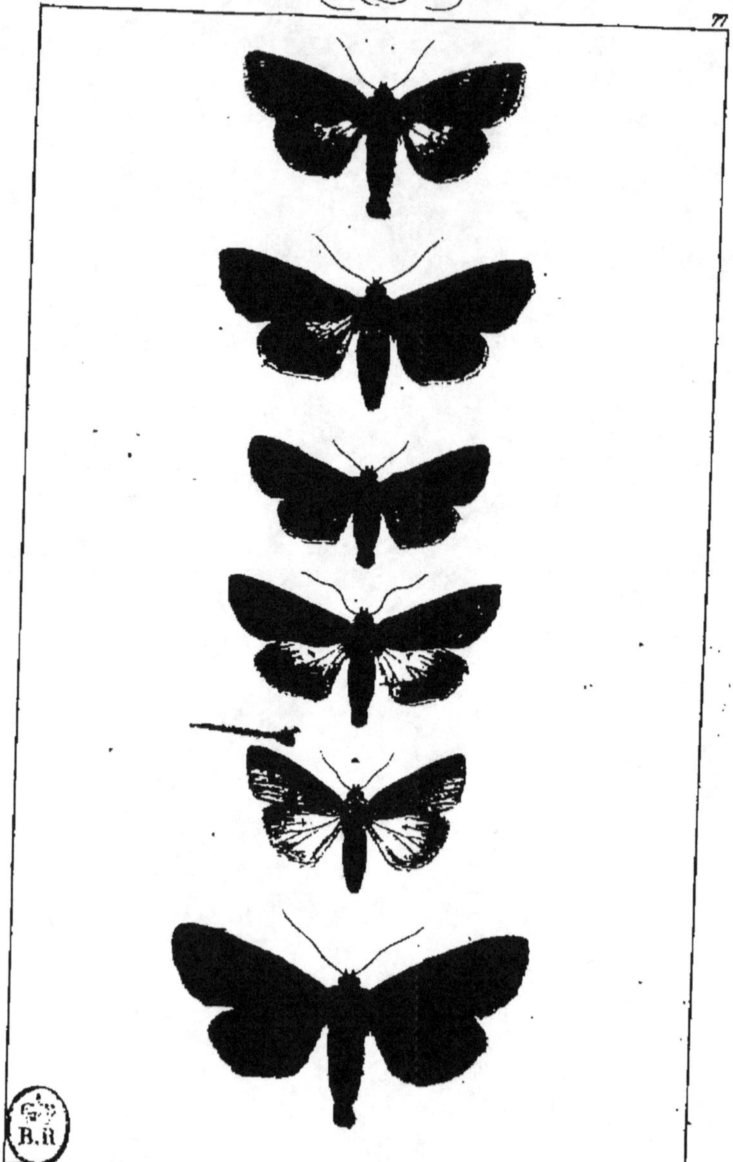

Pauquet Direx.t

( ) genre Noctua { Basilinea. Brassicæ. Chenopodii. Oleracea. Putris. Polyodon.

Nocturnes

78.

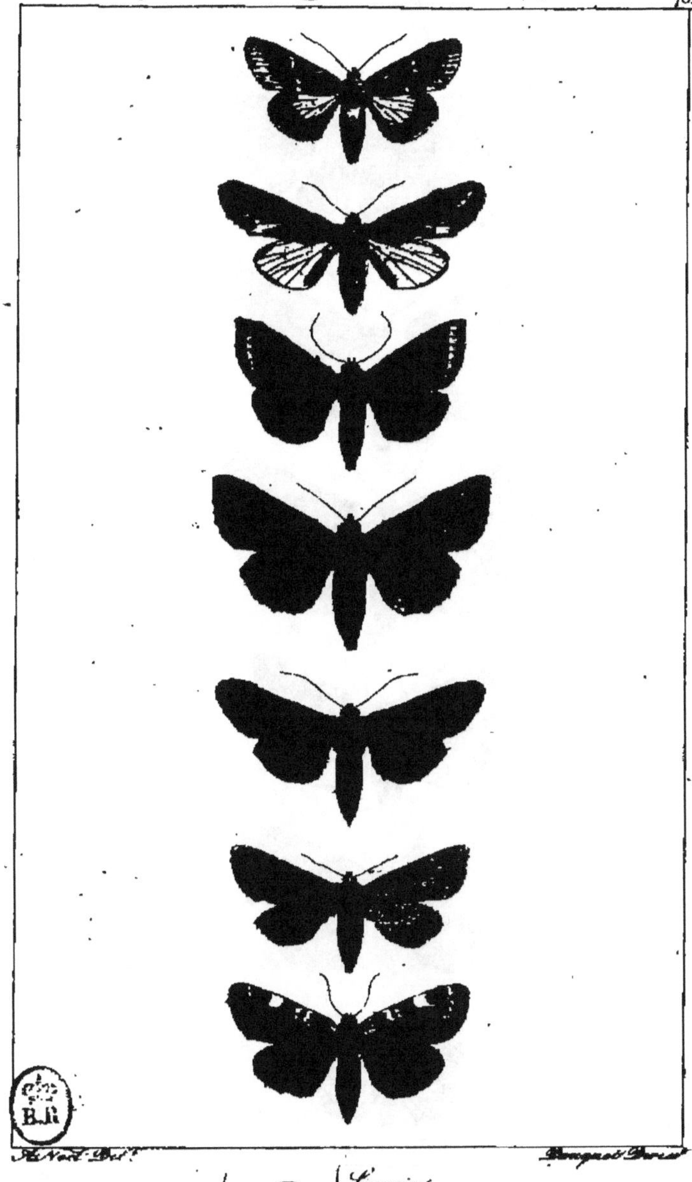

Ad. Noel Del. — Bouquet Direx.

( ) genre { Noctua — Linariae. Conspicillaris.
Cucullia. — Gnaphalii.
Plusia. — Iota. Iota. var.
Noctua — Comma. Diffinis.

Nocturnes

72.

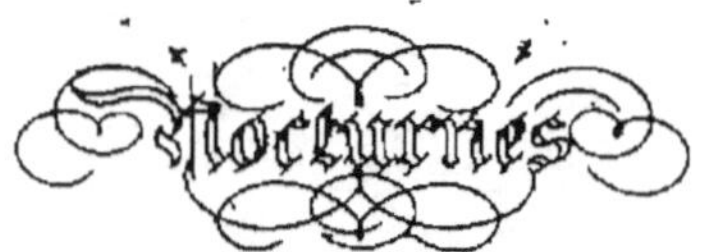

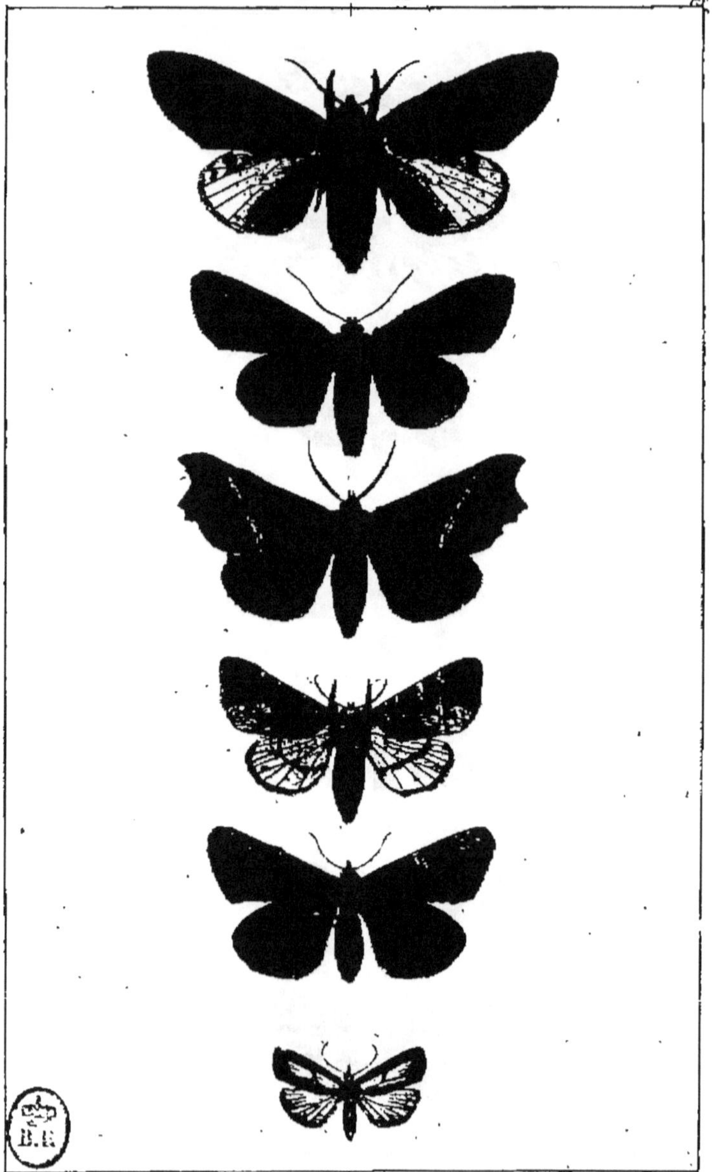

A. Noël Del.t — Pasquet Direx.t

( ) genre

Noctua.	Tropida.
id.	Atriplicis.
Gonoptera.	Libatrix.
	Anachoreta.
Noctua.	Parthenias.
Synea.	Conchella.

Imprimé par Fokian

HISTOIRE NATURELLE

DES

LÉPIDOPTÈRES D'EUROPE

PARIS. — IMP. SIMON RAÇON ET COMP., RUE D'ERFURTH, 1.

HISTOIRE NATURELLE

DES

LÉPIDOPTÈRES

D'EUROPE

PAR

H. LUCAS

AIDE-NATURALISTE D'ENTOMOLOGIE AU MUSÉUM D'HISTOIRE NATURELLE
MEMBRE DE LA SOCIÉTÉ ENTOMOLOGIQUE DE FRANCE
CHEVALIER DE LA LÉGION D'HONNEUR

AVEC 80 PLANCHES REPRÉSENTANT 400 SUJETS

PEINTS D'APRÈS NATURE

GRAVÉES SUR ACIER PAR PAUQUET

PARIS

F. SAVY, LIBRAIRE-ÉDITEUR

24, RUE HAUTEFEUILLE

1863

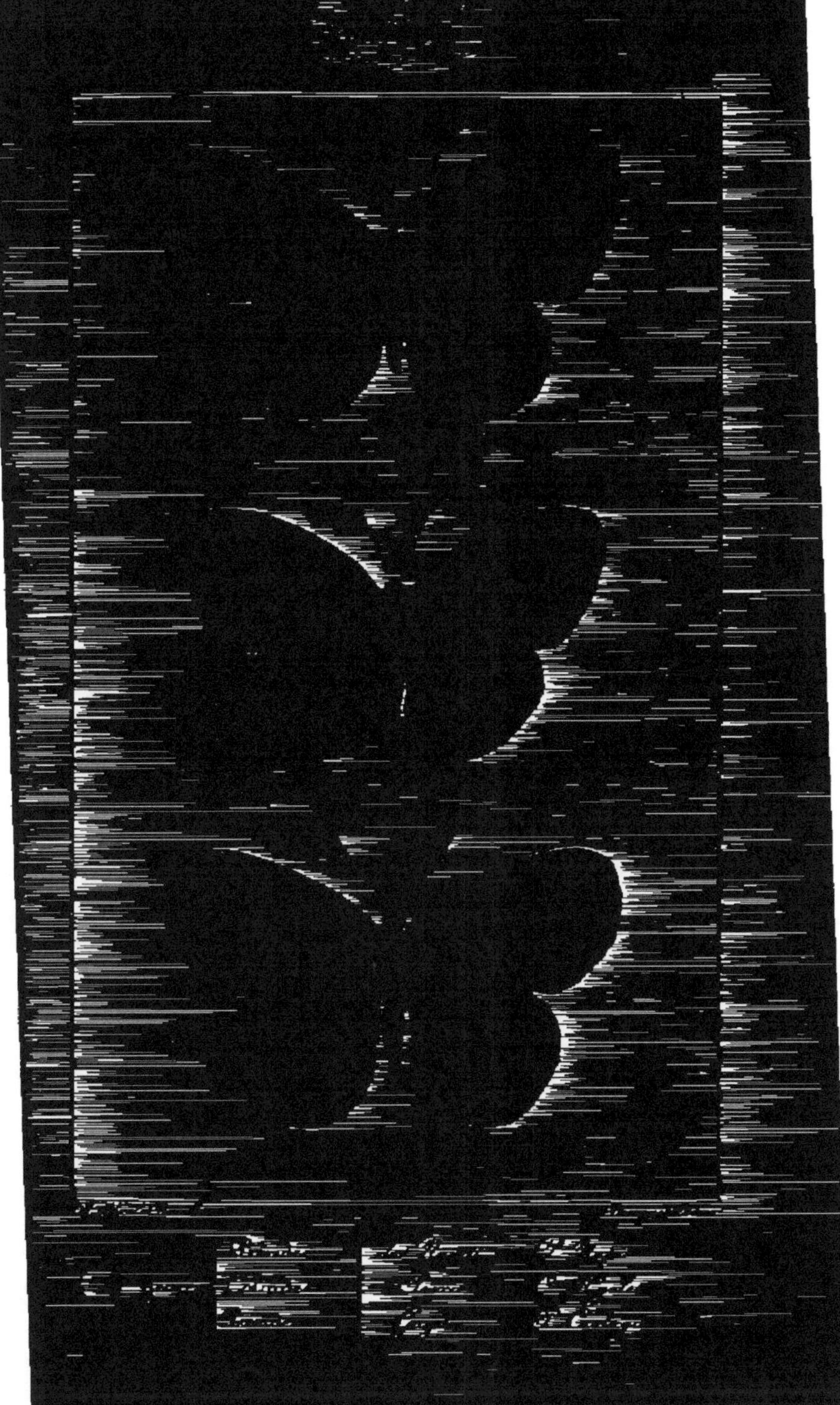

Diurnes.
7.
genre
Coliade
Citron
C. Rhamni
Daplidice

BIBLIOTHÈQUE ROYALE

( ) genre Piéride

Aurore	P. Cardamines
Belia	P. id.
Aurore de Provence	P. Eupheno
Des les Moutarde	P. Sinapis

10.
( ) genre Nymphale
grand Sylvain — N. populi
de l'Erable — N. aceris
Lucilla — N. lucilla

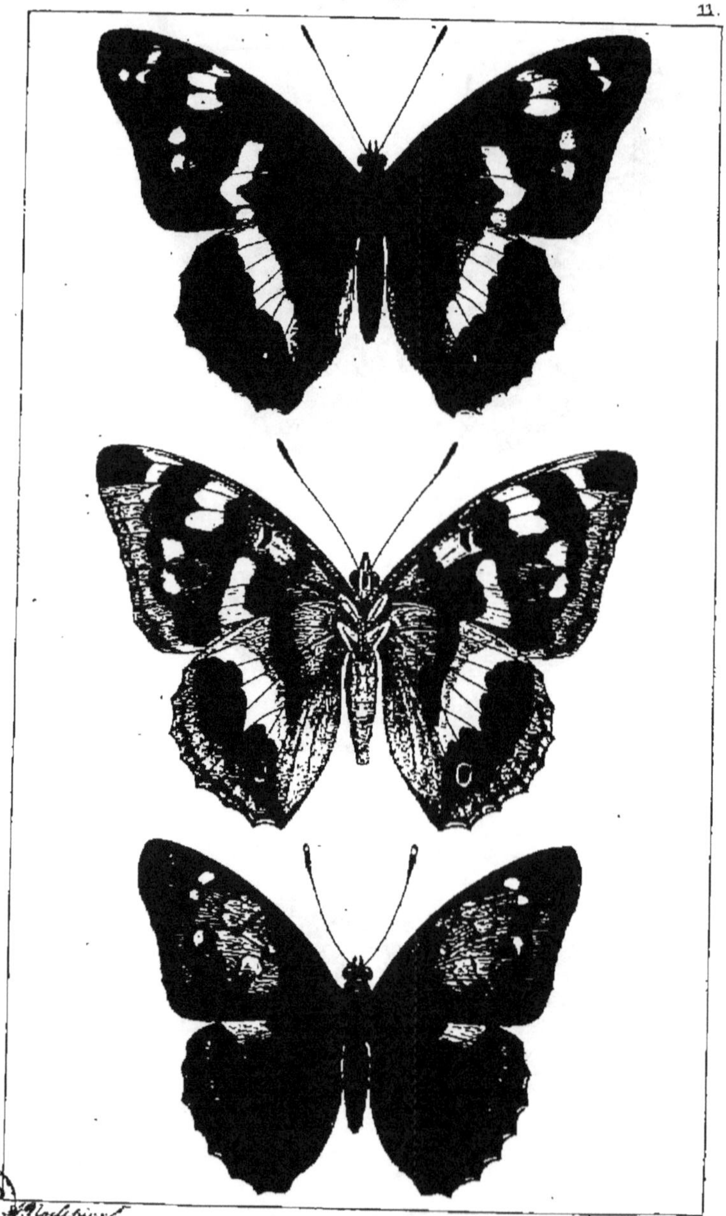

J. Noël pinx.

Panquet direx.

( ) genre Nymphale	grand Mars N. Iris
	id. en dessous id.
	petit Mars N. Ilia.

Diurnes
12
( ) genre Nymphale
Jasius. N. jasius.
id. vu dessous.

A. Noël Pinxit. Pauquet Direxit

( ) genre Papillon.	Machaon.	P. Machaon.
	Alexanor.	P. Alexanor.

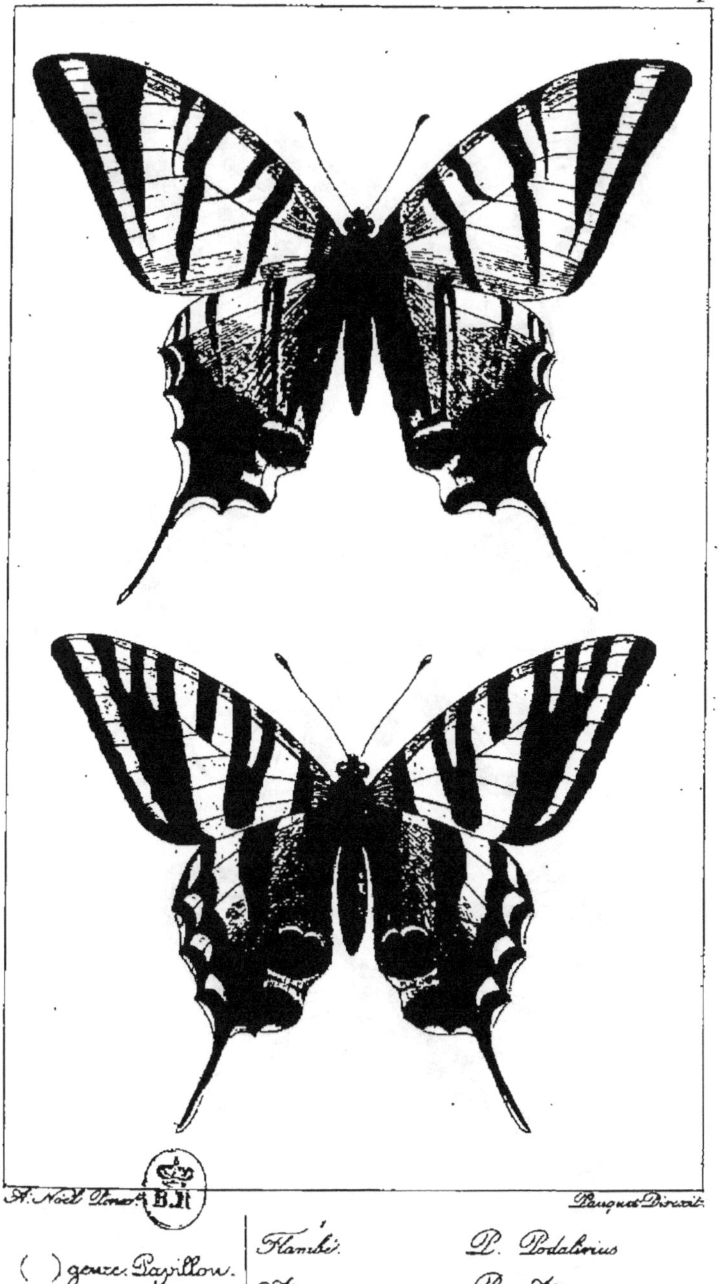

A. Noël Pinx.

Pauquet Direxit.

( ) genre Papillon.	Flambé.	P. Podalirius
	Ajax.	P. Ajax.

A. Noël Pinx^t Pauquet Direx^t

( ) genre Parnassien.	Apollon	P. Apollo.
	Phœbus.	P. Apollo, minor.
	Semi-Apollon.	P. Mnemosyne.

Diurnes.

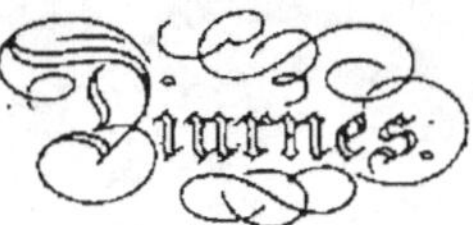

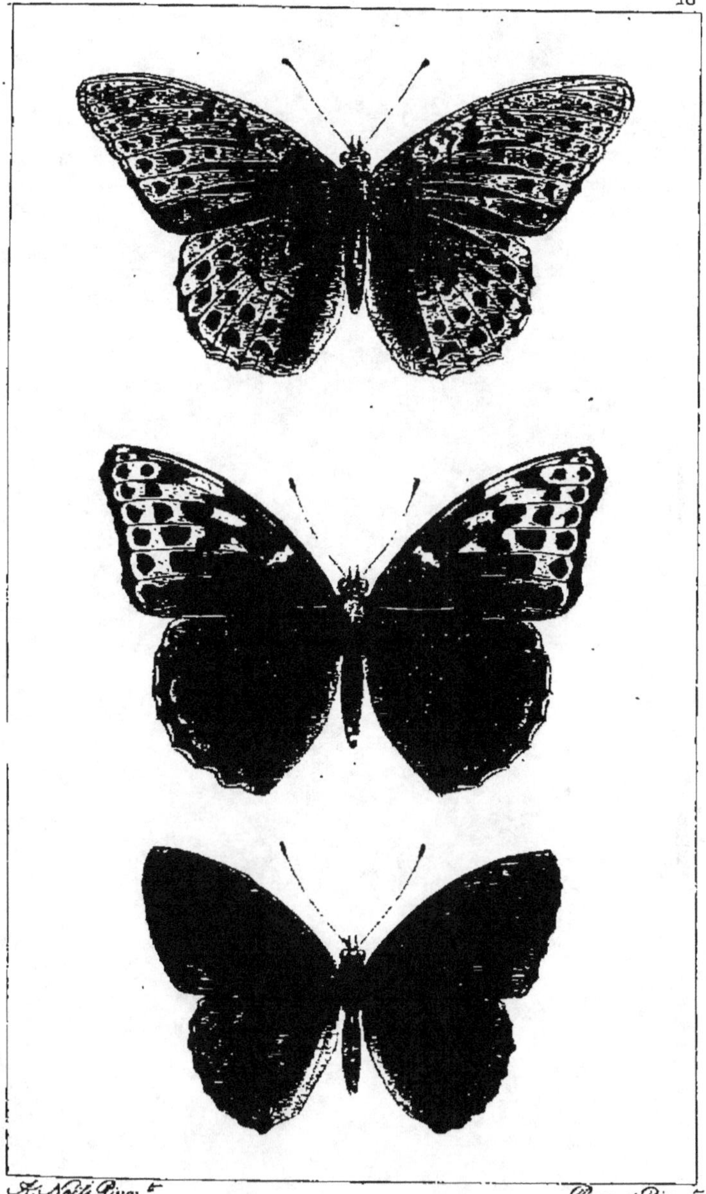

A. Noël Pinx.t — Bouquet Direx.t

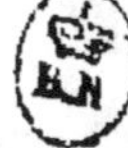

( ) genre Argynnis.

Tabac d'Espagne.	A. Paphia.
Valaisien.	A. Valesina.
Chiffre.	A. Niobe.

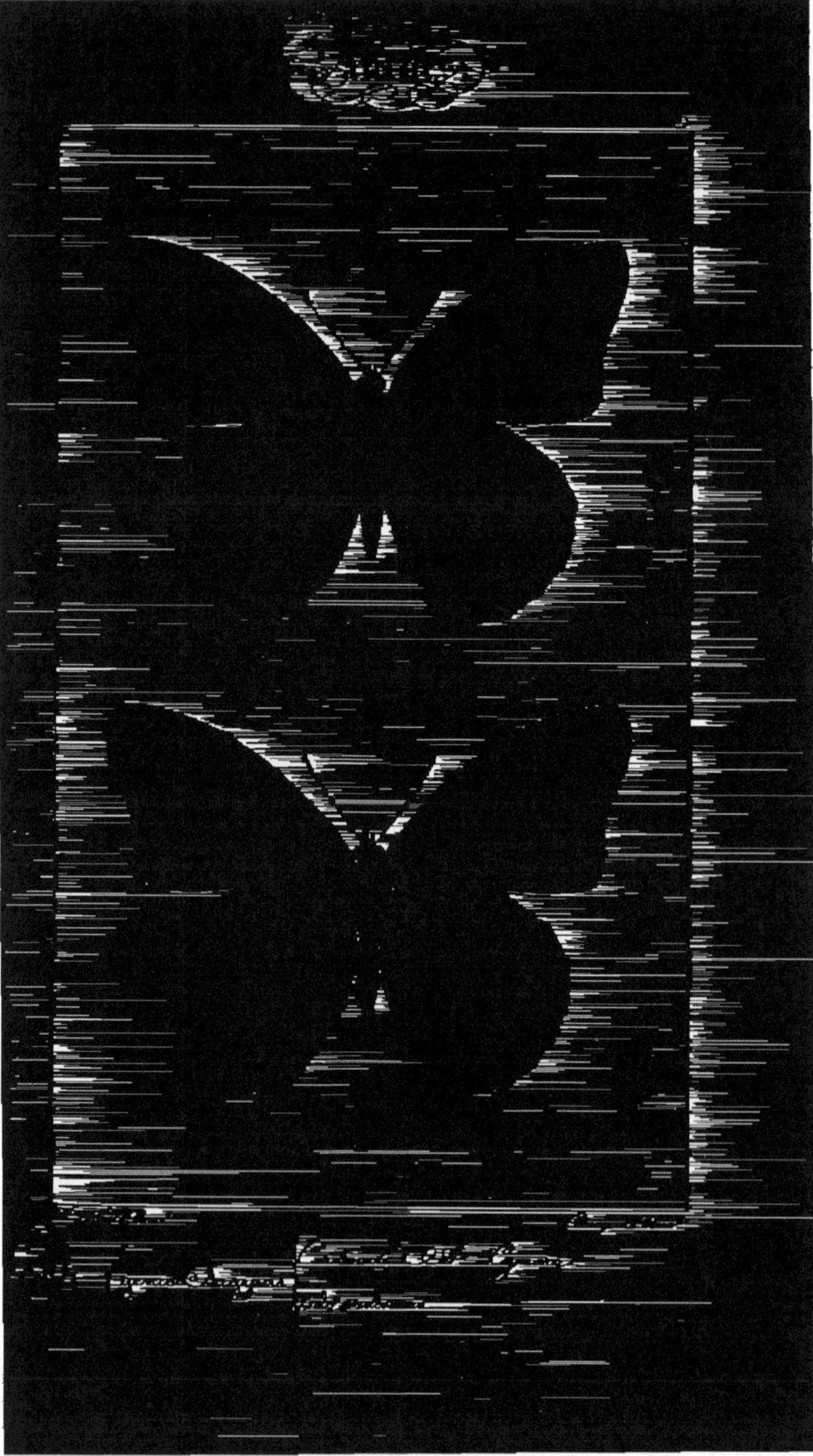

Diurnes.
40
( ) genre Argynnis
A. Selene.
A. Dia.
A. Pales.
A. Hecate (en dessous)
A. Thore.
B.R

(—) genre Melitée

A. Artemis
A. Cinxia
A. Didyma
A. Trivia
A. Phœbe

Diurnes.

N. Noël Pinxt.   Plasquet Direxit

( ) genre Polyommate

P. Lynceus.	P. Betulae.
P. S. Pirii.	P. Pruni.
P. Boeticus.	P. W. Album.
P. Quercus.	P. Acaciae.

A. Noel Pinxt

Duquet Direxit

( ) genre Polyommate

P. Virgaureæ.	P. Erippus.
P. Chryseis.	P. Rubi. (dessous)
P. Hiere.	P. Ballus.
P. Gordius.	Phlæas.

genre Polyommates
P. Helle.
P. Battus.
P. Hylas.
P. Amyntas.
P. Egon.
P. Argus.

Diurnes.
26
B.R.
Genre Polyommates
P. Meleager
P. Phorètes
P. Dolus
P. Damon
P. Argiolus.
P. Euphemus.
P. Iolas.
P. Arion

A. Noël Pinx.

Pauquet Direx.

genre Thaïs. { Diane. — T. Hypsipyle.
Proserpine. — T. Rumina.
T. Apollina.
T. Cerisyi.

Silène
Hermite
Sylvandre

R. Noël Pinxt — Pauquet Direxit

( ) genre Satyre { Gd Nègre des bois / Fidia (dessous) } | S. Phaedra. / S. Fidia. / S. Cordula.

Imprimé par Stellina.

Diurnes.
30.
B.R
A. Noël Pinx.
Bouquet Direxit.
( ) genre Satyre
Actéon
Agreste
S. Actea
S. Hello
S. Semele

Diurnes.

H. Noël Pinx.t Pauquet Direx.t

( ) genre Satyre { Bacchante. | S. Dejanira.
Ariane. | S. Maera.
Mégère. | S. Megera.

A. Noël Pinx.t — Pauquet Direx.t

( ) genre Satyres — demi-deuil.
S. Galatea.
S. Lachesis.
S. Clotho.
S. Psyché (dessous.)

Genre Satyre
S. Arethusa
S. Tithonus
S. Ida
S. Pasiphae (dessous)
S. Cassiope

35
Genre Satyre
S. Pharto.
S. Ceto.
S. Stygne.
S. Alecto.

A. Noël Pinx.t Pauquet Direx.t

( ) genre Satyre

S. Melampus.
S. Pyrrha. (dessous)
S. Æme.
S. Medusa.
S. Gorge.

( ) genre Satyre

S. Blandina.
S. Euryale.
S. Neoridas. (dessous)
S. Ligea. (dessous)

( ) genre Satyre

S. Arachne.
S. Evias.
S. Epistygne.
S. Goante? (dessous)

Imprimé par Fellian.

H. Noël Pinx.t — Pauquet Direx.t

( ) genre Hespérie

Fritillon	H. Paniscus.
Alvéolus. var.	H. Comma.
Tage.	H. Sylvanus.
Hyacinthe (dessous)	H. Linea. ♀

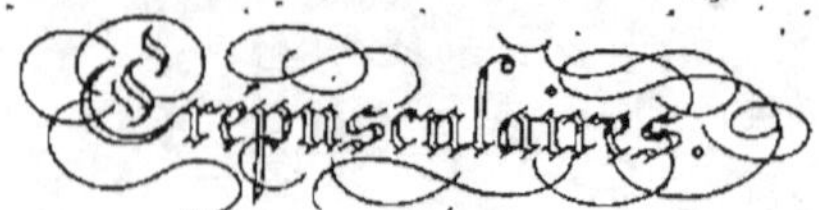

Crépusculaires.

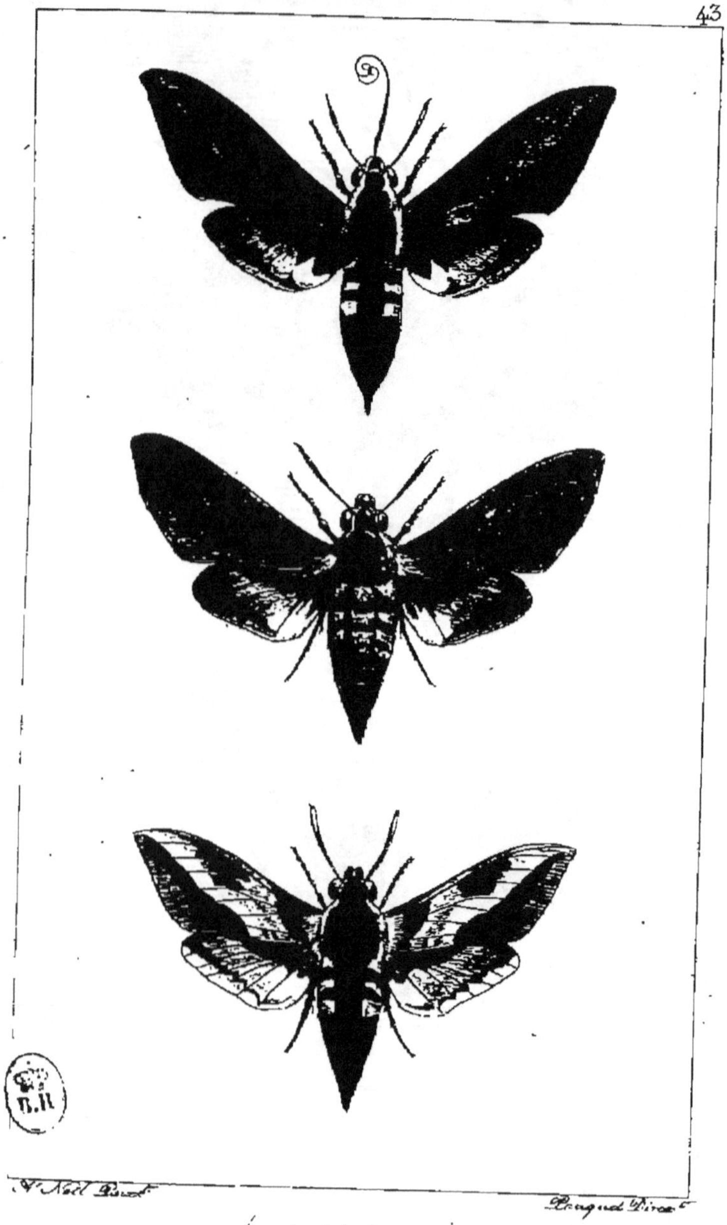

A. Noël Pinxt — Bouquet Direxᵗ

( ) genre Sphinx	du L. Argousier	S. Hippophaes.
	Cendré	S. Vespertilio
	du Tithymale	S. Euphorbiae.